プラスチックスープの海

北太平洋巨大ごみベルトは警告する

チャールズ・モア／カッサンドラ・フィリップス
海輪由香子＝訳

PLASTIC OCEAN

How a Sea Captain's Chance Discovery Launched a Determined Quest to Save the Oceans

Capt. Charles Moore
Cassandra Phillips

NHK出版

2002年の渦流のサンプル。[*Matt Cramer, Algalita Marine Research Foundation*]

カミロ海岸のプラスチック粒。2007年。[*Jeffery Ernst, AMRF*]

クレ環礁のコアホウドリ。2002 年。[*Cynthia Vanderlip, AMRF*]

コアホウドリのひなの死体の胃の中身。大半がボトルキャップ。2002年クレ環礁で。
[*Cynthia Vanderlip, AMRF*]

コアホウドリのひなの死体の胃の中身。大半がボトルキャップ。2002年クレ環礁で。
[*Cynthia Vanderlip, AMRF*]

クレ環礁のマスクカツオドリと漂着物。2002年クレ環礁で。［*Cynthia Vanderlip, AMRF*］

クロアシアホウドリ。2002年クレ環礁で。[*Cynthia Vanderlip, AMRF*]

プラスチックを避けながら海に出ようとするウミガメの赤ちゃん。
2009年カミロビーチで。[*Janiece Tanner-West*]

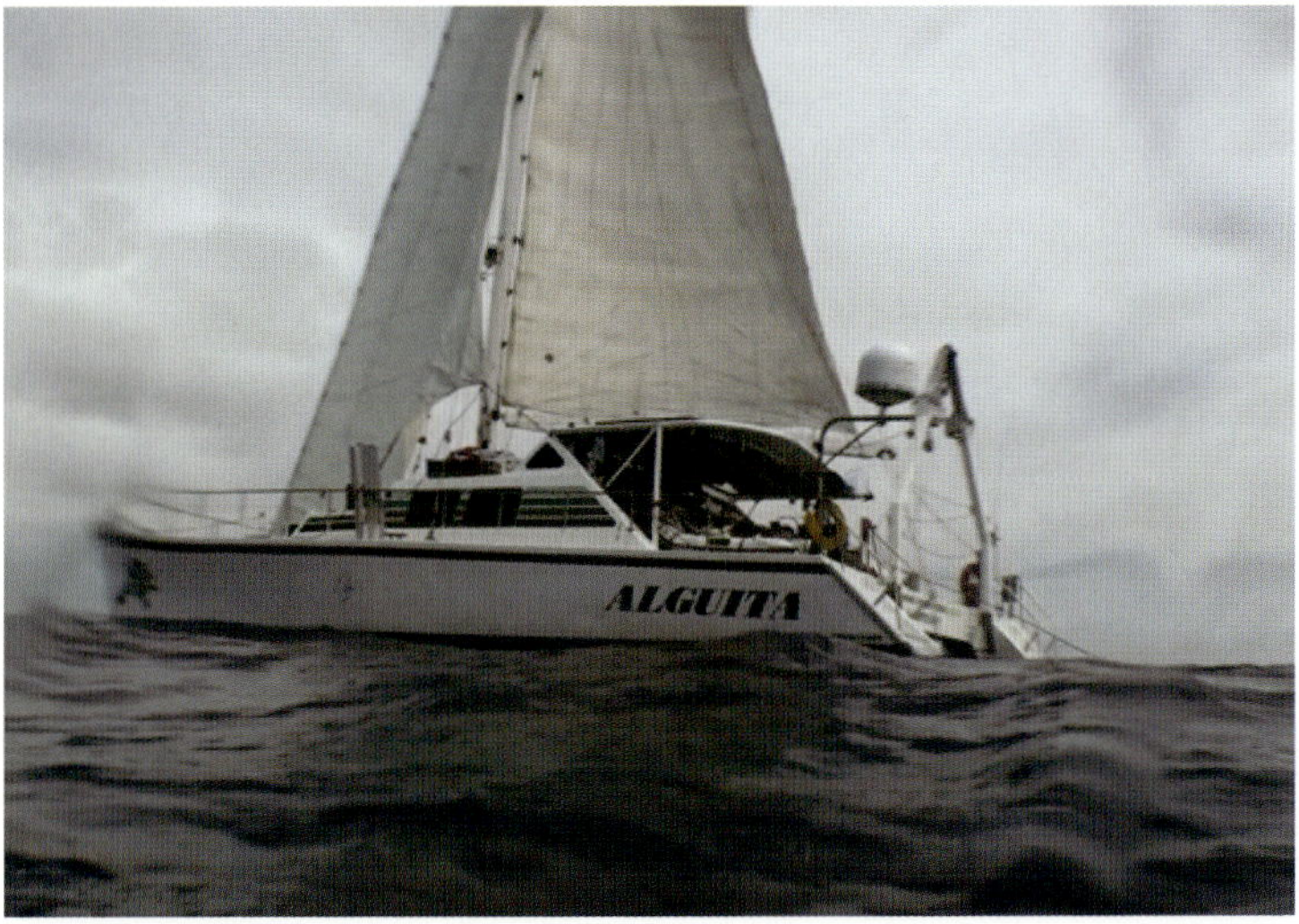

撮影とひと泳ぎのために止まる海洋調査船アルギータ。[*Lindsey Hoshaw, AMRF*]

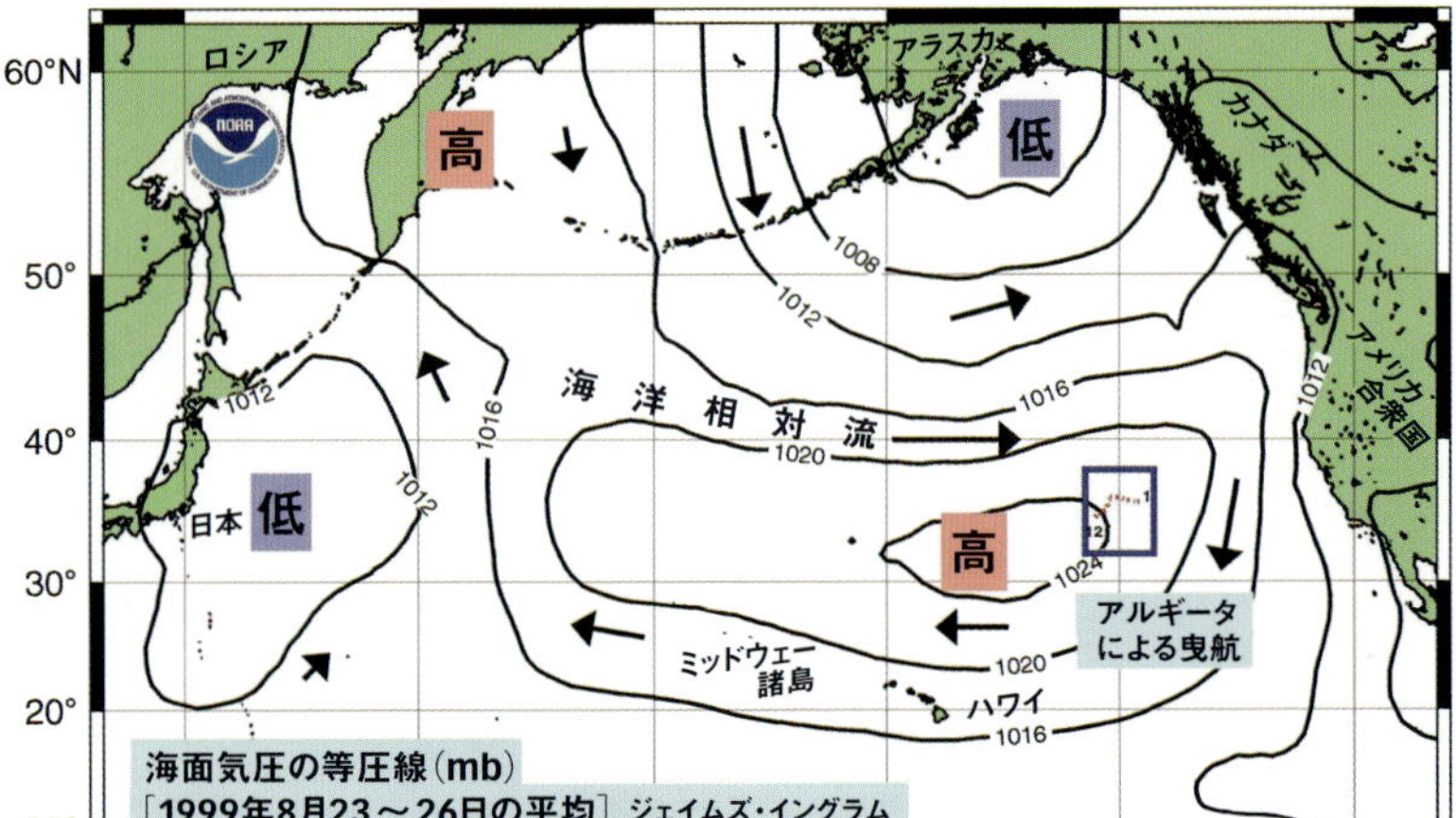

1999年の第1回渦流航海時の平均的海況。「海洋汚染報告」誌の「北太平洋環流のプラスチックとプランクトンの比較」より転載。[*James Ingraham Jr., NOAA*]

マンタネットを広げるチャールズ・モア船長、マーカス・エリクセンら。
2005年の渦流航海で。［Laurie Harvey, AMRF］

カミロでごみを拾うカーティス・エベスマイヤー。2007年。［Captain Charles Moore］

プラスチック加工工場からまき散らされたペレットを拾う。2004年。
[*Captain Charles Moore*]

インドネシアのチタルム川。世界でもっとも汚染された川のひとつ。2009年。
[*Barcroft Media/Getty Images*]

プラスチックスープの海

北太平洋巨大ごみベルトは警告する

装幀　福田和雄（FUKUDA DESIGN）
装画　竹井千佳

プラスチック汚染など想像すらできない世界を作ってくれる、
まだ生まれぬ世代へ本書を捧げる

プラスチックスープの海

目次

＊本文中の（　）と引用文中の［　］は原注、〔　〕は訳注を表す。
＊本文中にあげられた書名は、邦訳版があるものは邦題を表記し、邦訳版がないものは原題とその逐語訳を併記した。
＊原書巻末の出典は、左記のサイトに掲載した。
https://www.nhk-book.co.jp/recommend/gakugei/0815602012.pdf
短縮版　http://ow.ly/chNvP

日本語版まえがき

豊かで秩序だった自然が今、増加するいっぽうの永続的プラスチックで、海洋も陸も汚染されている。海洋のプラスチックはほとんど取り除けないし、すぐには消滅もしない。海と美しいビーチに、未来永劫、醜《みにく》い姿をとどめるだろう。私たちの時代を特徴づけ、現代生活を容易にしている物質であるプラスチックが、地球上の生命の培養器である海洋にこの悲しい運命をもたらしたのだ。この病の治療薬はないだろう。地球上のすべての人類の毎日の生活がプラスチックごみを生み出しているのであり、それが知らないうちに、あるいは知っていて、自然を破壊している。

本書でカッサンドラ・フィリップスと私は、「プラスチック禍《うず》」の状況と原因をくわしく論じ、グローバル経済に根本的な転換が起こらないかぎり、汚染の増大を食いとめることはできないだろうという結論にいたった。汚染が起こるのは、プラスチックを使用するのが経済的で便利だからだということの単純な事実をまず認めて、それから働きかけなくてはならないだろう。グローバル経済に浸透している「成長か消滅か」という絶対的概念が、汚染問題の根幹にある。それはそれがすぐに不要になる、数百万トンのパッケージと使い捨て用品を生み出している。それはどこへともなく逃れ出て、遠くの、どこでもないどこかをめざしてなくなるのだろうという幻想を、人間は文明の誕生以来信じてきた。

私たちのまわりにあって人間を支える海を愛するなら、陸での製造と消費をおさえる必要があることを理解すべきだし、物資はどんどん貴重になるのだから再生産、再利用するべきだ。そうできたときに初めて、海洋の広大な居住環境はゆっくりと回復し、地球上で最大の生態系である海に棲《す》む、プランクトンから最大のクジラにいたるまでの生物は、窒息させられるようなプラスチックごみの脅威から開放されるだろう。

チャールズ・モア

二〇一二年六月

はじめに

私の今までの人生が少々型破りだったように、本書の組み立ても型破りかもしれない。この本は、ふたつの内容をより合わせてある。ひとつは、自分が伝えたいことをまとめるために市民科学者として歩んだ私の道筋。もうひとつは、プラスチックについてのすべてである。変幻自在に形を変え、どこにでも使われているこの素材は、最初楽しい友だちかと思ったらやがてやっかいな本性を表したやつのようだ。もっと早く気づけばよかったのに、とつくづく思う。

内容は必ずしも時系列に沿ってはいない。時間と場所を自在に飛びまわりながら、筋をつないでいく。また本書は、ラヴストーリーでもある。生まれて以来ずっと持ちつづけている海への深い愛がなかったら、私は今やっていることをどれもやってはいない。

*

著者ふたりのつながりについても、説明しておきたい。出会いは二〇〇八年九月、ハワイ島でのことだった。チャールズ・モアはホノルルでの講演のあと、ハワイ島の田舎にあるモア家の家に息抜きに行き、カッサンドラ・フィリップスは、そこから三キロも離れていないラン植物園でアメリカ農務省から依託された、リサイクルプラスチックがランの培養土として適切であるかどうかの第二相《フェーズ》検査に入ったところだった。すでに予備検査でカッサンドラは、プラスチックがそれまで主張されているように不活性ではないことに気づいていた。ある種のプラスチックは成長を阻害し、ある種は促進し、ある種（合成繊維）は完全に死滅させた。地元の図書館がごみゼロ集会を催し、たまたまチャールズもカッサンドラもそこに出席した。アメリカ本土でチャールズはごみゼロ運動を主導しているコンサルタントを知っていたから、カッサンドラはリサイクルプラスチックの業者との結びつきをさがしていたからだ。

チャールズは培養試験に興味を持ち、すぐに研究所を訪れた。カッサンドラは自分が直接見聞したことでなければ認めたがらないタイプだが、チャールズが語る仕事と発見の内容に、夫君のボブとともに熱心に耳を傾けてくれた。

そしてボブが運命的な言葉を口にした。「これは、本にしたらいいのではないか」

第1章 プラスチックスープ

海は、まるでブルーのセロファンを張ったようにてらてらと光り、夏の日の池を見るようだ。セールはだらりと下がり、活気あふれる太平洋横断航海を思い描いてふくらませていた私たちの期待も、同じようにしぼんでいる。太平洋のど真ん中で高気圧の凪《なぎ》につかまっているのだ。船長である私をはじめ、乗組員はだれひとりとして、こんなことは予想していなかった。乗っているのはタスマニアで建造された五〇フィート〔約一五メートル〕の双胴《カタマラン》ヨット、アルギータで、まだ新しいため乗る側には学ばねばならないことがかなりあるし、船のほうもいわば慣らし運転が必要だった。

予定した航海のルートを調べ、船荷を積み、もやい綱を解き、船首を外海に向け、風をチェックし、セールを上げようと甲板を走りまわることほどわくわくすることはない。けれど、ホノルル出港八日目となる今日、燃料と活力がなくなるまえに目的地サンタバーバラに到着できるかどうかが大きな問題になっていた。

この例外的気象に対応するため、私たちは通常の航海ルートから外れてみていた。結局、あとになって知ったことだが、記録上最大のエルニーニョ現象が北太平洋に広がっていたのだ。北緯三五度まで一気に北上させてくれた快適な風は、いまやほとんどやんでしまった。右向きに針路を変え西海岸をめざすのは、北緯四〇度まで上ってからにしたいのだ。毎日、海洋大気局からの気象ファクスを受信していると、偏西風は例年よりやや南で吹いていることがわかった。そこで一か八か南東に向かった。そこは気象学的には北太平洋高気圧と呼ばれる現象が起きる海域で、またの呼び名を亜熱帯無風帯、もしくは馬の緯度という。無風帯で立ち往生した昔の船乗りが、積荷を軽くし、水を節約するために家畜を海に投棄したのでこう呼ばれる。

やがて私はこのなめらかな海に、ごみが散らばっていることに気づきはじめた。あちらこちらに、奇妙なかけらや切れ端が点々と浮いている。プラスチックのようだ。不思議な、ありえないことを見ている気分になる。

最初に見たのを航海日誌に記していないので正確な日時はわからないが、おそらく一九九七年八月八日か九日と思われる。それ以降もごみの目撃は記録していないし、私がゲームを始めたことも書いてはいない。ゲームとはこうだ。操舵室からデッキに出て行くとき、今度はプラスチックの破片を見ないにちがいない、と自分に賭けをする。けれど、いつも、必ず私の負けだ。一日のどの時間でも、一日に何度賭けても、二、三分もしないうちにプラスチックのかけらがひょこひょこと漂ってくる。ここにボトルが、あそこにボトルのキャップが、ビニールの切れ端が、ロープや魚網《ぎょもう》の断片が、そういったものの小さなくずがすぐに見つかる。

もしもロサンゼルスの南にある私の母港のあたりをセーリングしているのなら、憂鬱《ゆううつ》な話ではあるが、ごみを見るのはあたりまえかもしれない。けれど今は、ハワイとカリフォルニアの中ほどにいるのだ。陸地から数千海里〔一海里は、約一・八五キロ〕離れていて、ここにごみが落ちている確率など、月に落ちているのより低いと考えるのが自然だ。

その後数日にわたり、太平洋の真ん中の無風帯の、不気味に静かな海面をエンジンで進んでいくあいだ、いつもごみがあった。陸から遠く離れた外洋の水面に、蛾《が》の死骸《しがい》のようにプラスチックの破片がひらひらと浮いている。うんざりしてきたが、他にも気になることがあり、それればかりにかまってもいられなかった。

太平洋ごみベルト

ありのままを言うなら、ごみの山にぶち当たったわけではない。ごみの島を見たわけでもなければ、ごみがいかだのように組まれていたわけでもないし、ごみが渦を巻いていたわけでもない。それらはすべて、のちにメディアが尾ひれをつけたでっち上げだ。この海域は「太平洋ごみベルト」として知られるようになり、これはたいへん便利な呼び方だが、実際とは少しちがう印象を与える。そのとき見たのは、プラスチックでできた薄いスープである。プラスチックの破片で調味し、ブイ、もつれた魚網、浮き、枠箱〔漁船で漁獲物を分類したり、餌を入れたりしておくのに使われる)、その他もろもろの大きめの残骸《ざんがい》といった「ゆで団子《だんご》」があちこちに浮いているスープである。私は、プラスチック大陸を発見した後世のコロンブスなどではない。はじめは半信半疑で、やがてはっきりと確信を持って、ハワイと西海岸のあいだの北東太平洋の広大な海域に、プラスチックの破片が集中して浮いていることに気づいた航海者にすぎない。

今から思うとこの横断航海は、ある意味で頂点だったたし、同時に始まりでもあった。そのときは知る由《よし》もなかったが、他にもこの光景を見た人がいるようだ。

しかし、見えていることと意識して見ることはまったくちがう。何かがまちがっていると思うことと、それを正そうとすることがまるで別のことであるのと同じだ。この一九九七年夏、私は自然に対する鋭い感覚を持ち合わせたセーラーだった。その感覚が私をどこに導くのであれ、抵抗できるはずはなかった。

*

海は、無限に変わる様相を見せながらもどこまでも同じように続く。それが、私が海を愛するゆえんだ。私は人生ずっと海のとりこだったし、自分を海棲哺乳類《かいせいほにゅうるい》だと思っている。ロサンゼルスの三四キロ南にあるアラミトス湾にある家で育ち、今もそこに住んでいる。アラミトス湾は住宅つきハーバーで、水ぎわの家々は軒を接しているが大方が専用桟橋《さんばし》を持っており、自由な世界へすぐに行ける。放課後と夏のあいだはいつも泳いだり、サーフィンをしたり、水上スキーをしたり、ボートをこいだり、父と四〇フィートのケッチ〔二本マストのヨット〕「ピンク・レディ」に乗ってセーリングしたりして過ごした。そのケッチは本当にピンクだった。

一九六一年、私が十代はじめのころ、両親とふたりの妹とともにピンク・レディでハワイまで航海をした。当時炭酸飲料はリターナブルのガラスの瓶に入れられ、キャップは金属だった。使い捨てライターはまだなくてジッポが使われ、買い物は紙袋に入れて持ち帰り、魚網は麻、マニラ麻、綿で作られて、中空のガラスのボールか木製の浮きをつけて仕掛けられていた。

その航海で人工的なごみを見ていたら、記憶に残っているはずだ。父は人並みはずれて海を愛しており、物事がきちんとしていなくては気がすまないたちなので、何か対処していたにちがいないからだ。父は工業化学の専門家で、母方の祖父の会社で働いていたが、生まれついての好奇心からまるで専門外のことにも関心を持った。

たとえば、ごみに対して奇妙な関心を抱いていた。家族の休日には、遠出の帰りに地元のごみ捨て場にちょっと寄る。家族はみな車から出て、じっくりと見る。父が何かを調査していたかどうかは思い出せないが、この奇妙な物好きが高じて起きたあるできごとをよく覚えている。父は週に数度手漕《こ》ぎボートでアラミトス湾内をまわっていたが、一九五〇年代になって海面にごみが浮いているのに気づいた。そこで市役所に行き、ボートで出るさいに清掃をするので契約してほしいと申し出た。しかし、その申し出は受け入れられなかった。

父の公共精神からの申し出を役所が退けたのは、以後の方向を暗示するものではないだろうか。役人には仕事の計画表というものがあるのだろう。しかしそれはいつも正しいとはかぎらない。私は、自分で行動する環境保護運動をめざすようになった。

やがて私は、生まれ育った海沿いのコミュニティが、あまり好きではない場所に変容しつつあることに否応なく気づきはじめる。私のように海と強く結ばれている者にとって、すさまじい勢いで進む開発のおかげで湿地や、サーフィンに最適の砕《くだ》け波が立つ場所がなくなり、河口《かこう》潟《がた》や湾が汚れ、砂浜がごみだらけになり、沿岸の海に汚染物質が放出されるのを見るのは心が痛む。私はアラミトス湾で泳ぎながら育ったが、八〇年代になると海に入るのはためらわれるようになった。桟橋で釣《つ》った魚を食べるのは、その二倍躊躇《ちゅうちょ》する。

アルガリータ海洋調査財団の設立

九〇年代初めに私は遺産を相続し、その金でそれまで三十年間言っていたことを実行に移すことに決めた。一九九四年に「アルガリータ海洋調査財団」を設立し、沿岸の海をかつての状態に戻すのに何かできないかやってみることにしたのだ。同時にロングビーチ有機農業を立ち上げ、市街地の空き地を市民有機農園に変える事業を始めた。

じつはアルガリータという名前は、少々まぬけな新造語である。大学で専攻したのでスペイン語を話すのは得意だが、言語学者ではない私は、アルガ〔藻類《そうるい》〕の縮小語は、ローラの縮小語がロリータであるように、アルガリータだと思ったのだ。それに私は、舌の上で軽やかに転がる言葉が好きだ。そして最初の意図がカリフォルニア沿岸のジャイアントケルプ、すなわち巨大なアルガを復活させることだったので、この言葉を選んだわけだ。このきわめて重要な海洋生物は汚染や乱獲にさらされており、そのことが沿岸の海水温が上昇するというエルニーニョ現象を増幅させている。私はやっかいで金のかかる手続きを経て、501 c(3)非営利団体〔アメリカの内国歳入法501条cの第三項に規定されている非営利団体で、日本のNPO法人に当たる〕として法的に認可され、カリフォルニア州務長官にきちんと支払いをしてアルガリータという言葉を登録してもらった。すべてが整ったところで、メキシコ、エンセナダ州にあるバハ・カリフォルニア自治大学のジャイアントケルプ専門家の教授に、アルガリータという言葉は存在しないとおだやかに指摘された。幸いにして、のちに、これを正すチャンスは得られた。

私にとっての最初の環境運動は、プロ・エステロスという団体に加わったときだ。この団体はバハ・カリフォルニアの湿原の保全を目的とする二国団体で、バハとアルタのカリフォルニアに生息する重要な湿原生物を保全する州法の立法を議会に働きかけており、私は早くからこのグループのメンバーだった。

またサーフライダー財団にも早くから加わったが、これは意外にもサーファーたちが設立した団体で、最初の意図はサーフィンをする砂浜の保全と、公衆がそこに入る権利を守ることだった。それがやがて、沿岸エコロジー保全を唱える非常に活発な国際団体へと発展していった。私はその団体の「ブルー・ウォーター・プロジェクト」を統括する地元の責任者となり、環境保全に関心のある市民を集めて、水質監視の方法を身につけてもらう活動をしていた。ごみも懸念材料だったが、当時の私たちの関心対象はバクテリア、富栄養化成分、化学汚染物質など、ロサンゼルス盆地の河川流域から流れこむ目に見えない汚染物質だった。海岸や市街地の河川でサンプルをとり、州公認の研究機関に分析を依頼していたが、その後は自分たちで分析するようになった。

九〇年代初めのこのころ、公害問題は人の手で対処しきれる範囲を超えはじめた、という印象を持つ。人間が都会からたれ流すものは把握しきれないほどに増大し、海へと流れ出ていた。自分のヨット「カイ・マヌ」で沿岸をセーリングすると、外海で固形のごみが浮いているのを目にするようになる。以前は、湿原や港内にごみが打ちあがっているのは目にしていたが、外海では見なかった。それらの海域でサンプル採取をしたかったが、カイ・マヌはそういう調査船としては不向きだった。そこで、別の方法を考えはじめた。りっぱな外洋調査船は何百万ドルもするし、経済性と乗る楽しみという点において、軽快なセーリングボートに及ばない。財団の仕事を遂行するのに都合がよく、チャーター船として維持費も稼げるであろう理想的な船は、カタマランヨットだと思いついた。

カタマランは船体がふたつあるので安定性は抜群で、陸地に乗り上げても、単胴《モノハル》ヨットが痛ましくよこざまに倒れてしまうのに対し、どっしりと直立する。風力二ぐらいの軽風でも、重たいバラストがついていないので疾走する。乗って楽しいし、燃料も節約できる。実際問題として、バハ・カリフォルニアの河口潟や湾を調査するためには、喫水の浅い船が必要だった。だから、カタマランしかなかった。

船名はアルガの正しい縮小語にすることに決めてあったので、未来のアルギータさがしが始まった。あれこれ検討した結果、オーストラリア人のデザイナーが設計したヨットに決め、それをタスマニアで建造して、「アルギータ」が誕生した。

*

今、そのアルギータは海のど真ん中で立ち往生している。船乗りが避けたがる北太平洋高気圧の真ん中に自分がいるというのは、何かぞくぞくする感じだ。空気は濃く、熱く、乾いており、海の砂漠とでも言うべき海域ができあがる。実際ここはアメリカ南西部地方、メキシコ、アジアの高気圧地帯に位置する砂漠と同緯度である。魚さえ、この海域のどんよりとした海水を嫌うようだ。といって、生物がまったく存在しないわけではない。海の食物連鎖の底辺を支えるもの、植物プランクトンがここにはある。

植物プランクトンは小さな海洋性植物で世界中の海で光合成を行ない、地球上の酸素の半分を産出している。その一段上が、総称して動物プランクトンといわれる微小生物である。これにはゼリー状の濾過《ろか》摂食者である一連の風変わりな生物種がふくまれ、サルパ、クダクラゲ、被嚢類《ひのうるい》〔ホヤなどの仲間〕、クラゲなどの名が挙げられる。ウミガメやマグロ類はこういった生物や、ハダカイワシなどきらきら光る夜行性の小魚を食べる。こういう生物については、もっともっと勉強しようと思っている。

十八日午前一時、風がなくずっと機走していたため、左舷側の燃料タンクが空になった。その後、カリフォルニアの海岸線が見えるところまで来たが、なかなかそこにたどりつけない。けれど、ついに運が開けた。無線で呼びかけると、サンタバーバラにいたヨットが応答してくれ、軽油二〇リットル入り缶をふたつ持ってきてくれることになった。船体の接触を避けるため、それをアルギータ近くの海面に投げ込んだので、私が海に飛びこんで燃料缶の救助員よろしくアルギータまで運んだ。

これが二十日のできごとで、軽油四〇リットルでカタリーナ島のアヴァロンまで行けた。右舷のエンジンが調子悪く、ずらりと並んでもやっているヨットのあいだを操船して燃料補給用桟橋に行くのは危なそうだったので、アンカーを打ち、小船をこいで二〇リットル缶を持って行って満たし、アルギータに戻った。こうしてその午後やっとのことで、ロングビーチのアラミトス湾に帰りついた。

なぜ、海にごみが浮いているのか

陸に戻ると、行けども行けどもプラスチックだらけだった日々のことを考えずにはいられなかった。ここ数十年で私たちは、砂浜、道路わき、川床のごみを見慣れてしまっている。柵や木の枝にかかったレジ袋、風に転がる発泡スチロールのカップ、いたるところに捨てられたタバコの吸殻とボトルのキャップ……。非常に有害だという気はしない。だれか不注意だったなとか、いやな風だな、とか思う程度だ。でも太平洋の真ん中でプラスチックのごみを見るのは、何かがとても変だ。地球上のどこよりも、そんなことがありえない場所ではないだろうか。

このときおそらく私は、プラスチックは腐敗が遅いことは知っていたが、現実的な時間枠の中では生分解〔生物作用または生物由来物質による分解〕しないということには気づいていなかっただろう。熱や化学反応で結合させた炭化水素である人工の重合体〔ポリマー。単量体（モノマー）が重合してできた化合物〕は非常に強く、分解されにくい化学物質であることを知るのはまだあとだ。プラスチック製品は割れて破片になり、やがてナノ粒子となって幾世紀も環境を汚染しつづける。生物にとって、これらの永久不滅の粒子と出会うことは何を意味するのか。自然界に放出されたプラスチックは、沿岸の海洋生物が誤食する危険、からまれる危険を与えていた。数年まえロングビーチの防波堤近くで、哀れな様子でもがいているカッショクペリカンを救ったことがある。釣り針が刺さり、それについたモノフィラメントの釣り糸にからまってしまっていたのだ。

けれど外洋の只中《ただなか》に漂うプラスチックのかけらは、そういったことだけではなく、食物連鎖の底辺にある自然のプロセスを妨げているのではないかと思いはじめた。ただしそのときは、プラスチックの破片が有毒でもあるとは思ってもいなかった。そのことは、一般にはまだほとんど知られていなかった。

私は、航海中にデッキから見えるプラスチックのかけらをもとに、ざっと計算したときのメモをさがした。私は七日間続けて、一〇〇〇海里以上に散らばるプラスチックのごみを目撃した。この「プラスチックスープ」は直径一〇〇〇海里の円形状の海域に広がっているだろうと考え、一〇〇平方メートルにつき約二三〇グラムとすると、そこには六七〇万トンのプラスチックがあることになった。これは、ロサンゼルス盆地を拡大すべく続けられている、当時アメリカ最大のごみ埋立地である、プエンテヒルズに捨てられるプラスチックごみ二年間分の総量と同じである。

ロングビーチに戻ってから、燃料が切れた顚末《てんまつ》や大物のマグロを釣ったことなどをまわりの人に話したものだが、プラスチックの破片や小片がもっともありえないところ、地球上最大の大洋の真ん中に迷い出て漂っていたことが頭から離れない。

疑問が次々わき上がる。どこから来たのだろう。陸か？　船舶か？　漁師か？　プラスチックごみの海洋投棄が国際法で禁じられているのに？　アジアから来たのか、北米西海岸から来たのか？　どこか別の場所からか？　漂ってどこかにたまるのか？　罪のない海洋生物の体内に？　すでに汚染された砂浜に？　それとも海底に？　外洋の表面に永遠にとどまるのか？　あのプラスチックスープは、記録的エルニーニョのせいで起きた一時的な偶然のできごとなのか？　他の外洋にもこの現象はあるのか？　あの始末に負えないプラスチックは生態系に問題を与えているか？　答えを知る必要がある。

アルガリータの理事たちの支持を得て、私は北太平洋高気圧帯にまた行く計画を立てた。プラスチックがまだあるか確かめ、量を調べるためだ。そのときは、この航海が私の人生をまったくちがう方向に導くことになるとは思っていなかった。また、太平洋ごみベルトの「発見者」として悪名をとどろかせることになるとも思っていなかった。この用語はどうしても好きになれないが、世の中で通りがよくなったのはありがたい。ただしベルトなどではなく、地球上のカボチャ畑すべてを合わせたのより広い面積の広大な海域である。この航海で私は新しいことを知るようになる。科学的見解の不一致、懐疑的官僚、はげたかのようなメディア。

そして私自身の皮肉な巡り合わせにも気づく。アルガリータ海洋調査財団を設立し、アルギータを建造するために使った資金は、祖父でハンコック石油会社社長のウィル・J・リードからの信託財産だ。石油と天然ガスは人造重合体、すなわちプラスチックの材料となる。さらに、地元のごみ捨て場を気にかけ、将来を予測していたような父のことを思い出す。アラミトス湾の清掃をすると果敢に申し出たことも。

私があの汚染された場所に戻り、その人工物の謎を解明したいと願うのは、避けがたい宿命のように思われた。そしてこれは、海に償いをする方法をさがすためでもあった。

第2章 私は何も知らなかった

一九九七年の航海で、北太平洋の真ん中のプラスチックごみに気づいて戻った人物は、プラスチックの海洋汚染について基礎的なこと以上は知らなかった。けれどその人物、つまり私は、これから学んでいく。

それまでの航海中に、南太平洋で座礁したり、マストが折れるなどのトラブルがあったためか、ロンドンのロイド保険会社はアルギータの保険の継続を断ってきた。そこで、保険をかけやすくするため、沿岸警備隊の大佐としての資格をとることにした。資格審査は厳しかったが、私はすでに必要とされる海上での三百六十五日（一日最低四時間）をすごしているし、その中には南カリフォルニア海洋協会の調査船シー・ウォッチの乗務もふくまれていた。これにより一〇〇トンまでの船舶の免許が許される。

この過程で海流、風、海図、船舶機械について多くの知識を学んだが、これは、アメリカ・パワー・スコードロンのすばらしい船舶教育コースによるところが大きい。パワー・スコードロンは、ほぼ百年近く存続している非営利団体で、沿岸警備隊の民間外郭団体とともに、船舶の安全運航のための教育とトレーニングを提供しており、私も招請があれば喜んで応じて、トレーニングを施す。さらに、きびしい筆記試験のまえには沿岸警備隊教育クラスもとった。やがて試験に通過し（港則法は二回受けなくてはならなかった）、次に健康診断とドラッグ検査を受けた。今や私はキャプテン・チャールズ・モアであり、アメリカ商船オフィサーであり、総重量一〇〇トンを超えない蒸気機関、内燃機関、帆を原動力とする船舶の船長であり、乗組員の安全と健康に責任を持つ。

けれど私の脳裏からは、おだやかな北東太平洋で見た、まるで水という空気の中で羽ばたく蛾《が》のように見えたプラスチックごみが何キロも連なる光景が離れなかった。

世界でもっとも調査されている海域

プラスチックをたくさん見た北東太平洋の亜熱帯の海にもう一度行くことにしたのは、何か突然啓示を受けたからか、とよく聞かれる。そうとは言えない。毎日の仕事の中でも、北東太平洋で見たプラスチックスープのことが頭に浮かんでいた。もう一度行こうという考えはおそらく、一九九七年の航海の最中、一〇〇平方メートル当たり二三〇グラムのプラスチックがあるとして推定値を計算したときに芽生えたのだと思う。この推定値だと、ハワイと西海岸のあいだの約五二〇万平方キロの広さの北東太平洋には、六〇〇万トン以上のプラスチックごみが散乱しているというおおよその結果が出た。これは、精査する価値がある状況ではないだろうか。そして不思議なことに、その後続いた一連のできごとが、私を北東太平洋の再訪へと導くことになった。

私は自分を科学的な人間だと思っているが、ときおり偶然の出来事に導かれるようだ。地元の新聞で、スティーヴ・ワイスバーグ博士という人がミーティングを主催することを知った。博士は南カリフォルニア沿岸の汚染を調査するよう州から依頼された組織の精力的リーダーである、と紹介されていた。私にとって、願ったりかなったりの人物だ。うれしくなって新聞の編集者に手紙を書き、私たちが住む沿岸の健全さを回復しようと働いてくれるワイスバーグ博士の存在はなんとありがたいことだろうと記した。そしてカレンダーにミーティングの日の印をつける。九七年の秋、最初の北東太平洋航海から戻って二か月のことだった。

ワイスバーグ博士の組織は、南カリフォルニア沿岸海域リサーチプロジェクト（Southern California Coastal Water Research Project）というもので、略称ＳＣＣＷＲＰから「スクワープ」と呼ばれていて、「バイト98」と名づけた調査計画を発表していた。バイトとは、岬などに囲まれた湾曲部で、海水が循環する海域のことをいう。バイト98の目的は、コンセプション岬とプンタバンダのあいだの沿岸水系の汚染レベルを調べ、以前の調査と比べることである。

南カリフォルニア・バイトは、ロサンゼルスの南北一八〇キロにわたって延びている。サンタバーバラ北部の南から、バハ・カリフォルニアの北部までだ。その海域の四百十六のポイントで、季節ごとのサンプルを採取するという遠大な計画が立てられた。これは研究のための研究ではない。スクワープは、汚染規制が実際に水質向上と沿岸のエコシステムの健全化につながったかどうかを見定めようとしていた。

年間一億七千五百万人が訪れる海岸線の公衆衛生と安全が確保できているかどうかは、大きな問題だ。もし沿岸の海水が汚染されていれば、地元の商売は打撃を受け、市も郡も州も税収が滞る。このような共通の関心から、一九六〇年代末に公衆衛生部門と水質調査部門が合同でスクワープを組織した。当時、南カリフォルニアの急増する人口による流出物のため、沿岸海域は生物相を死滅させる化学物質で、どろどろの魔女のスープになっているのが明らかだった。水質浄化法が制定され、環境保護局（ＥＰＡ）が設置されるのはまだその先の一九七二年だが、カリフォルニアはつねに時代に先んじていた。

レイチェル・カーソンの影響は無視できない。『沈黙の春』が農薬・殺虫剤ＤＤＴの無分別な使用による種の絶滅の危険を警告したのは、一九六二年のことだ。ロサンゼルス近くの沿岸の町トランスにあるカリフォルニア・モントローズ化学会社は、四七年にＤＤＴの製造を開始し、ほどなくしてアメリカ最大の供給元となった。私は子どものころ、そして母の胎内でも、家族で頻繁《ひんぱん》に行ったバハ・カリフォルニアでのキャンプ旅行のさい、キャンバス地のテントの中でＤＤＴを浴びたものだ。蚊はやっつけられたが、私のわずかな肉体的異常は母の胎内でＤＤＴを浴びた結果ではないかと考えずにいられない。

一九七二年にＤＤＴはアメリカでは禁止されたが、モントローズはその後十年間にわたり製造と輸出を続けた。まるで毒物のたれ流し元であるかのようなモントローズは、ポリ塩化ビフェニル（ＰＣＢ）の大量生産も行なっている。非常に分解されにくい人工化学物質であるＰＣＢは潤滑材、絶縁体として、また工業製品や建築資材に耐炎性を与える物質として広く、数十年にわたって使われ、七〇年代末に禁止された。五〇年代後半から七〇年代前半にかけてモントローズは、推定で一七〇〇トンのＤＤＴを私たちの郡の廃水システムに流している。その廃水は、高級住宅街パロス・ベルデスのあるホワイト・ポイントの先に放流された。ＰＣＢについては、少なくとも一〇トン排出したことをモントローズは認めている。沿岸の陸棚の広い面積が海洋生物の不健全生育域となり、その状態が続いて、やがて環境保護局の有害産業廃棄物除去基金の対象地域となった。

スクワープが組織されたのは、モントローズがその誘因となった部分は大きいが、そればかりではない。スクワープの使命は、ロサンゼルス盆地水系から沿岸海域に流出する生物、鉱物、化学汚染物質によってもたらされる影響の質と量を測定することである。水質管理と産業排出物に対する政策を、しっかりした科学的見地から導くのが主眼である。一九六九年にスクワープが共同事業体として出発したとき、調査期間は三年と定められていたが、有益な成果を上げているので組織として存在しつづけ、資金提供も続いている。南カリフォルニア・バイトは絶えず監視されていて、アメリカでもっとも、そしてまちがいなく世界でもっとも調査されている海域である。

バイト98のミーティングに、私はパワー・スコードロンの礼装用シャツに海軍の肩章をつけて出席した。ミーティングのあいだ私が何度か発言すると、終了後はつらつとした様子のワイスバーグ博士が近づいてきた。そこで私は、アルギータでバイト98のサンプル採取活動に参加すると積極的に申し出た。アルガリータ海洋調査財団が、プロジェクトに協力する二十一の組織のひとつになるのだ。アルギータは、国境の南側でサンプルを採取したくても手段がないメキシコ人科学者に適切な拠点を提供できるし、私はバハ・カリフォルニア自治大学のスペイン語を話すパートナーたちとのあいだの通訳も引き受けられる。

調査は滞りなく進み、よいデータが集まったが、私にとって最大の収穫はワイスバーグ博士とその優秀なグループの知己を得たことだ。博士は科学的な環境調査と政策を結びつけるすべを心得ている。私は調査を行なうのが好きだが、今ではそれが影響力を持つことになる。そこで、多くのプラスチックごみを見た太平洋の真ん中にふたたび行くことを真剣に考えはじめた。マルポール条約付属書V〔船舶の航行や事故による海洋汚染を防止する目的で、規制物質の投棄、排出を禁止した国際条約。付属書Vは船舶からの廃物による汚染を防止するための規制〕の発効から十年たっている。どうしてあれほど大量のプラスチックごみがあるのか。私がそれを調べていけない理由はないだろう。

海洋ごみの調査プラン

はっきり決心するまえ、コスタ・メサにあるスクワープのオフィスを訪ねた。西海岸の西方一〇〇〇海里の外洋の只中にあるごみ捨て場に行く三週間の航海を企てるのは、簡単なことではない。もし行くなら、文句のつけようのない科学的調査をしたい。今まで私が行なった海洋調査は請け負って行なったもので、すべて沿岸だった。大洋の真ん中での調査プランは沿岸でのものとは、カンザスとハワイほどに異なる。ワイスバーグ博士とスタッフがそのプランの立て方を教えてくれないものかと思った。またスクワープは水質の化学的、生物学的調査だけでなく、海洋ごみ、海浜ごみの調査を行なったこともあるのを知っていたので、それについても教えてもらいたかった。

ワイスバーグ博士は、一九九〇年代初めに行なった調査の話をしてくれた。ビーチの砂にあるタバコの吸殻の量を推定するためだったが、吸殻を見つけようとしてもプラスチックのかけらのほうがはるかに大量だったので中止になってしまった。それらは樹脂ペレット〔プラスチック製品の成形材料となる小球。ナードルともいう〕で、ビーチ一面にあるという。スクワープは沿岸の海底のごみも調査したことがあり、やはりプラスチックごみがあったそうだ。私はよいところにさぐりを入れているようだ。

私は、一九九七年のハワイからの帰途航海のあいだに受信した、海洋大気局レイズ岬気象台からの気象ファクスを持ってきていた。あのおだやかで、船舶の少ない広大な北太平洋海域にどうして大量のプラスチックごみがあるのか、私はファクスを見つめながらずっと考えていたのだ。天気図でとくに注意を引くのは、決して消えることのない高気圧帯だ。時々動くが、ほぼつねに同じ位置にある。風と海流はこの高気圧のまわりを巡るが、高気圧そのものはじっと安定している。グランドセントラル駅に仏陀《ぶっだ》がいるようだ。

ワイスバーグ博士と彼のスタッフである統計専門家のモリー・リーキャスターとともに会議室に落ち着くと、気象ファクスをすべて床に並べた。日付順に並べ、北太平洋高気圧がハワイと西海岸の中間点に、ときおり動きながらほぼ同じ場所にとどまる現象をよく見てもらえるようにした。この恒常的な高気圧海域と不思議なごみ浮遊海域とは、何かつながりがあるように見える、と私は言った。じつは私は、海洋学者たちが十年以上も研究していることを「発見」したようだった。その一帯を巨大渦流と呼ぶのだそうだ。初耳だったが、ともかく巨大渦流とは私が見たとおりのものだ。大気が起こす現象で、ほとんど固定的な気象現象に見えるほどはっきりとした特徴を持つ。

ワイスバーグ博士とリーキャスターにしたい質問は、たいへん基本的なものだ。途方もなく広大、そう、テキサス州の二倍の面積の、物理的境界のない範囲から、科学的に厳密なサンプルを採取するにはどうしたらよいか、である。南カリフォルニア・バイトでサンプルをとった海域は、すぐ近くにある陸の指標によって境界を画定することができた。

外洋では、もっとやっかいなものを相手にしなくてはならない。海面のある一点で採取した海水が、いくらでも他の場所でとれていた可能性がある。その場所はすべて境界があいまいで、気圧配置や海流の影響を受けるが、どちらも固定的ではない。沿岸の海水は陸の地勢に大きく影響されるが、外洋では海流の影響を受ける。そして外洋の只中の海流は大気圧、風、気温、塩分濃度、月の位置、地球の自転によるコリオリの力、といったほぼ不定の要因の影響を受けている。気圧配置は移動するので、高気圧も北へ、南へ、東へ、西へと、コンピュータのカーソルのように動きまわる。海流図や地形図はまず役に立たないだろう。私たちは気圧情報をもとに、ごみの場所、調査する場所をめざさなくてはならない。

そして難題は、その動く目標ポイントから、科学的に厳密なランダムなサンプルを採取することである。沿岸の調査で陸の地形が区分になるように、この高気圧帯が区分の目安になるのではないかと、私はワイスバーグ博士とリーキャスターに言う。その区分内のランダムなラインに沿って、サンプル採取用ネットをトロール〔漁具などを船から引きずり、魚をとること。ここでは海洋ごみを採取するために行なう〕すればよいかもしれない。こうして北太平洋亜熱帯環流のプラスチック浮遊物調査のための、ランダムなトロール・パターンを作った。そしてそのとき、私は出かける決心をしていることに気づいた。

リーキャスターは各トロール・ラインのランダムな長さ、ライン間のランダムな距離を表した図を作ってくれ、海図にその位置を記すと、その範囲はウィスコンシン州ほどになった。ひとつのライン・グループは東から西に向かい、もうひとつのライン・グループは北から南に向かう。こうすれば、絶えず動いている海域から、その海水の見本となる鉄壁のサンプルを得ることができる。このプランによるとまずその領域の中心、無風帯に行ってそこから採取を始めることになっていた。

民間ビーチコマーグループ

ひとつ、先例となる調査があることを知った。スクワープの資料の中にあり、一九八四年にアラスカ在住の研究者R・H・デイ、D・G・ショー、S・E・イグネルが、アラスカ沿岸に遺棄された漁具やプラスチックごみが大量に流れ着くのを不審に思って行なった調査である。アジアからハワイまでの北西太平洋で日本の漁船からトロールを行なってごみを集め、そのポイントを記していった。私がめざす東太平洋には踏みこんでいない。科学ジャーナルにその調査報告を載せたが、注目は引かなかったようだ。そのことに、私は驚く。まるで科学は透明な泡の中にあるかのようで、メッセージは外には届かない。

アルガリータの理事会に計画案を提出すると、理事会は全員一致で、外洋調査は財団の目的にかない、重要な調査結果を得られるだろうと賛成してくれた。一九九九年一月、ふたたび偶然のできごとが起こる。ハワイの見知らぬ人から電話をもらった。ジェイムズ・マーカスという名のその人は、ダイヤモンド・ヘッドの反対側にあるのどかな海浜町ワイマナロに住んでいる。九〇年代初めのまだアルガリータを創設するまえ、私はロングビーチの沿岸警備隊海洋安全協会といっしょに仕事をしたことがあって、それでホノルルの沿岸警備隊は私の電話番号を教えたらしい。

結局マーカスとは三十分も電話で話した。たいへんスピリチュアルな人物で、ハワイを神聖な場所だととらえていて、美しい浜辺で毎日瞑想《めいそう》をするそうだが、数か月まえ自分がプラスチックの小片の上で半跏趺坐《はんかふざ》を組んでいることに気づいたという。その小粒の観察を始めると、出現には波があるようだった。ある日はほとんどなく、ある日は大量にある。砂浜で、もしくはすぐ沖で人為的な投棄が行なわれているのではと思ったマーカスは、四リットル入りチャック付きポリ袋一杯の小粒を集めて、ホノルルの沿岸警備隊の支局に持っていった。沿岸警備隊は、アメリカの海岸線から二〇〇海里以内の領海での海洋汚染の報告があった場合、それを調査する義務が法的に定められているが、緊急性があると判断されるケースとそうでないケースがある。沿岸警備隊はマーカスの報告を無害とみなしたようで、私のことを教えるにとどめた。

発見物を送ってくれるように頼むとマーカスはすぐに送ってくれ、開けてみると中身はさまざまな色のプラスチックのかけらで、リサイクルのプロセスとしてつぶされたもののように見えた。ハワイからの航海で見たかけらのことも頭に浮かんだが、それらのかけらはデッキから見ただけではよく見えなかった。そこで、マーカスが送ってくれたかけらは薄片《はくへん》にされたリサイクルプラスチックが海上を輸送されるさい、コンテナから落ちたものではないかという推測を立てた。が、すぐに、それはまちがっていたことがわかる。

さらに、偶然のできごとが起こる。一九九九年四月「ロサンゼルス・タイムス」が一面に、シアトル在住の海洋学者カーティス・エベスマイヤーの特集記事を載せた。民間ビーチコマーグループ〔ビーチコマーは、浜辺でものを拾う人という意味〕を組織していて、漂流物の報告を受けて海流の分析をしているという。当時のアルガリータの理事長ビル・ウィルソンが記事を見て、私に持ってきてくれた。エベスマイヤーはプラスチック海洋ごみの研究をしているただひとりの学者ではないか、よい研究パートナーになるのではないか、とビルは言う。私は当時の財団の教育ディレクターのスーザン・ゾウスケに、エベスマイヤーに連絡をとるよう頼んだ。振り向くと、非常に有能で熱意あふれるゾウスケは、もう彼を電話口に呼び出していた。

エベスマイヤーと話すと、とても楽しく同時に教えられることが多かった。一九九六年にエベスマイヤーは「ビーチコマーと海洋学者の国際組織」という非営利団体を立ち上げ、不定期のニュースレター「ビーチコマーの警告」を発行しはじめた。広範囲に散らばる彼のビーチコマー組織はナイキのスニーカー、浴用玩具、とくに一九九二年のコンテナ落下で有名になった黄色のゴム〔実際はポリ塩化ビニル〕製アヒルを見つけると報告してくる。アヒル、そして同じ仲間のカエル、カメ、ビーバーはフレンドリー・フローティーという会社で生産され、広範囲の岸辺に流れ着くので伝説的存在になりつつある。

エベスマイヤーと、同僚でコンピュータに精通しているジェイムズ・イングラハムは、靴と浴用玩具を回収した位置データを使って、「海洋表面流のシミュレーション」（OSCURS――Ocean Surface Current Simulator）と名づけたコンピュータ化した海流モデルをつねに更新している。たいへんな労作である。

巨大な渦流《うずりゅう》

こうして活発なつながりができて、新しい展開が次々と起こる。私はエベスマイヤーに一九九七年の航海で見たものについて話し、ハワイと西海岸のあいだの高気圧帯に浮いているプラスチックの推定量は三五〇万トン、と告げた。エベスマイヤーは私に数歩先んじていたようで、OSCURSモデルからこの一帯でのごみの蓄積をすでに推測していた。私はそれまでひとりで調べたり考えたりしていたのに、考えを同じにする人間に出会えてたいへん心強くなった。私が調査しようとしていた一帯の名前まで、彼は考えてあった。「太平洋ごみベルト」である。この用語の著作権をとっていなかったとはなんとも残念だ。そのときはまだ、ごみベルトは理論上の場所だったので、浮遊ごみが実際にそこに集まっている証拠をエベスマイヤーはほしがっていた。

エベスマイヤーは、ジェイムズ・マーカスがワイマナロビーチで見つけたものにも大きな関心を持ち、サンプルを送ってほしいと言う。手元にあった中から半分を送り、その薄片状のプラスチックは、ハワイから本土に再処理のため輸送されるリサイクルプラスチックではないだろうかという私の推測も書きそえた。サンプルを見たエベスマイヤーはひとつの点では同意したが、もうひとつの点では別の考えを持った。一九九九年七月二十九日付の手紙にこうある。

「私は太平洋高気圧帯のまわりを巡るごみの量に関するあなたの推定量を聞いて、非常に驚きました。ジェイムズ・マーカスのプラスチックのかけら（六五グラム、九百八十二個）を調べてみると、このプラスチックとあなたが見た北太平洋高気圧のごみとは、私が作っている想定モデルの中では、つながりがあるように思えます」

気象ファクスをくわしく調べたことから、私はすでに、高気圧帯が一定の場所にはあるけれど動いているという考えになじんでいた。今やエベスマイヤーは、私が調査しようとしているウィスコンシン州サイズの領域は、アメリカ本土の二倍の面積を持つ巨大な渦流の東側の中心である、と言うのだ。さらに、この中心と対になったもうひとつの渦流が、ハワイの反対側のずっと先、日本の南東にある。それだけではない。どちらの中心も北太平洋の中緯度帯をとりまく、巨大な循環する流れの中で旋回しているのだ。巨大な流れはアメリカ西海岸を南にくだり、赤道の北側を西に進み、北に上がって日本と韓国を通りすぎ、東に向かってアラスカ湾をかすめて西海岸に戻る、海洋の中の大河である。海洋学者エベスマイヤーによって私は、すべてを納得できる瞬間を迎えた。

エベスマイヤーの説明では、海洋ごみはふたつの渦それぞれの中心へとらわれる傾向があるという。巨大な便器のようなものだが、この渦の中心がわずかに盛り上がっているのか、くぼんでいるのかはまだ異論がある。東西の渦のあいだにはかなりの広がりがあり、収束帯と呼ぶ。呼び名どおり、ここで流れは一本の線に集中し、それとともに浮流物も集まる。一九九七年のようなエルニーニョが起こる年には収束帯は南に下がり、赤道に近寄ってハワイもその中にのみこまれる。

これで明らかになった。エベスマイヤーは、マーカスのプラスチックのかけらは収束帯から「吐き出された」ものだと考えている。そして、ハワイの海岸の砂に周期的に出現して、マーカスのような人物を驚かせるのだ。エベスマイヤーは、紫外線と海の化学作用でプラスチックは粒状になると主張するが、私は必ずしも納得できない。むしろ、陸で投棄されたあと、熱と光でもろくなってから海に流され、波の作用、とくに岸に打ちつける波の力でこなごなになるのではないかと考える。この件はいずれ決着がつくだろう。

マーカスがワイマナロビーチの砂の中に見つけたものは、二年まえの航海で私が目にしたプラスチックごみに由来する、という点では彼の説に同意できる。エベスマイヤーのもうひとつの主張、私が見た目に見える破片や塊は「氷山の一角」であるという指摘には面食《めんく》らう。ミクロの破片は数においても、おそらく重量においても、目に見えている分をはるかに凌駕《りょうが》する、と彼は信じている。彼はサンプリングプランにいくつか変更を提案してくれたが、もっとも重要だったのは、私がトロールに使うつもりだったのよりもっと細かい網目のネットを使うように、という忠告だった。

ミクロのかけら

これで、マーカスの色とりどりのプラスチックごみの経路はわかってきたが、流出元はまだわからない。それに、それが単に目障りであり、「開発」のマイナス面であるという通常のとらえ方以上に、重大な意味を持つのかどうかもはっきりしない。ごちゃごちゃのプラスチックごみ、網、ロープ、糸などは明らかに野生生物にとって脅威だと思える。けれど、ミクロのかけらとなると……その意味についてもっと知りたい。一九九七年のハワイからの航海で見たものは、海や陸のいたるところに見られる使い捨てプラスチックの姿を変えたものなのかもしれない。プラスチックはどこから来て、どういう影響があるのか、このミステリーに挑んでいけばその答えか、もしくはヒントだけでも得られるだろうか。

エベスマイヤーは私の外洋調査計画を熱烈に支持してくれた。とくに、一九九八年十月の記録的大暴風雨の影響を、よく目を凝らして見てくるよう言われた。太平洋中部を襲った大きな嵐に三隻の貨物船が遭遇し、四百十一個の荷を満載したコンテナが海に落下したできごとである。国際法は積荷の損失を明らかにするよう定められてはいないので、中身はわからない。エベスマイヤーの予測では、落下した積荷は八月末、つまり私がそこに行くころに渦流に到着するだろうという。

集めた乗組員はまだ四名で、それで何とかなるが五名いれば理想的だ。そこでエベスマイヤーを誘うが、自分は沿岸調査のほうが適していると言って辞退する。だが、スティーヴ・マクラウドというオレゴン州沿岸に住む画家を紹介してくれた。ビーチコマー・ネットワークの熱心なメンバーだと言う。一九九〇年のコンテナ流出以降何年にもわたり、砂浜に流れ着くナイキのスニーカーを何十と見つけては左右ぞろいにしていて、ビーチコマーのあいだでは伝説的存在だと言う。クルー仕事にも、野外調査にもその能力を発揮するはずだ。

乗組員はそろった。次は、エベスマイヤーが渦流の中に、何よりも大量に存在するだろうと言うミクロのプラスチックも集められる細かいネットを見つけなくてはならない。アルギータのふたつの船体のあいだに張っている網目一センチほどの防護ネットでは、プラスチック汚染の全容をとらえるには粗《あら》すぎると彼は断言する。私は歯ブラシ、ボトルのキャップ、プラスチックのブイなどを集めるつもりでいたのだ。

一九九七年に見たごみは一センチかそれ以上大きいものだったが、それはアルギータのデッキから十分見えたものだ。顆粒状《かりゅうじょう》のプラスチックが目に見えない毛布のように外洋の海面を覆っているかもしれないとなると、事態はがらりと変わる。小学三年生のとき、一見透明に見えた池の水を顕微鏡でのぞいて、肉眼では見えなかった鞭毛《べんもう》のあるちっぽけな生き物がうじゃうじゃいるのを見たときの感情を思い出す。びっくりし、興味がわき、同時にちょっと落ち着かない気持ちにもなったものだ。

第3章

合成化学の歩んできた道

プラスチックは、どうやって世の中に現れることになったのだろうか。時代をさかのぼって、ある共通点を持った三人の男に注目してみよう。

三人とも誕生日が十二月二十九日なので、同じ山羊座《やぎざ》の生まれだ。粘《ねば》り強く、几帳面で、野心的なタイプである。スコットランド人のチャールズ・マッキントッシュ、コネティカットのヤンキー男チャールズ・グッドイヤー、英国人のアレクサンダー・パークスだ。

マッキントッシュは一七六六年にグラスゴーで生まれた。父親ゆずりの応用化学への関心を持ち、布地の染色をしていたが、起業家の資質も持ち合わせていて、他の分野にも関心を広げた。グラスゴーではガス工場が稼働するようになっており、街灯用に石炭ガスが作られていたが、それに注目したのだ。ガス製造の工程で出る副生成物のアンモニアは染色に利用されていたが、そのときいっしょに出るタールは燃やされていた。節約家で有名なスコットランド人であるマッキントッシュは、それを利用できないものかと考え、タールから油分に富んだ揮発性のナフサを分離する方法を覚えた。

当時、新世界からゴムがもたらされて旧世界に大きな興奮を巻き起こしていたが、マッキントッシュはナフサがその溶剤として作用することに気づいた。ゴムは赤道付近に生育する樹木から採取され、旧世界に最初にもたらされたのは一七三五年、フランス人のペルー遠征のときだった。現地の人々はその弾性を利用して、履物やスポーツ用ボールなどを作っていた。

画期的成功が起こるときはいつもそうだが、マッキントッシュは適切な時代に現れた適切な人物だった。一八二〇年代はまだ鉄道が登場するまえで、移動は徒歩か馬か馬車に頼り、イギリスのじめじめした気候にさらされながらの難儀なものだった。繊維にくわしいマッキントッシュは、ゴムをナフサでやわらかくして薄い層に延ばし、布地のあいだにはさめないかと思いついた。ゴム引きの防水布ができないかと思ったのだ。できるにはできたが、初期の製品は不完全だった。縫い目から水がもれ、羊毛にふくまれる脂《あぶら》が防水機能を妨げ、高温ではふにゃふにゃになり、低温ではぼろぼろになった。そしてひどい臭いがした。

一八三〇年になると、マッキントッシュはトマス・ハンコックと手を組む。ハンコックはゴムのくずの粉砕機の発明者で、提携の結果、よりやわらかく、臭わないゴムができ、布地になめらかに延びて防水布ができあがった。これがマッキントッシュというブランドである。

チャールズ・マッキントッシュが生まれた三十四年後の一八〇〇年、チャールズ・グッドイヤーがアメリカのコネティカット州ニューヘイヴンで生まれる。繁盛《はんじょう》する金物店を経営していたが、やがて経営が悪化し、借金により投獄された。しかし、このころグッドイヤーは、ゴム加工に対する強い執念を燃やすようになっていた。のちにこう書いている。「これほど私の心を興奮させる不活性物質は、他には存在しないだろう」

ゴムにとりつかれたのはグッドイヤーだけではない。一八三〇年代には一種のゴムバブルが沸き起こっていた。ニューヨークやボストンには、南アメリカから何トンものゴムが輸入されている。けれどグッドイヤーも、マッキントッシュと同じ問題に直面する。ゴムは温まるとべたべたし、冷えるとぼろぼろになり、嫌な臭いがした。グッドイヤーはこれらの問題を解決しようと心に誓った。

実験と失敗を重ね、成功の兆しも少しずつ見えはじめるうち、本当の突破口が偶然に訪れた。実験用の生のゴムがなくなり、グッドイヤーは青銅でめっきしたブーツを再利用しようとした。硝酸が青銅を溶かせば、生ゴムが残るだろうと考えたのだが、酸がゴムを焼き、硬くなった。そこでさらにブーツを作り同じことをすると、やはりゴムは収縮する。硝酸の酸化作用に対するゴムの反応が明らかになったのだ。

マサチューセッツの化学者ナサニエル・ヘイワードが、すでにゴムに硫黄《いおう》を擦《す》りこむと変化することを発見しており、グッドイヤーはヘイワードと協力することにした。言い伝えによると、グッドイヤーは自宅の台所で実験中、硫黄を混ぜたゴムの塊を誤ってストーブの上に落としたという。硫黄と熱の組み合わせにより、とうとう必要な特質をそなえた素材を作り出すことができた。その素材は成形ができ、なおかつ加硫〔硫黄または硫黄加合物を加えて加熱処理すること〕すると安定性を持つ。一八三九年のことだった。

初期のプラスチック

重合体とは分子が鎖状《さじょう》につながったものをいうが、自然界には天然の重合体があふれている。骨、角、貝殻、髪、爪、木、たんぱく質、そしてDNAも重合体だ。生ゴムは振動する重合体である。だからゴムは弾性を持つ。グッドイヤーはそうとは知らずに、重合体が橋架け結合、つまりたがいに三次元的に結合するような操作を発明したのだ。

この間イギリスでは、トマス・ハンコック、チャールズ・マッキントッシュ、もうひとりの仲間ウィリアム・ブロックドン（ヴァルカナイズ製法の命名者とされる）がゴムをより安定化させようと試みていた。一八四二年に、彼らはグッドイヤーのゴムのサンプルを手に入れたが、製造法を解明できたのかどうかは謎だ。グッドイヤーが自分の製法の特許をイギリスで申請したのは一八四四年になってからだが、それよりまえの一八四三年の十二月にハンコックが申請をしていた。ふたりは法廷で争い、結局、グッドイヤーの特許はアメリカではとれたがイギリスでは却下され、それとともに、いつもグッドイヤーの手に届きそうで届かない富も彼方に去った。

ハンコックとグッドイヤーの特許争いの二年後、三人目の十二月二十九日生まれ（一八一三年）であるアレクサンダー・パークスは、ゴムの加硫をより速く、安価に行なえる冷加硫法を発明した。ハンコックの強力な主張で、マッキントッシュの会社は五千ポンドでその特許を買い、すぐに大きな利益を上げた。その交渉の最中にハンコックは、グッドイヤーのサンプルを分析して解明したのだとパークスにもらし、パークスはその告白を記録している。

パークスの六十余の特許の大半は金属に関するものだが、彼は「プラスチックの父」と称せられる。天然の繊維を硝酸で溶かすとコロジオンというゲルができ、これは乾くと透明なフィルムになり、当時すでに医師たちが小さな傷をふさぐのに利用していた。パークスはコロジオンをしみこませて新しい防水素材を作れないかと考え、研究に着手したが、別の魅惑的なチャレンジが出現してそちらに関心を向ける。当時ヨーロッパとアメリカではビリヤードが大流行し、中産階級は木や粘土で作った球を使用していたが、金持ちは象牙の球を好んだ。象牙も角と同じく、天然の重合体である。だが象牙は高価で、しかもその交易は嘆かわしいことに象と象牙を希少なものにした。

人工のビリヤードの球を作ろうとしたパークスは、まったくのゼロから始めた。硝酸や硫酸に綿やすり砕いた木の繊維を溶かしたりし、これらペースト状の物質に天然のナフサであるひまし油や、樹木からとれるアロマオイルを混ぜてみた。できたものは半透明の粘土のような塊で、これは成形ができ、肌理《きめ》を整えて、象牙や角に似せて着色することができた。乾くと、硬く光沢があった。

パークスは、パークシンと名づけたこの新しい物質には、ビリヤードの球にとどまらず多くの用途があることに気づいた。一八六二年のロンドンの国際見本市〔第二回ロンドン万博〕にナイフの柄、パイプの軸、メダルなどを出品し、ブロンズメダルを獲得している。それらは金属のように見えるものもあれば、貝殻などの天然の素材のように見えるものもあった。

パークスはパークシンのさまざまな利用法を計画した。ブラシ、靴底、滑車、杖、ボタン、ブローチ、バックル、装飾品、傘、カウンタートップ、そしてもちろんゲーム用のボールなどで、今日プラスチックで作られている品々だ。革、ゴム、角より安いパークシンは、商業的潜在価値を大いに感じさせたが、パークシン会社は業績が思うように伸びず、倒産した。伝えられるところによると、パークスが経費削減のため安価な材料に走りすぎたからだという。パークスのビリヤードボールが破裂することがあったのも原因のようだ。つまり、パークシンは発展途上の産物であったわけだ。

マッキントッシュ、グッドイヤー、ハンコック、パークスはみな天然の素材から出発している。樹液、綿の繊維、木粉、骨粉などで、それに何らかの化学物質を加えて加熱し、新しいものに変える。その結果できあがるものは「半人造品」であり、レーヨン生地、セロファン、卓球のピンポン球、輪ゴム、平底サンダルなどの製品になって使用された。初期のプラスチックは長く使われる品に利用されたのであって、一度とか、一年だけ使って捨てるものではなかった。

それでも、遠方にあって手に入りにくい天然素材の代わりとなる安価な人造品には、商業的潜在価値があると思われた。そして次の世紀になると、完全に化学物質から作られた人工樹脂が出現する。世紀の替わり目ごろにはプラスチックという用語は使われていたが、重合体の仕組みはまだ解き明かされていなかった。

ベークライトの誕生

プラスチック業界に、新しいタイプのパイオニアが登場する。ベルギー生まれのレオ・ベークランドは大学出で、卒業時に最優秀賞をとった博士だった。自分の化学知識を使ってひと儲けをしようと決意していたベークランドは、新婚旅行の行き先にアメリカを選び、ニューヨークの写真会社にうまく職を見つける。一八九三年に人工光でも像を結ぶ新しい印画紙を発明し、ヴェロックスと名づけたそれを、イーストマン・コダック社のジョージ・イーストマンに百万ドルで売却する。

その金で、ハドソン川を見下ろす自分の地所で引退生活を送ることもできただろうが、そうはしないで自分の研究所を作った。当時、配線の絶縁体に使われていた、セラックの安価な人造代用品が作れないかと考えたのだ。天然素材のセラックは、ラックカイガラムシのメスが分泌する樹脂状物質で、アジアに生える樹の樹皮から集める。セラックに対する需要は供給を上回り、高価なものとなっていた。

数年の試行錯誤の末、ベークランドは、粘性があって成形が可能であり、乾くと硬化し、光沢がある樹脂、すなわち求めていた特性をすべてそなえる物質、ベークライトを作り出した。そのベークライトで喫煙パイプの軸、ボタン、腕輪など、さまざまな目を引く製品を作り、アメリカ化学会の集まりで披露し、センセーションを巻き起こした。一九〇九年、実験を開始してほぼ十年後のことだった。

ベークライトは、製造業でラッカーに代わる電気絶縁体として利用されるようになり、その他にも、トースター、アイロン、掃除機などの家電品をはじめとして、さまざまな用途に使われた。生まれたばかりの自動車産業は、すぐさまベークライトをつまみ、ハンドル、ドアの取っ手に採用した。ベークライトのペンや装飾品は、今ではアールデコのラジオにも負けないコレクターズアイテムだ。

一九二〇年代初めには、ベークランドの工場は年間四〇〇〇トンのプラスチックを大量生産しており、人々はプラスチックの時代が到来したことを知った。ベークランドは「タイム」誌の表紙を飾りさえしたのだ。一九六〇年代まで、ダイヤル式電話はベークライトで作られ、わが家にも二台あった。もし、ベークライトのコレクターズアイテムが渦流で見つかったら、航海費用のかなりの部分を捻出《ねんしゅつ》できるだろうが、ベークライトは密度が高いため海底に沈んでいるはずで、そのチャンスは望み薄だ。

ベークライトとセルロイドは、「熱硬化性樹脂」と呼ばれるプラスチックの種類に入る。熱をかけると硬くなり、再度熱すると溶けるのではなく焦げる。熱硬化性樹脂は、弾力はなく硬い。成分の重合体が、三次元的に橋架け結合をしているからだ。最近ではコンピュータ、ダッシュボード、ヘルメット、眼鏡、ビーカー、サーフボードなど、耐久商品を作るのに使用される。より弾力性を持つ熱可塑《かそ》性樹脂は熱すると溶け、成形しなおすことができ、熱硬化性樹脂とは特質が異なる。

かなり驚くことだが、人工樹脂製品が何トンと工場から吐き出されるようになっても、重合体がどういうものか正確にはわからなかった。先駆者たちは試行錯誤、偶然の成果、化学の基礎的事実などに基づいて、手さぐりで進んでいたのだ。直感で料理するコックのようなものだった。だが、一九二〇年にドイツの化学者が重合体の説明を試みると、提唱された新しいモデルはプラスチックに対する考え方に革命を起こし、新しい科学が生まれた。高分子化学である。

製油所は原油を精製し、石油化学工場はプラスチックや農薬を石油の副生成物として生産している。だから、製油所のあるところにはたいてい石油化学工場がある。たいがい叫べば届く距離で、パイプラインでつながっている。世界で二十番以内の大きい製油所のうち、アメリカにあるのはわずか六つだが、その中で最大のものは世界六位でテキサスのベイタウンにある。世界最大の製油所はインドにあり、ベネズエラに第二位が、韓国に三位と四位がある。けれどロサンゼルス国際空港とロングビーチのあいだにある六つの製油所を合わせると、その製油量は超大型製油所並みになる。石油の副生成物でもっとも利潤が大きいのはエチレンで、そのほとんどがプラスチックになる。

多様なプラスチックの開発

エチレンを重合させてできる合成樹脂ポリエチレン(PE)は、さまざまな製品に変身するもっとも主要なプラスチックである。プラスチック業界の圧力団体であるアメリカ化学協議会は、ポリエチレンの年間生産量は四〇〇〇万トンと報告している。

皮肉なことに、最初のポリエチレンはバイオプラスチックだった。発見したのはインペリアル・ケミカル・インダストリーズのふたりのイギリス人化学者、レジナルド・ギブソンとエリック・フォーセットで、一九三三年のことだ。ふたりは、まず糖蜜から手間のかかる工程を経てエチレンを作り出した。次に一平方センチ当たり二〇〇〇キロという高圧をかけながら高熱にして、スイッチを切って帰宅し、週末を過ごした。月曜日に来て圧力容器を開けると蠟《ろう》のような液体がわずか一グラム残っており、それが重合体であることに気づいた。その工程を再現するのはむずかしかったが、酸素を加えることを思いつくと、それが触媒となり、それまではまったく予測不可能だった反応が安定化した。

インペリアル社はその新しい素材の研究は続行しないと決めたが、ギブソンが一九三五年にケンブリッジでの集まりでポリエチレンのサンプルを紹介すると、その潜在的価値はすぐに注目を浴びた。第二次世界大戦中にはイギリスでケーブルの絶縁に利用され、レーダーの性能アップにつながった。けれどその後ほぼ二十年間、ポリエチレンは工業素材としてはごく特殊とされた。のちに、レジ袋や牛乳の四リットル入り容器となって、地球という惑星を窒息させかねないことになるこの素材は、誕生初期にはまだ安価にたやすく生産できるものではなかった。

*

二十世紀前半、プラスチックの開発は企業間の競争、研究資金の提供、そして戦争が刺激となって進んだ。ふたつの大戦のあいだ欧米の化学界は、遠くの赤道地域からもたらされる高価な天然素材の代替となる人造品を発見することに精力を傾けた。一九三三年から三九年にかけて、アメリカとヨーロッパ、とくにドイツの化学会社の研究所はさまざまなプラスチックを発明した。透明なサランラップ®〔ポリ塩化ビニル〕、アクリル樹脂、ポリウレタン、ルーサイト〔半透明な合成樹脂で蛍光を発する。反射鏡、飛行機の窓などに利用〕、ポリスチレン、そして偶然発見されたテフロンなどだ。

デュポン社は、今日の多国籍化学会社の中で最古である。一八〇二年の設立時は火薬製造会社だったが、その一世紀後、若い後継者が会社の支配権を勝ちとり、化学製品に経営の範囲を広げた。当時のデュポンの主要生産品はニトロセルロースで、これは触媒作用によりセルロイドに変化する。そこで一九一〇年代、若き後継者はセルロイドと模造ベークライトを生産する会社を獲得し、一九二〇年代末になってからデラウェア州ウィルミントンの本社に研究所を開設した。そしてそこに、学界から最高の頭脳を集めた。

引き抜かれたひとりがウォーレス・ヒューム・カロザースである。アイオワ生まれの若いハーヴァードの講師で、その最初の画期的業績は一〇〇パーセント人造のゴム、ネオプレーンである。現在も、サーファーやダイバーのスーツを作るのに用いられている。

次にナイロンだ。ナイロンは新しいタイプのプラスチックで、加熱ではなく、化学反応による縮合〔重合の一種。複数の分子が重合するとき、小さな分子の離脱をともなうもの〕で作られる。「クモの糸よりも細く鋼より強い」絹のような繊維は一九三七年に特許を取得し、翌年には歯ブラシにも利用され、豚毛の需要は突然下がった。商品化はどんどん進み、とくにナイロンストッキングは爆発的に売れ、一九四一年には戦時中の品薄のため大混乱が起きたほどだ。軍需品としても、パラシュート、飛行服、ロープに使われる絹の代替品として必須となった。

戦争遂行のためには、重たくて壊れるガラス、希少な金属、ゴムやロープに使う熱帯樹木の繊維といった、手に入れにそこまで行かれない資材の代替品を大量に生産することが求められる。戦場は新しい素材の性能試験場として理想的でもあり、化学会社、製造会社は政府から多数の契約を得た。世界初の商品化されたボールペン、一九五〇年のビック・クリスタルでさえ、英国空軍に採用認可されている。高所でも、万年筆のようにはインクがもれないからだ。

普及への転換点

大手の化学会社はそれぞれ何らかのプラスチックと関わりがある。デュポンがナイロンとネオプレーンなら、ダウ社はポリスチレン（PS）で、これも起源はバイオだ。スチレンは熱帯に生えるエゴノキの樹脂にふくまれる、自然界でできた化学物質であるが、ダウ社の研究者たちが炭化水素ブタジエンと結合させ、最初の完全に人工のゴムを作った。スチレンの別の形、結晶性のポリスチレンは硬くて、もろい。今日ではボールペン、ライター、ひげそり、ファーストフードの食器、CDやDVDのケース、冷蔵庫の内張りや仕切りなどに利用される。

これは、海岸のいたるところに見られるプラスチックではない。結晶性のポリスチレンは比重が大きいため、中空の使い捨てライター以外はみな沈むからだ。だがポリスチレンの発泡タイプはほぼ重さがなく、海岸で非常にたくさん目にする。発泡スチロールは一九五〇年代に登場し、温かい飲み物のカップ、ハンバーガーなどのテイクアウト用の容器、梱包用緩衝材などに利用されている。軽量でどこにでも飛んでいくため、ポリ袋とともに一掃が望まれる素材である。発泡スチロールは他のプラスチック製品よりも簡単に海で割れるが、見つかるのは必ずしも破片ばかりではない。浮遊するブイ、魚網の浮きも発泡スチロールであり、たいてい魚のかじり跡がついている。アメリカ化学協議会は、発泡スチロールのカップ、皿、持ち帰り容器は、紙製の同製品より炭素の含有量が少ないとホームページで吹聴《ふいちょう》している。それは事実かもしれない。しかしその炭素はより永続的で、さまざまな化学物質をふくんでいるのだ。

ところで、スタイロフォーム（押出発泡ポリスチレンフォーム）の商標で知られるプラスチック製品を、どこにでもある発泡スチロールと混同してはならない。スタイロフォームの特許は一九四四年に取得されており、大きな用途は家屋の断熱材、船の浮力体や緩衝材《かんしょうざい》である。終戦を迎えるころ、プラスチックは定着はしたが、生活全般に入りこんでいたわけではない。戦争中は、軍需により化学産業とゴム産業はおおいに潤ったが、終戦によりバブルがはじけそうになる。これらの不思議な人工素材は、新しい市場、新しい用途をすぐさま見つけなくてはならなかった。

ポリエチレンの転換点は、一九五〇年代初めに訪れた。フィリップス石油のJ・ポール・ホーガンとロバート・バンクスというふたりの化学者が、石油精製の副生成物であるエチレンとプロピレンの研究をしているとき偶然に、エチレンに金属触媒を加えることにより、結晶性のポリマー、すなわち重合体ができることを発見した。この金属触媒のおかげで、ポリエチレンは特殊な素材からどこにでもある一般的なものに作り変えられて、世界は文字どおり変わった。戦前の化学者たちは、自分たちの研究努力が、生存に必須ではない製品を雪崩《なだれ》のように生み出すことにつながるとは想像すらできなかっただろう。

フィリップスは、ポリエチレンを明確な市場プランなしに漫然と製造しはじめ、その結果、倉庫はポリエチレンでいっぱいになった。そこに登場したのが、フラフープである。そして、この一年まえに、高濃度ポリエチレンで作られたフリスビーが世に出ている。つまり、プラスチック時代の先駆けとなったのはおもちゃだった。

そしてしばらくのあいだ、プラスチックは消費財や工業部品のために利用され、包装や使い捨て商品にされはしなかった。

世界でもっとも使用される素材

プラスチックが登場した当初は、興奮すべきすばらしいものに見えた。未来世界の到来を思わせ、宇宙時代の最先端の住民が使う素材であるかのようだった。私は、一九五五年にディズニーランドを、そのグランドオープンの直後に訪れたことをよく覚えている。メインストリートの先、眠れる森の美女のお城の近くに、モンサント社の未来の家があった。すべてプラスチックでできていて、掃除が簡単に見えた。

その家は、今はない。アナハイムの太陽とスモッグの酸化作用で重合体が損なわれ、修理不能な割れ目が生じたのだろう。プラスチックの重合体はほぼ永続するが、プラスチックで作られた製品は、それらが模造している天然の素材から作られた製品ほど長持ちはしない。やがてどこかの時点で、プラスチックは目新しく、かっこよいものではなくなり、安っぽいまがいものに見えはじめた。けれど、それはまだプラスチックの使い捨て商品が出てくるまえ、ペットボトルに入った飲み物が登場するまえ、電子レンジ加熱用冷凍食品が使い捨てプラスチックプレートに載せられて売られるまえ、ぺらぺらのレジ袋が使われるようになるまえだった。

私たちはもはや逃れようがない。パンドラの箱はもう開けられてしまった。人々はプラスチックに気づきもしない。プラスチックはどんどん増えているのに、まるで消えたかのようだ。

プラスチックの最盛期に入った一九七六年以降、アメリカ化学協議会によるとプラスチックは「世界でもっとも使用されている素材」となる。今ではほとんどが包装に使われ、二番目が断熱材、PVC（ポリ塩化ビニル）の壁紙、化学繊維じゅうたんなどの住宅資材、三番目がおもちゃやコンピュータなど消費者が直接使う製品である。プラスチックはアメリカ経済にとってたのもしい輸出品目で、一九七〇年代には百億ドルの貿易黒字を生んだ。

しかし今は、ジップロック袋を炎の上に落としたかのように縮み、代わってアジアがその地位に台頭した。今日アメリカは、生産する以上のプラスチックを輸入している。ただし、世界のプラスチック生産が減少しているのかといえば、断じてそんなことはない。最新のデータでは、世界のプラスチック生産は年間三億トンで、世界の年間食肉消費量より一五〇〇万トン多い。食肉が食べられ、消化されるのに対し、プラスチックの崩壊は非常に遅く、つねに累積しつづけることを考えると、これは驚嘆すべき数字ではないだろうか。

この状況はどこで終わるのだろう。友人の海洋学者カーティス・エベスマイヤーは「プラスチックのスイッチを切れないものだろうか」と言う。せめて少しでも量を減らしていくことが、手はじめにできることだろう。

第4章

地球のごみ捨て場

海洋の表面には、風の作用で泡が帯状に並んだような自然現象が起こる場所があるが、それをウィンドローと呼ぶ。ウィンドローには今では泡ではなく、人工のごみが帯状に並ぶ。

ホノルルの北六〇〇海里の海面で、私は海のごみためのようなウィンドローに沿って二時間小舟をこぎ、プラスチックごみを回収してみた。歯ブラシ、おもちゃの自動車、ゴムぞうり、櫛《くし》、ボトルキャップ、アイスキャンディーの棒、買い物袋、すべてプラスチック製品だ。どれも塩水に長く、おそらく何十年も浸《つ》かっていたせいで色あせ、すり切れている。たいていかじり跡があって、さんざんにかじられた犬用のおもちゃのようだ。

私は変化に富んだ外洋の表面の様子から、さまざまなことを見てとるすべを身につけていた。海洋学者はそこを表層と呼ぶが、表層からは人間のあり方について私が知りたい以上のことがわかる。ここで見つかるのは、かつては食料、飲み物、製品が入れられていたもの、パッケージである。識別できるものの多くは、流出元がアジアだ。大きいごみは漁具だ。網、ブイ、糸、枠など、ずさんな操業の証拠である。破片、無数の壊れたかけらは、出どころが決してわからないだろう。

最初の渦流の航海で見たプラスチックスープは、避けられないなりゆきだったことが今ではわかる。

*

古来人間は、海や川は自分たちの廃棄物を消滅させるために存在している、とかたくなに思いつづけてきた。海洋の能力は無限だと信じていたのだ。文明の排出物はつねに水と密接な関わりを持つ。水が天然の多目的浄化装置であるというとらえ方は、ずっとまえから私たちが持っていたものだ。

海洋は宇宙のように無限であるかのように見える。統計的数字を挙げてみよう。地球の表面積五億九九五万平方キロの七〇・八パーセント、三億六一〇六万平方キロが、平均の深さ四キロ弱の海水に覆われている。何週間もまったく陸を見ずに、海面をセーリングしていられる。地球の陸地をすべて合わせても、太平洋の分にしかならない。そして一三三六リットルの10^{18}倍の海水がある。その海水はつねに動いている。著名な海洋学者シルヴィア・アールは、私たちの惑星は地球ではなく「海球」と呼ぶべきだと言う。

それほどの海が縮んでいるように感じられる。人間がどれほど海を痛めつけたか、科学が証明している。ここ十年グランドバンクスのタラは、法的規制にもかかわらず回復の兆しを見せていない。化石燃料の燃焼により海水の酸性度は五十年まえより三割上がり、海洋というシステム全体に大きな負荷がかかっている。ずっと以前に禁止された化学物質や農薬が、食物連鎖の頂点にいるシャチ、イルカ、海鳥などの捕食者たちの体組織で発見されるようになっている。

地球の人口七十億の半分が海岸沿いもしくは近くに住む。残りの大部分は海に通じる河川のそばに住む。海はほぼどこからも、だれからも低い位置にあることを覚えておいてほしい。プラスチックはどこにでもあり、富める者にも貧しい者にも、ほぼだれにでも使用されている。海洋投棄は意図したものであれ、不注意によるものであれ、だいたいはつねに防げる行為だ。ハリケーンや津波は自然の恐るべき力で陸から海へと瓦礫《がれき》を一掃する。二〇一一年三月に日本の東北で起きた津波の映像で、私たちはそれをこの目で見た。

産業革命の影響

大都会ロサンゼルスから川をくだって調査していくと、海へ流れ出るプラスチックの最大供給源は河川であることがはっきりとわかる。ビーチの海水浴客、過去も現在もごみを投棄する船舶や漁船団よりも、河川である。河川そのものには、当然のことだが、罪はない。人間は川沿いに町を作り、川が海に流れこむ海岸線にある都市が発展する。河川は真水と食べ物をもたらし、作物を潤し、エネルギーも生み出す。商業船や貨物船の経路ともなる。ときおり洪水を起こすものの、人間にとってたいへん役立つ存在なのだ。そこに私たちは、汚らしいものを投げこみつづけている。

産業革命まえ、それはほとんど生物由来の廃物だった。その結果、死をもたらすコレラやチフスの流行がたびたび起きたが、汚水と伝染病の関連は十九世紀中ごろまで解明されなかった。排泄物と廃棄物の処理に人間は精力を傾けなくてはならなかったが、どの解決法も何らかの欠点があった。

産業革命期の鋳造業《ちゅうぞうぎょう》、製粉業、製造業、食肉解体処理業にとって、河畔に位置することは絶対条件だった。有害な廃液は野放図に川に流された。一八三九年に社会革命家エドウィン・チャドウィックが行なった調査で、イギリスの労働者の九人のうち八人が、不衛生な環境、汚い飲み水を原因とする疾患で死亡していることが明らかになった。老齢などの自然死や、「暴力」が原因の死ではない。

アメリカの工業化された地帯、とくに貧しい移民が住む地域でも同じ状況だった。十九世紀に入っても、家庭から出る残飯などのごみは、排泄物（下肥《しもごえ》）もふくめて通りに捨てられ、野放しの豚が喜んで食べた。それはそれでうまい仕組みだったが、ニューヨークは豚や使役馬が毎日半トンの糞尿《ふんにょう》を落として臭気ふんぷんたる都会となった。灰、下肥、動物の死体（一八八〇年にはニューヨークの通りから一万五千体の馬の死体が運び出された）は、自動車時代、電気時代到来以前の都会の頭痛の種だった。質は問わず量だけを言えば、当時のひとり当たりのごみの産出は現代とそう変わらず、年間六八〇キロほどだった。しかし総人口が少なかったし、廃物は不潔ではあっても自然のもので、生物分解性だった。

衛生状態向上の努力は、何か危機が起こると発作的に進んだ。コレラの流行、商業的損害、怒れる市民などだ。ニューヨークでは河川、海洋への投棄はあたりまえだった。しかし、かつては名を馳《は》せた名物のカキの養殖場が壊滅したり、沿岸の不動産を所有する金持ちたちが、自分たちのビーチに動物の死体や他の塵芥《ちりあくた》を投棄するのを禁止しなければ政治的処置をとると脅したりして、やっと終わりとなった。それでもニューヨークの新しい下水処理システムは、人間の排泄物をまわりの海域に流しつづけた。

一八九九年、議会は河川港湾法を通過させ、航行可能な水路への投棄を禁止した。チェサピーク湾などが廃物でいっぱいになってしまい、船舶の航行が妨げられるほどだったのだ。ただし、立法の意図は商業活動の円滑化のためであって、河川の生態系を守るためではなかった。そのような概念はまだ生まれていない。

ほとんどの大都市は二十世紀に入っても、有機廃棄物を周囲の海域に捨てていた。一九一八年、ニューヨーク医学会がマンハッタンを「完全に下水に囲まれた陸」と評したが、やはり抗議は人間への影響に対してで、公衆衛生、不潔な水面や砂浜、悪臭などに関するものだった。魚が死んでも、ミシガン湖でそうであったように、生態系の崩壊ではなく、食料供給の減少が危惧《きぐ》された。

一九三四年になって初めて、議会は近海への投棄を禁じる連邦法を制定したが、対象となったのは市のごみだけである。工業、商業関係は例外としたので、その結果、戦後の化学物質全盛期に向けて河川、沿岸の水質汚染をさらに悪化させる道筋を整えたことになった。

下水の問題

一九六二年にレイチェル・カーソンは『沈黙の春』を著し、新しいタイプの脅威に対して人々の目を覚まさせた。農薬DDTなど、人間が作った化学物質である。「化学の力でよりよい生活を」という戦後の約束が、突如不吉な調子を帯びて聞こえるようになった。そして一九六九年、油と化学物質と廃液で汚染されたオハイオ州のカヤホガ川が十三回目の火災を起こすと、『沈黙の春』を読んだ人々はそれまでとはちがう反応を示した。一八六八年から始まるそれまでの十二回の火災は、記録はされているが、人々の怒りを引き起こしはしなかった。

カヤホガ川は小規模な河川で、全長わずか五〇キロしかない。けれどアクロン〔人口二十二万のゴム産業の中心地〕などの工業地帯を流れ、クリーヴランドでエリー湖に注ぐ。一八五六年にジョン・D・ロックフェラーはカヤホガ河畔に最初の製油所を建設し、さらにBFグッドリッチの工場や製鉄所が建ち、その他にも環境を汚染する製造業が相次いで施設をかまえた。

すでに長年生命が存在しなくなっていた川は、鉄橋を渡る貨物列車が発した火花で燃えあがった。その事件は「タイム」誌の表紙を飾る記事となり、そのことが一九七〇年の環境保護局（ＥＰＡ）の創設、一九七二年の水質浄化法（ＣＷＡ）の制定につながったと広く考えられている。当時のリチャード・ニクソン大統領が法案に署名したとき企業は、雇用が失われて生産費が上がり、消費者価格も上がると不吉な警告をしたが、それはまちがっていた。

規制法が実施されていても、抜け穴、手ぬるい取り締まり、水面下の政治的駆け引きのせいで、違反と汚染は続いた。ニューヨーク州とニュージャージー州は下水の汚泥の投棄を沿岸一二海里で続け、それは一九六〇年代中ごろに有毒金属と有害バクテリアが、海洋環境を劣悪なものにしていることが明らかになったあとも、変わらなかった。一九八八年になり、すでに七〇〇万トンの汚泥が投棄された時点でＥＰＡがやめさせたが、対策は一〇六海里沖に投棄するというものだった。一九八七年の時点では、一千以上の大型産業施設、六百以上の市下水処理場が、アメリカ中の入り江や沿岸水域に直接排水を流していた。

一九八八年に東海岸で大雨が降り、新型の災害が起こる。下水処理場がその能力を超える汚水のために排水をあふれ出させたのだ。沿岸の汚染状況は一変した。ニュージャージーからニューイングランドにかけて、砂浜には使い捨て注射器、おむつ、一九六〇年代に登場して爆発的な普及を見せたタンポンのピンク色の筒などのプラスチックが散乱した。バクテリアやその他の汚染物質が許容範囲を超えたためビーチの閉鎖が相次ぎ、地元のビーチ商業は数十億ドルの損害をこうむり、それが一九八八年の海洋投棄禁止法の制定につながった。環境保護団体が訴訟を起こすようになって、それが法的取り締まりを強化はしたが、どちらの法律も水の汚染を止めることはできなかった。

たとえば、化学工場などが汚染を起こすと、その汚染源は「ポイントソース」と呼ばれる。水質管理の担当部署はこれらの汚染源に対処し、監視、監督を強化し、きちんと法は施行される。けれど川から海に流れる汚染物質の大半は、流出元をたどれないノンポイントソースから来ている。ビーチ、道路わき、公園、車、スタジアムなどから来るのだ。ごみ収集車から吹き飛ばされたり、ごみ埋立地でブルドーザーがその日の分のごみを、泥か何らかの「その日の代替カバーになるもの」で覆うまえに飛ばされたりして来る。ファーストフード店の外にあるごみ箱や、ずらりと並んだ大型ごみ収集容器からあふれ出たものもある。あらゆるサイズ、形、色のプラスチックがごみ処理の流れからもれ出、風と水に運ばれて海をめざす。

マルポール条約

ノルウェーの人類学者で海洋探検家のトール・ヘイエルダールは、あのコン・ティキ号の航海の二十年近くあと、新しい探索に手をつけている。一九六九年五月、エジプトの太陽神にちなんで名づけた、一五メートルのパピルス葦《あし》の筏《いかだ》ラー一世号でモロッコから船出した。古代の葦の舟が、コロンブスのはるか以前に大西洋を越えて新世界に到着していることを証明しようとしたのだ。そのもろい舟を浮かばせておこうと奮闘する中、ヘイエルダールと乗組員はタールの塊や人工物が漂流しているのに気づく。ヘイエルダールはこう記している。「海洋汚染はその深刻さゆえ、否応なく探検のメンバー全員の目にとまった」

国際連合はこれに注目して、翌年のラー二世号の航海のときにはヘイエルダールに、サンプルをとり、ごみの記録を毎日つけるよう依頼した（ラー一世号はバルバドス島のわずか手前で浸水沈没した）。日誌には、こぼれた油によるタールの塊の他にプラスチック容器、ロープ、金属の缶、ガラスの瓶などが記されている。ヘイエルダールは国際連合にこう書き送った。

この報告書は、大西洋が深刻なまでに汚染されているという驚くべき事実に注意が喚起されることを強く求めるものである。世界の海洋を、人の出す永続的廃棄物の国際的ごみ投棄場として無分別に利用しつづけることは、動植物の繁殖と生存そのものに修復不能な影響を与えるにちがいない。

この報告書は、一九七〇年に国際連合の国際海事機関に提出され、その三年後、マルポール条約と呼ばれる「船舶による汚染の防止のための国際条約」が採択された。国際条約、とくに通商に影響を及ぼす条約は、実現までにたいへん時間がかかるもので、マルポールも発効するまでさらに十年の歳月を必要とした。ヘイエルダールの証言もひと役買っていたが、マルポールを強力に推し進めたのは一九六七年のオイルタンカー、トリー・キャニオン号難破による大災害だったろう。アメリカ船籍だが、ブリティッシュペトロリアムがチャーターしていたトリー・キャニオン号は、座礁した世界初のスーパータンカーである。積まれていたクウェートの原油一二万トンは、イギリス・コーンウォールの海岸二〇〇キロ、フランスの海岸八〇キロを油まみれにした。推定で一万五千羽の海鳥と数不詳の沿岸生物が死滅した。

こうしてマルポール条約の最初の規定、付属書Ⅰは油の運搬にかかわるものになった。付属書Ⅱ、Ⅲ、Ⅳと Ⅵはそれぞれ化学物質、包装された品物、汚水、大気汚染にかかわる。プラスチックをふくむ廃物の海洋投棄を禁じた付属書Ⅴは、一九八八年に発効した。このころプラスチックは競争相手のガラス、紙、金属を完全に制圧していた。プラスチックの生産はすでに鉄鋼の生産を上回り、プラスチック産業の成長率は他のすべての産業を超えた。

一九八八年末日までは、プラスチックであれどんなタイプのごみであれ、海洋投棄は法的に許されていた。現在でも、厳密に言うと、法的遵守は非締結諸国の場合は任意である。ニュージーランド在住の研究者ホセ・ギョーム・ベーレンスドルフ・デライクは、意欲的な海洋投棄研究を行ない、二〇〇二年に出版された報告書の中で、マルポール条約はいまだ「はなはだしく無視されて」おり、船舶は年間推定で六五〇万トンのプラスチックを投棄している、と指摘する。

国際法によると、各国は自国の海岸線から二〇〇海里以内の海域に対し主権を有する。それらの領海を越えると、海はどこにも属さず、だれのものでもある。あなたのものでも、私のものでもある。自由海という法的概念は、昔からの国際法の信条で、船舶の航行権や漁業権が問題になるたびに引き合いに出されてきた。海洋の保全を目的とする法が登場するのは、石油産業と同様、二十世紀である。トリー・キャニオン号の災禍とマルポール条約の数年まえにすでに、船舶からもれる油濁が漁場に害を与えていたため、国際的規制が論じられるようになっていた。

だが自由海の概念は、汚染防止規定がしっかり定められている今も残っている。必ずしも法概念としてではなく、海上を行き来する多くの人々の心の中に、である。これは制圧がむずかしい。何をやってもだれにも知られることのない場所が地球上にまだ残されている、と人は考える。

もし先進国が海洋汚染をコントロールできないなら、インフラ整備と政府の力が十分でない人口の多い国々では状況はさらに悪いことは明らかだ。たとえば、バングラデシュもマルポールの署名国だが、外国の船舶が領海で投棄するのをやめさせる方策を持たない。バングラデシュは、少なくともプラスチックの袋は禁止している。開発がもっとも遅れている地域でさえ、世界貿易のサークルに組みこまれたおかげで、プラスチックにどっぷり浸《つ》かっている。適切なごみ収集システムがないからだ。

安い品物はプラスチックでできている。靴も道具もプラスチックでできている。品物も食料もプラスチックに入っている。貿易報告書は食品加工業の伸びを喧伝《けんでん》するが、それはインドや中国などの「台頭する市場」でのプラスチック包装の推進を意味する。

インドネシアのチタルム川はジャワ島の飲料水の八〇パーセントを供給する大河だが、水域によってはプラスチックの浮流ごみで厚く覆われている。漁師は失業している。魚がいないからだ。そして今では、リサイクル業者に買いとってもらえそうなプラスチックを、浮き沈みするかけらの中からさがしている。インドの子どもたちも同じことをしている。フィリピンでも、中国でも、子どもたちがポリエチレンをさがして汚い水に浸かっている。

船からのごみ

海面にもっとも多く見られるものは、プラスチックごみだ。海域により程度の差はあるが、マグロがはねるのを見るまえに、何十という風船、ブイ、ボトルが浮き沈みするのを見ることになる。ごみは海洋の自然な光景にわがもの顔でのさばり、海面に永遠にその姿をとどめる。

一九五一年にレイチェル・カーソンはその著書『われらをめぐる海』〔日下実男訳、早川書房〕にこう書いている。「海はつねにその顔を変える。色と光と動く影が交錯し、日の光を受けてきらめき、たそがれ時には神秘をたたえる」。カーソンがプラスチックがあばたのように浮いた今日の海を見たら、なんと書き表すだろう。一九五一年に『われらをめぐる海』とヘイエルダールの『コン・ティキ号探検記』はどちらも、ノンフィクションとして売り上げトップテンに入っていた。この同じ年、フィリップス石油の研究化学者J・ポール・ホーガンとロバート・

L・バンクスは、高密度ポリエチレンとポリプロピレンの大量生産を可能にする触媒作用を発見した。プラスチック禍の暗い影が忍び寄っていた。

一九七五年アメリカ科学アカデミーは、毎年六三五万トンの廃棄物が船舶から外洋に投棄されており、その三分の一がアメリカの船舶からであると推定した。六千名の人員を乗せた航空母艦では半年の航海で一三六〇トンのごみが出る。海軍は一九八〇年代に、船上で出たごみのおそらく一二パーセントはプラスチックであると自ら報告した。ということは、マルポール条約付属書Ⅴの発効以前は一三六トン以上のプラスチックごみが、一隻の船の一回の航海で海に投げこまれたことになる。

アメリカ海軍は、自らの報告によれば世界の海に二〇〇〇トンのプラスチックを投棄し、その大部分は砕けた形でまだ海にあるだろう（アメリカ海軍はおそらく世界最悪の海洋汚染者で、自らの報告によれば、二万九〇〇〇トンの神経作用物質とマスタードガス、四十万発の化学爆弾、地雷、ロケット、五〇〇トン以上の放射性廃棄物を、ひそかに甲板から投げ捨てるか、船倉に詰めこんで沈めるかしている）。

一九八二年に、連邦政府が資金援助をした研究が「海洋汚染報告」誌に結果を発表しているが、それによると毎日六十三万九千個のプラスチック容器が商船から捨てられている、という。スーパータンカーやコンテナ船は外洋を航行する最大の船舶だが、乗組員は少なく、たいてい十人から二十人である。ただし、コンテナ船は海が荒れると荷を満載したコンテナを海に落とすことがあり、船積み技術が改良されるまで、一九九〇年代には最高で年間一万個のコンテナが落下しているという。このような偶発的損失は報告義務がない。

これに対してクルーズ船は世界中で三百隻ほど操業しているが、三千名から五千名の乗客と乗組員を乗せ、一年で延べ千四百万人の乗客にクルーズを提供している。平均的なクルーズ船は一週間のクルーズで五〇トンの、プラスチックをふくむ固形ごみを出す。一九九〇年代にはさんざんマルポールの付属書Vの違反をしていたが、やがて改善された。

現在では、遠洋定期船はごみの大半を焼却するか、堅く縮めるか、粉砕するか、リサイクルするかしている。海軍の艦船の中にはプラスチック圧縮機をそなえているものもあって、プラスチックごみを圧縮してピザのような形にし、保管して、のちに捨てる。

けれど本当に投棄がなくなったと考えられるだろうか。それを正確に知るには、海洋の真ん中で回収したプラスチックの年代を測定できなくてはならないが、その方法はいまだ模索中だ。だれも、マルポール条約が海洋投棄を終わらせたと本気で信じてはいないだろうが、一定の効果はあっただろう。

法律の限界

私がやっていることを知ると、人々があれこれ話してくれるようになった。かつて水兵だった人が、一九九〇年代に彼が乗っていた軍艦は、毎日ごみを海に投げ捨てていたと教えてくれた。商船の船乗りが匿名《とくめい》で、コンテナ船からの海洋投棄を毎日見ている、と言ってきた。職を失うので声高には言えない、とのことだ。

リチャード・フィリップスという商船の船長が書いた『船長の義務（*A Captain's Duty*）』という本には、びっくりする逸話《いつわ》が載っている。彼は二〇〇九年ソマリア沖の海賊襲撃人質事件の生還者である。アメリカ海軍が救出に向かったとき、フィリップスは海賊の小型ボートで人質になっていた。暗闇の中で、みなびくびくしていた。そのとき突然ドボンという音が聞こえ、黒い塊がいくつか流れてきたという。海賊はそれを襲撃だと思い、無線機に向かって「交戦するな！　交戦するな！」と叫んだ。フィリップスは、その塊がごみであることを知っていた。「商船は外洋にプラスチックを捨ててはならないが、海軍は許されるのだ。海軍はごみだったことを認め、海賊にもそう言った」と、フィリップスは書いている。

そんなルールは聞いたことがないし、本当に海軍が例外なら、ひどいルールだ。プラスチックカップ、風船、吹き流しテープ、満杯になったごみ袋が海軍の艦船の航跡に見られるという話もよく聞く。

アメリカの大型船は各航海の出港時と帰港時に、出るとき積んでいた物資と、戻ってきたとき積んでいた物資の明細を沿岸警備隊に報告するよう求められる。しかし、人手不足から検証はほとんど行なわれない。

では、いったい法律は役に立っているのか。身についた習慣は変えがたく、投棄禁止規制を外洋で実施するのは夢物語だ。大部分の港では、ごみを下ろそうとする船舶から料金を徴収する。これでは、法を守ろうとする船があったとしても意欲をくじかれる。すべての港が料金をとるわけではなく、ロッテルダム港では「どんなごみでも、いつでもどうぞ」と提唱しており、この動きはヨーロッパの他の国々に広がっていきそうである。

ところで、マルポール条約付属書Ⅴに照らしても、偶発的流失は問題とされない。では、海洋にどれだけプラスチックが遺棄されているのか、数値は把握できているのだろうか。だれが最大の投棄者だろうか。どちらも推測の域を出ない。国連環境計画（UNEP）は多くの公表されている推測値を検討した結果、二〇〇九年の発表では、六億一五〇〇万トンのプラスチックが海洋に投棄されているとした。

国連環境計画と、海洋環境保護の科学的側面に対する専門家会合（GESAMP――Joint Group of Experts on the Scientific Aspects of Marine Environmental Protection）〔UNEP、IMO（国際海事機関）、ユネスコ政府間海洋学委員会など八つの国連機関の支援のもとに活動している科学者の集まり〕でそれ以前に採択され、今は無効となった数値は、毎日五百万個のプラスチックのかけらが海に流入し、海洋には一平方キロメートル当たり一万三千個のかけらが存在する、となっていた。

これらの数値は、海洋が危機的状況にあると推測するのに十分だが、科学的根拠は証明できない。UNEPの二〇一一年の年報「地球環境問題」に、初めて「海洋のプラスチックごみ」

の章がもうけられた。問題はくわしく論じられ、アルガリータの調査が裏づけられているが、不思議と推測値は挙げられていない。「海洋に流れこむプラスチックなどのごみの量と源を突きとめるのは困難である」と、認めている。そしてさらに、「評価に利用できる包括的環境指標が欠けている」とも述べている。つまり、問題を描写することはできても、計測ははるかにむずかしい、ということだ。

プラスチック時代はほとんど知らないうちに忍び寄っていて、私たちは外洋のプラスチックごみに気づいて初めて、何かが起きていることに目覚めさせられた。外洋という人の手の入っていない原初の環境、プラスチックが作られ利用された場所からもっとも遠い場所にプラスチックごみがあることは、だれもが気づくべき警鐘ではないだろうか。

第5章

渦流への調査航海

私たちは切羽詰まっていた。渦流への最初の探検航海の出発日を一九九九年八月十五日と決めていて、もう七月末だ。カーティス・エベスマイヤーの助言に従い、渦流の全体像を把握するためにはプラスチックの大きな塊だけでなく、小さな粒もとらえることにしたので、それを可能にするネットを見つけることが私の目下の仕事だった。

まず、輪についたプランクトンネットをいろいろさがすうち、バイト98の仲間である「MBC応用環境科学」社のチャック・ミッチェルに相談したらどうだろうと思いついた。チャックはコスタメサの自分の研究室にトロール用ネットを見に来るよう呼んでくれた。私の思いつきは正しかったようだ。チャックの現地倉庫はあらゆる種類、方式の海洋サンプリング用具でぎっしり埋め尽くされ、見たことがないどころか、聞いたことすらないものがたくさん置いてあった。エベスマイヤーとの話し合いの内容を伝え、肉眼で見えないほど微小なプラスチック粒子を採取するにはどうしたらよいか尋ねた。

チャックは、輪になったふつうのプランクトンネットではだめだろうと言い、あるものを見せてくれた。マンタネットと呼んでいたが、表層から魚卵や幼生をとらえるために使うものだそうだ。科学的サンプリングを目的とするなら、このネットは「空気と水の境目」で抜群の収集力を発揮するという。さらによいのは、表層への開け口の大きさがつねに一定に保たれるため、どのくらいの量の水に対する収集物なのかがはっきりわかる点である。安定性とコントロールの容易さは、調査する者にとって非常にありがたい。

マンタネットは、覆いのついた、高さ一五センチ、横九〇センチの横長の口をし、マンタのひれに似た大きな水平安定板が二枚ついていた。一・八メートルの長さのネットの底は風見用円すい筒のようになっており、収集袋の網目は〇・三三ミリ、まるでチーズクロス〔薄地の綿布。チーズをくるんだことからこう呼ばれる〕だ。収集袋の底は開くようになっていて、サンプルを収集容器に移すことができる。

マンタネットは、プラスチック収集に使われたことは一度もない。私が初めてだ。マンタネットの他に、ふたつの船体のあいだに一・二センチの網目のネットを引っ張り、さらにオッタートロール〔網口の両側に拡網板がついているトロール網〕を水面下に引く。オッタートロールは五ミリの網目の収集ネットがついており、コショウの実ぐらいの大きさのものをとらえられるが、これだとジェイムズ・マーカスのハワイのサンプルの半分しかとらえられない。そこでこちらにも〇・三三ミリの網目のネットを縫いつけなおして、マンタと比較ができるようにした。

サイド・スキャン・ソナー〔船腹にとりつけて走査する音波水中探知機〕もそなえて、水面下に浮遊する大きな塊がないかも調べる。そういうものが見つかったら船上に引き上げてよく調べ、陸のどこから出たものかさぐりたいと思っている。

チャックは私たちのプロジェクトに関心を示し、ネットを貸してくれると言う。いいやつだ。アルガリータの信条は言うなれば、仕事をやるのに必要なことを行なえ、だがなるべく安上がりに、得られるならボランティアクルー、無償提供資材を使え、である。この航海全体の予算は三千三百五十ドルで、最大の支出項目は軽油である。三週間の航海としては悪くない額だ。行きに一週間、調査に一週間、帰るのに一週間の予定である。

初めての調査航海へ

一九九九年八月中ごろの晴天の日曜日の朝、友人、家族、同僚、地元のマスコミ関係者からなる二十人ほどの陽気なグループが見送りに岸壁に集まる。まずサンタバーバラまで一〇〇海里北上して燃料を積み、有機野菜をかごに数個配達してもらう。

南カリフォルニアと中部カリフォルニアを分ける天然の区分線であるコンセプション岬を過ぎると、風は向かいとなり間切って〔風上に向かってジグザグに進むこと〕上らなくてはならなかった。サンタバーバラのすぐ北で海に五〇キロ突き出たこの岬は、南カリフォルニア湾の北の境界線となっている。この日、最初の驚きがあった。セーリング初日は、海上演習中の米海軍艦船からのミサイルをかわしながらの航海となったのだ。海軍はその海域から漁船を追い出していた。ということは、プロがいないので魚が釣れやすいのではないかと思いつき釣り糸を伸ばしてみると、数分もしないうちに何か大物がかかった。十分の奮闘のあと、私たちと同じく西の渦流をめざしていた一〇キロのビンナガマグロを釣り上げた。

数日間、荒波の中を風上に上る航海が続いたあと、五〇〇海里陸から離れたところで最初の凪《なぎ》に出会った。そこでネットのトロールを練習してみることにする。渦流の中心まではまだ半分しか来ていないので、プランクトン以外は入らないだろうと予想していたが、入っていた。山ほどのプラスチックのかけらが。これは正式のサンプルにはならないが、日誌に記録をつけ、あとでデータベースに加えるために内容物を保管しておく。この発見には、頭をガツンとやられたように驚いた。全員が憤りを感じ、目的意識が高まる。

クルーでアーティストのスティーヴ・マクラウドは、ビーチコマーで鍛えた鋭い観察眼と鉄壁の集中力で私たちを驚かす。ヒマラヤの行者のような忍耐力で船首に何時間も立ち続け、目に入るプラスチック浮遊物のスケッチを描く。これは、ネットに入らない、あるいは大きすぎてアルギータに上げられない、あるいはわざわざセールを下ろして小舟を出す必要がなさそうな浮遊物のよい記録となった。

出港後八日で、サンプル採取を始める海域、亜熱帯高気圧のほぼ中心に到着した。風は一〇ノット〔秒速五メートル〕以下に落ちており、私たちはマンタネットを広げて初めて正式なサンプル採取をする。ここは渦流の東端で、陸からは約八〇〇海里離れている。ネットは海面すれすれをすべり、じょうごのようにごみをさらって細かい網目に流しこむ。じつによくできた仕掛けで、うまく作動するので感心する。

三・五海里引きずってからネットを引き寄せ、中身を点検する。先細りになっているネット先端の横についている分もすすいでよくこそげる。ネットの先についているメッシュの収集袋は一リットル入り容器ぐらいの大きさで、黒いプラスチックのチューブのまわりにとりつけられ、そのチューブがネットの先端の内側にとりつけられている。おそるおそる収集袋をはずし、寄り集まって中身を見る。

そこに見たものを、予期していたのかどうかはわからない。プランクトンはゼラチン状の塊だった。その塊全体に、アイスクリームに混ざっている砂糖漬け果物のように、プラスチックの小粒が混じりこんでいる。プラスチックの小粒はプランクトンの容量に匹敵するほどに見えるが、たしかなことは実験室の分析に任せなくてはならない。

サンプルの中身

ところで、「プランクトン」という名前はギリシア語の planktos から来ていて、巡回する、浮遊するという意味である。植物性（植物プランクトン）、動物性（動物プランクトン）をふくむ無数の生物体の総称で、顕微鏡サイズから肉眼で見えるサイズまである。移動性のプランクトンは毎日深海から海面までを行き来するが、大部分は海流と風に運ばれる。プラスチックごみと同じだ。

乗り組んでいるバードウォッチャーのロブ・ハミルトンは、海洋性の鳥を自分の観察リストに付け加えつづけている。熱意あるバードウォッチャーならみな、自分が初めて見た鳥を記録してリストにする。ロブは一羽の鳥に気に入られたようだ。美しいクロアシアホウドリが、数日続けてアルギータを空から訪問してくれた。

十一日目には、アクロバット飛行が得意なアカアシカツオドリが私たちの目を楽しませてくれたが、その日は悲しい日になった。カリフォルニア沿岸から一〇〇〇海里離れ、サンプル採取期間も半分ほど終わったころ、疲れきった若いベアードクサシギがアルギータのそばに着水した。ベアードクサシギは、通常晩夏に北米大陸の中央に向かう渡り鳥である。ロブはネットを使って哀れな鳥を水から引き上げ、詰め物を敷いた箱の中にやさしく横たえた。砂糖水をくれと言うと、だれかがキッチンに駆けおりる。漂流していた漁具の浮きについていたムラサキイガイも与えてみた。しかし、クサシギは徐々に弱り、哀れな鳥を救おうとする私たちの努力は実を結ばなかった。死骸は凍らせておいて、博物館に寄付することに決める。クサシギの最後の安住の場所は、ロサンゼルス自然史博物館の保管庫となった。もし、そのとき今知っていることを知っていたら、凍結ではなく解剖して、鳥がプラスチックを食べていたか調べていただろう。

いっぽう、オッタートロールと船体のあいだにつるしたネットには、プラスチックの大きな塊が予想したほどは入らなかった。とくに、船尾のステップのあいだにつるしたネットにはがっかりした。最初の計画どおりに、そのネットだけに頼らなくて本当によかった。オッタートロールで海面のすぐ下のサンプリングをすると、集まるのは大部分が藻《も》のからまった短いモノフィラメント繊維だった。藻の重量のため、少し沈んだところを漂流するのだろう。つまり、プラスチックはほぼ水面を漂うことがわかる。

サンプリング計画では、モリー・リーキャスターが作ってくれたガイドラインに沿って、ランダムな距離をトロールし、ランダムな距離離れたところでまたトロールする予定だ。あるとき、次のトロールまで風がやみ、海がおだやかになった。無風帯である。つまり渦流の東の目の中心に近づいているのだ。完璧なコンディションなので、急いで三つのネットをすべて出すことにした。マンタ、オッター、水面の大きな浮流物（ボトルのキャップ、ネットやロープの切れ端、ポリ袋）をとらえるための一センチ網目の船尾のネット、の三つである。それぞれが他のネットに入るべき浮遊物を妨げないように広げ、エンジンで速度を一・五から三ノットのあいだに保つ。すると、三つともに浮遊物が入っていたが、水面下一〇メートルにセットしたオッターに入っていた分がいちばん少なかった。

これは驚くには当たらない。浮揚性のあるプラスチックは海水の上層を浮遊しており、海がおだやかなときは表面近くまで浮き上がるいっぽう、藻のついたモノフィラメント繊維がそうであったように、比重が大きく、有機体がまわりについたプラスチックはより低いところに沈むのだ。このときも、マンタがいちばん収集物が多かった。

＊

サンプルには毎回驚かされる。各サンプルにはそれぞれの特徴があるようだが、毎回マンタの「胃の内容物」が驚きと困惑のもととなる。プラスチックが入っていないことはない。実際マンタは何度でも使え、説明どおりのすぐれた機能で、海面と海面近くを浮遊するものならプラスチックから、プランクトン、プランクトンを食べる濾過《ろか》摂食生物、小魚、あとでサンプルから抜きとるペンキやタールの塊にいたるまで、何でも収集した。

サンプル採取の最終日、海面すれすれに半ば沈み、私たちをにらんでいるような大きな漂流物を見つけた。マーカーブイを投下してから、手漕《こ》ぎ舟で回収に行く。これはなんとも醜悪な寄り集まりだ。海はこういう働きを持つのか、と思う。編みこまれ、織りこまれ、たがいにからまりあった塊だ。ばらばらに離れた、どこかに共通点のある別々の物体が、数百万平方キロにわたって広がる一見何もない外洋でおたがいを見出し、海はそれらを縫いあわせてグロテスクな塊を作り上げる。その塊のまわりを、飛び出してゆらゆらとうねるロープやネットをかわしながら泳ぐうち、これは説得力あるSFモンスターなのではないかと思ったりする。

フックやロープを使って船上に引き上げ、中身をよく調べる。大半がポリプロピレンの色とりどりの魚網とロープである。そこで「ポリP」と名づける。大きなタイヤも見つけた。アザラシのように身のこなしの軽い元ライフガード隊長のジョン・バースが颯爽《さっそう》と海に飛びこんで、完全にふくらんでいるトラックタイヤをアルギータの横まで運んで、船体の脇腹にくくりつけ足がかりとする。明らかに長いあいだ渦流にとどまっていたもので、ゴムのところにはエボシガイがこびりつき、枠の金属部分には藻がびっしりついている。

プランクトン「サルパ」

私たちが集めたごみはとてつもない量だ。山のようなネットやロープ、化学薬品のドラム缶、ぼろぼろになった漂白剤のボトル、日本の漁船の浮き、デアリーランド印のサワークリームのボトル、などだ。それぞれの回収場所、重量を記録する。最初はついていたエボシガイごとの重さ、次にそれをこそぎ落としたときの重さを量る。こうするとついていた付着生物の重量がわかる。

付着生物は、港から港へと航海する船舶の船底について運ばれ、寄港先の海にしばしば侵略的な外来種となって定着することが問題となっている。海洋科学では着生生物と呼ばれ、誕生後の幼生は着生する物体を見つけなければ死んでしまう。そして着生生物はプラスチックの浮遊物を好むようだ。もし着生した物体が無傷で運ばれていけば、どこかの遠隔の生態系が招かれざる入植者を迎えることになる。また着生生物はプラスチックの、少なくとも水面下すぐの表面に紫外線が当たるのを防いでいる。いわば新しいタイプの相利共生《そうり》で、生物が錘《おもり》となって片面を下向きに保ってプラスチックの崩壊を遅らせる。

数日間ネットを引っ張り、位置を記し、ごみを回収し、リストを作っていると、この太平洋の真ん中の渦流で目にしているものに対する感情が、はっきりしてくる。これは、予想よりひどい。

陸にいるときは、毎日手にしているボトルや包装材、安物のプラスチック用品がすべて礼儀正しい社会から隔離され、埋め立てに利用されていると考えれば安心する。だが太平洋の真ん中では、不完全な(地域によってはまったく存在しない)収集システムからもれたごみの群れを目の当たりにし、執行がむずかしい国際海洋汚染禁止法の欠陥が見える。これらの気ままに漂うプラスチックごみは、文明の隠蔽《いんぺい》された恥部《ちぶ》のようだ。コントロールしようとしても、隠そうとしても、対処しようとしても、人間を鼻先で笑って、行くべきでない場所へと移動する。

私たちが海に入っている時間はけっこう長い。けれど、イルカと戯れ泳ぐわけではない。トロールして得たサンプルを船上に上げると必ずマスク、フィン、シュノーケルをつけて海に飛びこみ、漂っているプラスチックを目で確認する。二十三度の海水の中を十五分も泳ぎまわると、かろうじて目に見えるほどの大きさの小さな生物のかたわらを、流れに乗って漂うプラスチック繊維や小さなプラスチックのかけらが、だいたいいつも手の平にいっぱい集まる。プラスチックは、じつによくプランクトンに似ている。プランクトン捕食者にとっては不運なことだ。残念ながらこの航海には水中カメラを持ってこなかったので、この発見を記録することはできなかったが、次の航海には忘れないようにしよう。

「サルパ」と呼ばれる、より大きなプランクトン生物も目にした。円筒状の透明な寒天質をしているが、驚くことに脊索《せきさく》動物門に属する。つまり、原始的形態だが私たち脊椎《せきつい》動物の親類なのだ。

南の海ではサルパは列もしくは板状に連なって、まるでミツバチの巣のようになる。海面を数平方キロにわたって、ゆらゆら揺れるゼリーの海面に変えるという報告もある。そして、地球の炭素循環の中で重要な役目を果たしていることも、わかってきている。サルパは被嚢類《ひのうるい》で、海水を吸いこみながら表層を進む。藻類《そうるい》、珪藻類《けいそうるい》、植物プランクトン、小さな動物プランクトン、他の生物が食べ残した種々雑多な食べ物カス、そしてバクテリアまで手当たり次第に吸いこんでは消化カスを排出する。ほとんど透明な組織から排泄物が出てくるのは、奇妙なものだ。

サルパの多くは、中も外もプラスチックにまみれている。小さな色鮮やかなかけらが、透明な組織の中に入っているのが見えるのだ。一つひとつが独自の動きをするが、全体はつながっている。トイレットペーパーの芯《しん》ほどの特大のサルパがマンタネットにかかると、プラスチックのかけらが点々と見えた。プラスチックがこのような風変わりな生物に、まだわかってはいない何らかの影響を与えていないだろうかと考えずにいられない。またこれらを食べる、食物連鎖の上に位置する生物はどうなるだろうかとも考える。それをのみこむ生物の中を通るだけかもしれない。摂食の調査をしたら興味深い結果がわかるかもしれない。

プラスチックの永続性

プラスチックは「生分解性」ではないとよく言われるが、これは生体の組織では消化されないということを意味する。今では研究により、ある種の微生物が一定の条件で非常にゆっくりとプラスチックを生分解することがわかっている。渦流で拾うプラスチックの塊は、固着している生物によって穴が開けられているように見えるが、それが物理的損傷なのか生物学的消化の結果なのかはまだわからない。

しかし、私が「環境による崩壊」と呼ぶ現象は、よりすみやかに起こる。渦流で見るプラスチックの塊はたいてい、波風にさらされて砕かれたものだ。プラスチックの耐久性は、奇妙な中間的特質を持つ。ガラス、鉄鋼、岩などの他の素材に比べると、プラスチックの物理的形はすぐに失われる。日光、物理的外力、酸化力にはとくに弱い。けれど、生体組織よりははるかに強い。人間は死ぬと、細胞も死ぬ。水、炭酸ガス、メタンガス、硫化水素ガスを出し、肉体は複雑な過程を経て変質する。他の生物もそれを手伝って、最後には塵《ちり》になる。

いっぽう、プラスチックはどんどん小さく割れていくが、その分子は依然として小さな重合体繊維であり、微小な粒となって何世紀も、おそらく何十世紀も存在しつづける。プラスチックは地球上では比較的新しい物質のため、どれだけ永続性があるのか、その影響力は最終的にどうなるのか、まだわかっていない。

ジェイムズ・マーカスがワイマナロビーチで拾ったプラスチックのかけらは、再処理のために運搬するまえに、機械により破砕《はさい》したものだと推測したことを思い出してほしい。この航海の出発まえに、私はプラスチックの崩壊について勉強した。エベスマイヤーが推薦してくれた、この分野の第一人者アンソニー・アンドラディ博士の著書を読んだのだが、ここ渦流にいると、博士が明らかにしたことをその場所で見ているのだと気づく。

吸血鬼同様、プラスチックは日光が苦手だ。紫外線はプラスチック重合の連鎖を引き離してもろくする。車のビニル樹脂製ダッシュボードを何年も日光に当てていると割れることからもわかるだろう。海水は、もろくなったプラスチックから、プラスチックに耐久性と弾力性を与えていた添加化学物質を浸出させる。アンドラディ博士は数年間の研究の末、プラスチックの持続性に関するあらゆる評価は現在のところ推測にすぎない、と専門家として言明している。

渦流にあるプラスチックは紫外線にさらされるだけで砕ける、というエベスマイヤーの信念を私は疑っていたが、この航海のあとでは、他にも要因があると、ふたりとも納得した。陸にあるときに打ち寄せる波で砕けもするだろう。それだけでなく、多くのプラスチックにかじり跡があることから推理して、破片の多くが、より大きなプラスチックの塊から、腹をすかせた魚にかじりとられ排泄物として出てきたものだと思われるのだ。

エベスマイヤーは、あ然とする試算をして手紙に書いてきた。一リットル入りペットボトルは破砕されると、ワイマナロビーチのプラスチックサンプル一万二千五百粒になり、五十本あれば地球上の海岸線の総延長約六〇万キロに、一キロ当たりひと粒ずつばらまける。渦流で目の当たりにしているのは、半世紀にわたって営々と蓄積されたプラスチック排出の結果だ。プラスチックごみの歴史を語る海洋博物館とでもいおうか。

けれど、これらのごみから、私たちが本当に必要としている情報、つまりプラスチックの流出元をさぐりだす方法はまだわかっていない。科学的研究からプラスチック崩壊のメカニズムは明らかになるが、渦流で採取したプラスチック破片の入ったサンプル容器から判明することはわずかしかない。あまりに種々雑多なのだ。DNAがあってそれを読みとれるわけではないし、世界中で同じタイプのプラスチックが使われている。渦流はプラスチックのるつぼと言える。たしかに言えることは、プラスチックのごみがここに集積しており、それは海面の自然組成物を凌駕《りょうが》するほどである、ということだ。

「それはもうやった」

渦流では太陽が輝いて温かく、海も静かで、忙しいサンプル採取は五日ですませることができ、一日を至福の保養休暇にあてた。日向ぼっこをし、やはりプラスチックごみが浮いている温かい海に飛びこみ、シュノーケリングをして遊んだ。熱帯の鳥が頭上を悠々《ゆうゆう》と飛ぶ。

次の日には高気圧の狭間を温暖前線がすばやく前進してきて、サンプリングは不可能になった。私たちはこの気象列車に飛び乗って、サンタバーバラへの帰途につく。エンジンを回す必要はない。おあつらえ向きの風のおかげで、予定より二日早く、燃料を残して到着した。一九九七年のハワイからの戻りの航海の正反対で、エルニーニョ現象の威力のすごさをよく表している。

*

ロングビーチに戻って最初にするべきことは、エベスマイヤーに連絡することだった。彼は私たちと同じくらい、この航海に期待しているのだ。桟橋に着いたその日のうちに電話すると、「こっちへ来ないか」と言われる。「当然行くべきだな」と思う。時間をむだにするわけにはいかない。何しろ、成熟したカキがついた壊れたブイを見つけたのだ。それをいい状態で届けられれば、検査してどこから来たのか突きとめられる人間を知っているから、とエベスマイヤーは言う。「CSI 科学捜査班」〔アメリカの人気テレビシリーズ〕流のごみ鑑定をするのだ。

ロングビーチ出発後二日目に、陸の旅に疲れ果ててシアトルについた。けれどシアトルは、荘厳なレーニア山が背後にそびえ、入り江は曲がりくねって輝き、心浮きたつ町だ。桜の木がまえに立つ木造のエベスマイヤー家の近くに車を止める。エベスマイヤーは私を出迎えると、前庭の芝生の上にごみを並べるように言う。はるばる旅してきた、壊れたブイについたカキも見せる。こいつとはずいぶん長いあいだ、いっしょに過ごしたものだ。

結局、渦流から拾いあげたものの中に、落下コンテナの積載物であるとエベスマイヤーが指摘できるものはなかった。バレーボールは前年の一九九八年十月の「記録的大暴風雨」によるものにしては古すぎ、その他は大部分が漁業活動に使われていたものだ。おもちゃのアヒルもカエルもカメもビーバーもなく、ホッケーのグローブもエアージョーダンもなかった。

東渦流はたとえようもなく広く、特定の品物を見つけられる可能性は、干草の山で針をさがすのと同じだ。陸にたとえるなら、テキサス州ふたつ分の中をめぐるハイウェイである。ハイウェイをゴルフ場のカートで回りながら、テキサス人がポケットから落としたかもしれない二十ドル札をさがすようなものだ。しかも外洋は、陸に建設された不動のハイウェイではなく、陸地の目じるしもない。そして忘れてはならないのは、環流にいた時間の半分は暗闇だったのだ。これが、渦流のミステリーだ。たとえ、コンピュータモデルでそこにあるとたしかにわかっている場合でも、特定のものをさがそうとしてもおそらく見つからない、ということなのだ。だが、他のものはたくさん見つかり、それが恐怖映画のように興奮と恐怖の両方を呼び起こす。

漂流物のエキスパート、スティーヴ・イグネルを呼ぼうとエベスマイヤーは言いだした。その名前は、アラスカ在住のロバート・デイ、デイヴィッド・ショーとともに一九八〇年代に行なった海洋ごみ調査で私も知っている。サンプル分析の方法を同じにして、情報交換ができないかと考えていた。エベスマイヤーも彼らの研究を精読して、海洋のプラスチックごみは、マルポール条約付属書Ⅴのあとも増えつづけていると確信した。私たちの調査結果と以前の調査とを比べるというアイデアに、彼は興奮した。

イグネルと電話で話すのを私は聞いていたが、そのうちエベスマイヤーはがっかりした様子になり、電話を切った。「それはもうやった」とイグネルは言ったそうだ。それで、この件はおしまいになった。彼らは太平洋のごみを発見し、一九八四年から八八年にかけて調査をし、九〇年に発表した。その十年以上あとに私たちは、彼らの調査範囲外の重要な海域を、よりよい装備で調査しているのだ。興奮がさめたが、こちらはこちらで進めることにする。エベスマイヤー家のダイニングテーブルに向かって座り、渦流のごみがどこから来てどこへ行くのか、それを止められないか、それらを明らかにする方法について話し合う。

このとき私は、太平洋で、そしておそらく世界中の海洋で展開している人間が演出する恐ろしいショーを止めるには、キャンペーンをくり広げなくてはならないと気づいた。科学に基づき、熱情に裏づけされたキャンペーンが必要だ。しかし、私はまだ、事態の最悪の面を把握していなかったのだ。

第6章

使い捨て生活の発明

一九五〇年代後半、わが家のキッチンには変化の風が吹きこんできた。先触れは、牛乳配達人だった。毎週、ぱりぱりの白い制服とかっこよいキャップを身につけたポールが、牛乳一リットル入りのガラス瓶を積んだスチール製の台車をがたがたと引きながら、わが家のダックスフント、ピパリー・フォン・ブルニヒスワーゲンのための羊の骨を携えてやってくる。ポールはみんなの人気者で、とくにいつもは気むずかしいピパリーのお気に入りだ。

ポールは前回持ってきた使用ずみで、洗ってある瓶を台車に積んで戻っていく。三〇キロ離れた販売店で瓶は消毒され、ふたたび牛乳を詰められ、配達のためトラックに積みこまれる。今になって振りかえると、このやり方は平凡であたりまえというより、革新的でエコロジカルだ。

ある日ポールは、二リットル入り紙パックに入った牛乳を持って現れた。ちょっと奇妙だったが、新奇さにわくわくもした。私たちは、それをすんなりと受け入れた。ポールはこの紙箱が、自分に悪い運命をもたらすことを知っていただろうか。自分が、再利用可能な瓶と地元の牛乳販売店と、ホルモンが入っていなくて表面にクリームがたまる牛乳もろとも葬りさられる絶滅危惧種《ぜつめつきぐしゅ》であることを知っていただろうか。

初めのころの牛乳の紙箱は、パラフィン蠟《ろう》を塗って防水にしてあった。パラフィン蠟は石油から作られる。小学生は、ミルクやジュースの小さな紙箱からこの蠟を爪で削りとって遊んだものだ。一九七〇年代になると、ポリエチレンの層をかぶせた紙箱がとってかわった。蠟の爪削り遊びはもうできない。高密度ポリエチレンの四リットル入り容器は一九六四年に登場し、牛乳配達人の運命を決定した。

生産直売店があるような特殊な地域を除いて、アメリカ中で牛乳はスーパーで買う商品になり、それはごみとなる容器に入れられて遠くから運ばれる。広大な駐車場の真ん中に清潔感あふれるスーパーマーケットが忽然《こつぜん》と姿を現すにつれ、地元の八百屋、パン屋、肉屋が一店、また一店と静かに商売をやめていった。スーパーでは、牛乳はポリエチレン容器に、パンはポリ袋に、あらかじめ切りそろえた肉は発泡スチロールのトレーに載せられてくる。どれも以前より安く、より衛生的に見えた。

戦争から生まれたもの

使い捨て新時代の始まりの日があるなら、一九五五年八月一日だろう。その年、テレビの保有率は全世帯の六五パーセントという決定的な数に達し、消費時代がカーレースのようにスタートした。八月一日に、発行部数千二百万部で読者数はそれよりはるかに多いトップ誌「ライフ」にある記事が載った。見出しは「使い捨て生活――いろいろな使い捨て家庭用品で掃除の手間にさようなら」。今となっては古くさい写真には「空飛ぶものたち」というキャプションが添えられ、アルミのパイ皿や区分けされた皿、紙ナプキン、紙コップ（「ビールやハイボールにどうぞ！」）、ナイフやフォーク、さらには戦後のベビーブームの火付け役となったとされる紙おむつなどが、金網のごみ箱の向こうから出てきたり、そこに飛びこんだりしている。この写真に、ごみ処理業者をあわてふためかせることになる、ごみの洪水の予兆を見ることができる。そしてそれが海洋にとって意味することは、さらにひどかった。

本文にはプラスチックに関する記述はない。空飛ぶものたちは、紙と金属である。プラスチックはまだ特殊な素材で、使い捨てと同義語ではなかった。一九五〇年代中ごろの平均的な家庭にあるプラスチックといえば、ダイヤル式の電話とベークライトの取り分け皿がひとそろいくらいだったろう。短い記事には、こう書かれている。「写真に写っている空飛ぶものを洗うには、四十時間かかります。でも、そんなことをする必要はありません。どれも使用後は捨ててよいのです」。こんな恥知らずな誇大宣伝に、私たちは納得してしまっていた。屋外に置く大きなごみ容器のおかげで、お母さんはキッチンのシンクのそばから解放されて元気になるし、お母さんにとってよいことは家族みんなにとってもよいことだった。一九五〇年代型のウーマンリブである。

今日、何か壊れたら私たちはそれを捨てる。トースターを最後に修理させたのは何年まえだろうか。新品を買うほうが安いのだ。アップルの株主たちは、二〇〇六年にスティーブ・ジョブズが固定客たちに数百ドルするｉＰｏｄを毎年買いかえるように言ったとき、大喜びした。古いのがまだ動いても、である。今や三億個のプラスチック製のｉＰｏｄ（と他のいくつかの製品）が売れ、ジョブズのビジネスの成功は桁外れとなったが、私は拍手喝采《かっさい》する気にはなれない。このような電子機器にはさまざまな有毒金属と、銅や石油など枯渇《こかつ》が心配される資源が利用されているからだ。しかし、商品開発と使い捨て奨励は、ひとつの理由のもとに手を組む。利潤である。

＊

もうしばらく二十世紀中ごろの、「ライフ」誌が使い捨て生活の幕開けを告げたころの私たちの生活を見ていこう。

このころはまだ戦後の時代といえる。人々は都市や田園地帯から、嵐のような建設ラッシュで生まれつつあった郊外の住宅地に移り住んでいった。そして、ベビーブームが始まる。一九五〇年代には、父親はしっかりと稼いで家族を養った。標準的な飲み物はガラスコップに注いだミルク、ジュース、水で、夏になるとお母さんは紙袋入りのクールエード（粉末即席清涼飲料）」を溶かして作ってくれる。特別なときにはコーラ、セヴンアップ、オレンジクラッシュ、ジンジャーエールが、デポジット制のリターナブルの瓶から注がれる。

身の回りの品、たとえば「映画スターの五人中四人が愛用!」と喧伝《けんでん》されるシャンプーのラスタークリームや、「ほんのひと塗りでOK!」のイギリス製ヘアクリームのブリルクリームは、ガラス製の容器か瓶、もしくはアルミのチューブに入っていた。ヘアコンディショナーはまだ登場していなかった。今日では、巧妙に重合体が配合されたヘアコンディショナーが、毎日シャンプーのたびに排水溝から流され、海洋や湖の生態環境を界面活性剤でコーティングしている。実際は、五〇年代中ごろの女性たちは家で髪の手入れをするより、毎週美容院に行っていた。ファーストフード店やガソリンスタンド内のコンビニは、ちらちらと見かけられるようになったばかりだった。

一九五〇年の平均的な世帯は、面積が九三平方メートル、世帯員数は三・三七で、服や靴はすべて、今日の基準では下着さえ入りきらないようなスペースに納まっていた。現代の世帯は、ひとり少ない人数で二倍以上の広さを占める。自然界が真空を保ちがたいように、家のスペースもすぐにもので埋まる。それらが大方はプラスチック製品で、やがてごみ箱か不用品買取り店か、五〇年代にはなかった商売である貸し倉庫へと流れ出る。

これらのものは、みなどこから来たのだろう。

必要が発明の母なら、戦争はもっとも子だくさんな母だろう。一九四一年、アメリカの産業は軍に徴用されて、戦争遂行のためにひたすら稼働した。一九四五年に戦争は終わり、政府の契約は突如打ち切られて、フル稼働だった工場は、衰退した国内市場向けに製品を作っていくことになる。アメリカ国民は、何らかの順応が必要だった。

マーケティングの成功

一九二四年に、製紙会社キンバリークラークが先駆的広告制作者アルバート・ラスカーを雇って、最初の正真正銘の使い捨て商品を宣伝させている。生理用ナプキンである。ラスカーは、かの有名なせりふを吐いている。「私が宣伝しようと思う商品は、たった一度しか使用しないものです」。近代の最初の使い捨て商品は、男性の使用する紙製のカラーとカフスだったかもしれない。南北戦争以後、紙の値段が下がり普及した。取り外し式のカフスやカラーを洗い、漂白し、糊付《のりづ》けし、アイロンがけをする以外にも、山ほど仕事があった女性たちにとっての救世主だった。

紙製カラーがその利便性から受け入れられたのなら、トイレットペーパーが広がったのは衛生的利点からだろう。ペーパータオルや紙コップは、十九世紀末ごろから公共の場所のトイレに見られるようになった。使い捨て紙コップは、一九〇九年に学校や他の公共の場所に、共同で使うガラスのコップやひしゃくに代わって登場し、マーケティングと科学が手を携えてその普及を推進した。一九〇七年の研究で、コップの共有は病原菌の共有もうながすことが判明している。

テクノロジーと使い捨ても、同じように手を組んでいた。紙コップ、紙箱、袋、ガラス瓶、金属缶を大量生産できる設備は、一九〇〇年の前後十年間に出そろった。すでに紹介した、ベークライトやセルロイドといった初期のプラスチックは、第二次世界大戦まえからラジオ、電話、映画フィルムなどの耐久商品を作るのに利用されていた。一九二〇年代に、先見性のあるエコノミストがこう書いている。「天然製品には必ず可能性の限界があるのに対し、化学的に生産される製品には、少なくとも理論上は限界がない」

大量消費主義は、第一次世界大戦後のアメリカですでに論議の的になっている。一九三三年に、第三十一代大統領ハーバート・フーヴァーは経済学者のロバート・S・リンドから、一九二九年の大恐慌を説明するレポートを受けとった。レポートは、「消費の動向を決める要因」と題されていた。リンドは、二九年の大恐慌のまえまで、市場調査の専門家たちは人の弱点を突いて消費を促進する「効果的なこつ」をつかんでいた、と書いている。「雇用の不安定、社会の不安定、退屈、孤独、結婚ができないこと、その他の緊張を強いられる状況におかれると……人々は日用品によって自分を守ろうとする。日用品にとっては、防御壁に格上げされるチャンスである。危機的状況が到来するたびに、目ざとい商人はそれに対処する万能薬を用意してきた」。要するに、消費セラピーである。

現代のマーケティングの父は、エドワード・バーネイズである。二十世紀をほぼすべて生きるほどの長寿と長いキャリアの持ち主で、ジグムント・フロイトの甥《おい》であり、イヴァン・パヴロフの弟子でもあり、その両方のつながりを生かして今日も使われている大衆説得の強力な武器を開発した。バーネイズによるとマーケティングの目標は「同意を作り出すこと」で、つまりほしがらせ、次にそれが必要だと思わせることである。しかしそれはすべて、大義のためだった。第一次世界大戦後の供給過剰により、消費者が消費してくれることが経済的安定と繁栄へ続く道に見えたのだ。そして、そのとおりだった。

もちろん、私たちの文化を変えた最大の消費財は車だ。第二次世界大戦後、人造ゴムタイヤを製造していた五十の工場は、すぐに国内市場向けに機械設備を改めた。ゼネラルモーターズ(GM)や石油会社と手を組んだタイヤ産業は、すでに存在していた公共交通機関をほとんどのアメリカの都市で撤廃に持ち込んだ。これで自分たちの市場は守られ、今では年間十億本のタイヤが売れる。そしてこれに続き、すでに見てきたように、戦後のプラスチック商品の第一波が、長持ちする硬いプラスチック商品を押し出してきた。フラフープや耐熱性合成樹脂のカウンタートップやビニル樹脂のレコードなどだ。

そして、州間高速道路が登場する。かつて行なわれた中で最大の公共工事プロジェクトであり、ドワイト・D・アイゼンハワー大統領のとっておきの業績である。第二次世界大戦中に連合軍の司令官だったアイゼンハワーは、ドイツのアウトバーンのおかげで軍の車両や装備の運搬が容易であったことにたいへん感銘を受けた。一九五三年に大統領になったとき、実行すべき仕事の中で州間高速道路建設は優先順位がかなり高かった。大統領の要請と自動車産業からの陳情に押され、一九五六年、議会は連邦助成高速道路法を認可した。新しい道路網は戦時へのそなえに役立つばかりでなく、経済をかつてないほど活性化させると見込まれたのだ。

産業界は、大量生産、包装ずみ商品、ブランド、広告の利点に気づきはじめていた。二十世紀になるころには、ハインツとキャンベルは缶入りのスープやソースを生産していたし、クエーカーとピルズベリーはオート麦や小麦を、コルゲートとプロクター・アンド・ギャンブル（P＆G）は歯磨きと石鹸《せっけん》をすでに生産していた。服などをカタログで注文するのは一般的で、それまで何世紀も続いてきた地元の家内工業や、自分で必要品を作る生活は、今日の、ものを買う生活スタイルに似たものにすでにとってかわられていた。

新しくできた州間高速道路は文字どおり、地元の産業の統廃合への道を舗装した。たとえば地元酪農業も、鉄道網とトラック輸送のために衰退する。一九四〇年代には二千三百の酪農共同組合が地元の市場に牛乳を供給していたが、二〇〇二年の時点では百九十六だけになり、そのうちの五つでアメリカのすべての乳製品生産の半分近くを担《にな》っている（都市化、乳牛の遺伝的性質の向上、生産工程の効率化、低温輸送なども、もちろんその要因である）。昔ながらの乳業会社である、コネティカットのウェード社のホームページにこうある。「スーパーが牛乳の戸別配達システムを消費者から取り上げたとき、使い捨てのパッケージが押しつけられたのだ。スーパーは自社ブランドの牛乳を紙箱に入れて販売し、詰めかえ可能な瓶入りの牛乳は店に置くことを拒絶した」

リターナブル、リユーザブルの瓶は採算が合わなくなった。地元のパン屋も同じような推移をたどった。わが家のあたりにはヘルムズ・ベーカリーのトラックが毎週来ていた。木の引き出しに収められた焼きたてのパンと温かいドーナッツのかぐわしい香りを漂わせて人々をひきつけ、客が選んだものをワックスペーパーに包んで紙の袋に入れ、渡してくれた。しかし、一九六〇年代中ごろには消えた。そのころチェーンスーパーには、中西部からビニールに包まれて新鮮なままトラックで運ばれてくる安い「ワンダーブレッド」というパンが置かれていた。

プラスチック＝使い捨て？

大量生産と大量輸送は、食品の場合、他の製品より工夫が必要である。食品生産は、腐敗対策が立てられなければ集中化はできない。食品や飲料の保存容器としてのガラスは、回転式ガラス瓶製造機の特許が認可された一八八九年から、世の中に受け入れられるようになった。一九六〇年代まではほとんどの液体製品は、食品も食品以外も、ガラス瓶に入れられた。ガラスは今でも、ジャムや香辛料や高品質の飲み物などの高級品に使われている。

缶詰の缶を発明したのはフランスで、ナポレオンが、軍隊のための食料貯蔵の方法を発明した者に一万二千フラン与えると公表した結果である。ボール紙の箱は、一九〇六年にケロッグが奇抜な新商品コーンフレークを入れるために導入した。内側にワックス・ペーパーが当ててあって、新鮮さを保った。アルミホイルによる包装は一九五〇年代に一般的になり、アルミ缶は一九六〇年にスーパーの棚に姿を現した。

そして次がプラスチックだ。記録されているいちばん初めのプラスチックボトル商品は、デオドラント用品のストペットの考案者、ジュールズ・モンテニア博士が一九四七年にデザインした、押すとへこむポリ塩化ビニル（ＰＶＣ）容器である。プラスチックの吹きこみ成形による大量生産が可能であることが、これで示された。発想豊かなモンテニア博士の頭脳からは、スプレー式のボディパウダーやフィネス・シャンプーが生まれ、すべてＰＶＣ容器に入れられ、テレビで宣伝された。

けれど、腐敗しやすい食品を包み、新鮮なままの長距離輸送を可能にした安価で、軽量で、不浸透性の素材はラップフィルムである。プラスチック素材による包装のおかげで、食べ物や飲み物を地元だけに頼る必要はなくなった。そしてそれが、不滅のごみの時代の先駆けとなった。

ラップフィルムはダウ社により、試験管の中に残ったカスの中から偶然に発見され、軍隊の装備の湿気を防ぐために使われた。この最初の製品は、石油から化学的に製造されたものにしては、緑色で嫌なにおいがした。その後、改良を重ね、一九五三年に食品包装材として受け入れられるようになった。現在ではポリエチレンフィルムがラップフィルムの中では圧倒的シェアを占め、世界中で年間およそ八〇〇〇万トンが製造されている。そのほとんどが包装に使われる。包装がプラスチックの最大の利用法で、すべての樹脂製品の三分の一が包装に使われる。次に続く日用品、宣伝用製品、建設用材をはるかに引き離している。

＊

プラスチックと使い捨てが同義語になったのはいつだろう。一時期プラスチックは、長期使用を意図した消費財に特別に使われていた。そこに登場したのがビックで、ボールペンを初めて商業的に生産したフランスの会社である。ビックのデザイナーたちはポリスチレンの透明な円筒を採用し、ピンホールを開けて圧力を一定にするようにした。二〇〇五年にビックはクリスタルボールペンを一千億本製造し、世界中の百六十か国で一日あたり千四百万本が売れている。ただし、アルギータのトロールで拾ったことはない。硬いポリスチレンはふつう沈むからだ。海底にはおそらく数百万本が横たわっているだろう。

フェルトペンは、トロールにかかる。中空なので、よく浮くからだ。他にも、たとえば使い捨てライターなども中空なので浮く。ビックのライターは一九七三年に販売が始まり、市場シェアはジレットのクリケットライターに次いで二位だった。けれど、ビックのライターはクリケットの半値で、ジレットは一位の座を一九八四年に明け渡した。今ではビックの競争相手は中国のコピー品で、卸値は四分の一以下である。ビックは毎年二億五千万個のライターをアメリカ国内で販売し、売れ高世界一位を誇る。

しかし、三千回の着火が保証されたビックライターとその類似品は、コアホウドリが摂取した場合、致命的である。ビックのスポークスマンは、人里遠く離れた島にいるコアホウドリの幼鳥の内臓に、使い捨てライターが見つかることに「困惑している」が、ビック製はあったとしてもごくわずかだと主張している。それは私たちがいずれ明らかにする。日本の研究者が、世界中で発見された使い捨てプラスチックライターの情報提供を呼びかけている。刻印からその流出元をさぐろうとしているのだ。ライターは漁船で大量に使われるが、人里離れた砂浜で見つかったものの中には陸地から来たと思われる分も多い。

ビックの製品には使い捨てかみそりもふくめ、それぞれ五から六グラムのプラスチックがふくまれている。たいした量ではない。二、三百個の樹脂ペレットが溶かされ、成形されるのだ。しかし、毎年数十億個生産していると、積算量は増加する。五十億のライター、ペン、シェーバーからは三〇〇〇万トンのプラスチックが生じ、それはこれを読んでいるだれよりも、そしてあなたの子どもよりも長く残る。

マーケットは、生産品がただ保管されることを望んでいるわけではない。生産品と所有物はちがう。生産品は使用してなくなる短命な品物であり、所有物は保管し、使用し、大切にするものだ。一時は所有物であったものが、今では生産品となっている。ライター、ペン、かみそり、ジッポのライター、モンブランの万年筆などは、かつては人気の高い価値ある贈答品だった。今では、もうちがう。

ポイ捨て禁止

「経年劣化が設定されていること」が、使い捨て生活では必須だ。ヘンリー・フォードは天真《てんしん》爛漫《らんまん》に、T型フォードを長持ちするように作った。自動車市場が無限で、永遠に自分のものだと思ったのだ。そこに、まったく異なる考え方を持つゼネラルモーターズが登場する。毎年新しいモデル、まったく新しい車種を出して、新しいものと興奮が大好きなアメリカ人にとりいった。

一九五〇年代、その選択の暗い面が明らかになる。車は意図的に長持ちしないように作られ、走行安定板をつけたり、外したり、車体を高くしたり、低くしたりして購買欲を刺激した。その他の製造品もその先例に従った。電球、バッテリー、iPodとリストは果てしなく続き、どれもすぐに壊れる。

使い捨て生活では、ごみが出る。ごみは散らばっていると目障《めざわ》りである。

プラスチック業界は、いつも都合のよい決まり文句を持ち出す。プラスチックごみは「人々の問題」である、というものだ。この戦略は、プラスチック汚染を素材そのもの、および製造者から切り離すことに成功した。

ドキュメンタリー作家のヘザー・ロジャーズが、使い捨て容器にまつわる初期の逸話《いつわ》を暴露《ばくろ》している。一九五三年にヴァーモント州議会議員だった農場主が、ノンリターナブルのガラス瓶を禁じる法案を通過させた。車から道路わきの牧草地に投げ捨てられる瓶を家畜がかじり、害が出ていたからだ。数か月のうちに大手のガラス瓶、缶製造者は非営利団体を組織して、コカ・コーラ、ディキシー、全米製造業者協会からの支援をとりつけた。その団体の名は「アメリカを美しく」（KAB――Keep America Beautiful）だった。

KABは十分な資力とメディアとのつながりを駆使して、「ポイ捨てをする人間になるのはやめましょう」と題する一大キャンペーンをアメリカのすみずみにまでくり広げた。ポイ捨て人間は、侮蔑の対象だった。つまり、このキャンペーンの隠された意図は、話題をすり替え、非難の矛先《ほこさき》を変えることだった。「新しく登場した使い捨て容器が本当の問題なのではない。本当の問題は、それをきちんと捨てない人々だ。ポイ捨ては許されない行為で、当時の感覚では、映画館でタバコをすぱすぱ吸う人より悪く、道路わきかごみ箱しか行き場のない瓶を年に数百万本製造するよりはるかに悪い」となる。

使い捨て瓶に関するヴァーモントの法律は一九五七年にくつがえされた。KABはその後「アイアン・アイ・コーディ」のキャンペーンも展開した。眼光鋭いアメリカ先住民コーディが涙を流す場面が全国に流されたが、演じたのはじつはシチリア移民の息子だった（けれどアメリカ先住民として生き、そのように受け入れられていた）（そのキャンペーンフィルムでは、車からごみが投げ捨てられるのをコーディが涙を流して見ていた）。そして一九六三年には、のちに第四十代大統領になるロナルド・レーガンその人のナレーションによる教育フィルムが作られた。「ごみは、人が軽率に捨てて初めてごみとなる」とレーガンが重々しく語るのだ。

KABの運動はおそらく、企業が環境問題に関する広報活動をした最初の例だろう。公害を出す企業は環境保護主義者の役を演じることを選択し、新しいスタンダードを設定し、まさしく消費者の同意をたくみに作り出す。一九六五年には、当然の結果として全米規模のごみ問題が浮上して、連邦固形廃棄物処理法が成立し、自治体は衛生埋め立て処分場を設置するよう求められる。

しかし、その後十年もたたないうちに、ごみの新しい側面である有毒物質により、さらなる対処が必要となる。議会は一九七六年に資源保全回収法を通過させたが、ごみのたれ流し元である製造業者は責任を免れた。納税消費者、つまりあなたや私が製品の値上げ、サービスの改定、税金による廃棄物回収という形でその費用を受けもつのだ。カリフォルニア州だけでも、プラスチックだけの埋め立て処理のために、年間七億五千万ドルかかっている。

歴史上、その時代にもっとも多く使用された素材が再利用されなかったのは、初めてではないだろうか。車のスチールも、リサイクルして新しい車を作ることができる。牛乳のガラス瓶は消毒するなりリサイクルするなりして、新鮮な牛乳をもう一度入れることができる。しかし、プラスチックのボトルはできない。法律に違反するからだ。ポリエチレンの溶解温度が、しっかり消毒するには低すぎるのだ。ポリエチレンのミルク容器は、使い捨て可能というだけではない。使い捨てること、もしくはあまり使われないプラスチック建材などへのリサイクルが義務づけられている。プラスチック建材は耐久性が十分でなく、ハワイの公園にあるピクニックテーブルや板張りの遊歩道などに使われたが、亜熱帯の日光には不向きのようで、数日で遊歩道は熱によりゆがみはじめ、セメントで作り直された。

食べ物であれ、飲料であれ、ちょっとした道具であれ、新機軸商品はもうたくさんだ、という気がする。私たちが作ったり買ったりしたプラスチックは永遠になくならない。それを自覚していれば、これほど安価で、これほど簡単に捨てられるプラスチックは再生されているだろう。プラスチックを作って捨てることにより、地球という惑星にかけられた負担はあまりに膨大で、だれも考えたくもないほどだ。だから心の中で、プラスチックなどどうということはない、と思う。使い捨て商品も、包装材も、袋も、ボトルも、カップも。こうして心の中の不安を打ち消す。なくなってしまうなら、それはすべてごみだ。ごみなど何の価値もない、と人々は考える。

私は、今や小さなかけらとなった無価値なごみを哀れな海面から採集し、容器に入れて分析するために港へ持ち帰る。

第7章 食物連鎖の底辺で

一九九九年の調査で、私たちはほぼ一〇〇〇海里にわたって、幅九〇センチ、厚み一五センチ分の海水を濾《こ》してまわった。一トンもの臭く、汚らしいプラスチックのがらくたを船上に上げ、量をはかり、まるで戦利品のように持ち帰った。海にとってよいことをしたと思いたい。

しかし重要なのは、分析すべきサンプルである。平均的な一リットルガラス瓶や、炭酸飲料ボトルほど大きなプラスチックもいくつか入るナッツ容器の瓶に入れて持ち帰った。それぞれきっちりふたがしてあって、内容物が浸《つ》かるくらいのイソプロピルアルコールと海水が入っている。プラスチックのかけらとプランクトンの組織が混じった、どろどろした液体である。このくらいのかけらは一見しただけでは見えず、大きな船の甲板からはまったく見えない。瓶を軽くゆすると、色とりどりのプラスチックが雪のようにひらひらと舞い上がる。

帰港すると、マイク・ベーカーとふたりで渦流の大きなごみをアルギータの船尾甲板に芸術的に並べてみせる。地元のメディアの撮影のためだ。レポーターたちは信じがたいような、仰天した顔つきになった。一社の見出しはこうだ。「プラスチックは過激だ」

次に、過激なプラスチックを通りの反対側の私の家に運び、裏の中庭の日の当たらない隅に敷いたビニールシートの上に山積みする。数日後、私はエベスマイヤーに会いにシアトルに向かうことになり、ガラス瓶は、特製のマンタネットを貸してくれたチャック・ミッチェルの研究室に運んだ。彼の会社MBC応用環境科学には海洋の健全度を診断する設備がフルに整っていて、解剖顕微鏡〔解剖標本作成に使う、焦点調節装置などをそなえた高倍率の拡大鏡〕や電子スケールなど、分析に必要な装置を親切に使わせてくれる。

シアトルへのあわただしい旅行から帰ると、まだ九月だった。調査航海を計画し、実行し、支援してくれた人たちとともに、採集したサンプルが世界に衝撃を与えるだろうという期待を分かち合う。スティーヴ・イグネルの「それはもうやった」というせりふが頭の中で響くが、それこそが私がアルガリータ海洋調査財団を創設した理由であると思う。海洋汚染の発見を、汚染の元が何であれ、回復へとつなげる道をさがすことだ。イグネルたちはもうやったかもしれないが、何も変わらなかった。だれも驚きあわてはしなかったので、何も変わらなかったのだ。科学ジャーナルや学界のプログラムに、発見はどんどん公表されていく。けれど、たとえ行動への呼びかけが起きても不思議と効果を及ぼさない。おそらくほとんど、人々の耳に届かないのだろう。

プラスチックとプランクトンの比較

私たちの財団は小さく慎《つつ》ましいが、何の束縛もなく独立していて、自ら科学的に実証するという精神で、目標に集中している。私たちの使命を進めてくれる人たちと手をつないで行くつもりで、現時点での目標は生態系の健全度を診断することだ。私たちの仕事は政府機関や学界ではなく、起業家のやり方に従っているようだ。

アルガリータの目標のためには、磐石《ばんじゃく》の科学的根拠を示さなくてはならないことはよくわかっている。実態分析が終われば、海洋の真ん中のプラスチックの墓場がなぜ、どのようにしてできたのかが、より明らかになるかもしれない。そうしたら、回復への道すじを示したい。プラスチックの流出元がわかれば、おのずと対策も明確になるだろう。けれど楽観はしていない。これは大きなチャレンジだ。分析の結果が私たちの予想どおりなら、声に出して発言する。心ある人は行動を起こしてくれるだろうし、いつになるかはだれにもわからないが、やがては海洋に対するプラスチック負荷は軽くなるだろう。それはすべて、当然ながら科学に基づいて進んでいくことだ。

スクワープ（南カリフォルニア沿岸海域リサーチプロジェクト）のスティーヴ・ワイスバーグが、時間を作って成果を見に来てくれた。私はプラスチックスープがちゃぽちゃぽいうガラス瓶をひとつ見せた。「やあ、こいつはすごいぞ」とスティーヴは言った。ふたりで同じことを考えていた。これがたいへん大きな意味を持つ発見で、分析をしたらプラスチックが陸から遠く離れた外洋まで汚染したことを証明できるだろうし、結果はこの分野の科学ジャーナルに載せる価値があるだろう、と考えていたのだ。

ところで、スクワープは財政的支援が打ち切られ、スタッフを減らさなくてはならなかった。彼らにとってはつらいことだが、アルガリータにとってはチャンスだ。私たちは解雇の対象となってしまった有能な実験技術者、アン・ツェラーズを獲得した。これでアルガリータは初めて、研究生物学者をスタッフとして得た。この調査を始めたときから今日までずっと働いているツェラーズは、何百万というプラスチックごみを扱っており、そんなカテゴリーがあったらギネスブックにも載るくらいだ。私自身も科学には素人ではない。少年期に科学に親しんで育ち、科学的手順はよくわかっている。化学を専攻したので、化学実験はお手のものだ。

チャック・ミッチェルの最新式の実験室で、私はツェラーズと仕事を始める。渦流のマイクロプラスチック〔直径五ミリ以下のプラスチック〕の量を決定するだけでなく、表層のすべての含有物を割り出したいと思っている。把握しているかぎりでは、一度もその測定は行なわれていない。サンプルを毒性の高いホルマリン液から出して真水で洗い、毒性のより低い七〇パーセントのイソプロピル（消毒用）アルコールに漬けて詰めなおした。今度はそれぞれのサンプルを分割して、分けたものを海水を入れたペトリ皿に載せる。そして解剖顕微鏡の下で選り分けていく。プラスチックの大半は浮くのに対し、プランクトンの組織は沈むので、作業は比較的楽である。
ステンレスのピンセットと小さなスプーンを使って、表層のプラスチックと底の重いかけらを細心の注意で取り除き、生体由来物質を残す。それぞれの部分を顕微鏡で調べると、まだ混ざっている分がある。そこでプラスチックから顕微鏡サイズのプランクトンの組織をとり、プランクトンからマイクロプラスチックをとり、それ以外のネットに入ったもの、これは大部分が生体由来で羽毛、イカの目玉、魚卵、藻、タールの小さな塊などだが、ここからプランクトンをとる。それにサンプルナンバーのラベルを貼っておく。そしてプラスチックのグループとプランクトンのグループを順次特別なオーブンに入れ、摂氏六五度前後で二十四時間乾燥させる。

この実験手順について私は疑問に思う点があって、チャック・ミッチェルに質問した。乾燥によるプラスチックの変化はあったとしてもわずかだろうが、生物組織は容積と重量を失いはしないか、と思ったのだ。チャックは、これが標準的手順であり、乾燥したあとに残ったものはバイオマス〔生物体の総量〕を表すのだと確約してくれた。

私たちはプラスチックを分類するのに、デイ、ショー、イグネルの方法を意図的に採用した。科学的論争が起こる場合、実験手順が標準的でない、という理由で起こることが多いからだ。このため、通常地質サンプルの大きさを分類するのに使われるタイラー〔アメリカのふるいの網目の大きさを表す単位〕ふるいを、等級別で六種購入した。最初に炭酸飲料ボトルなど大きめのプラスチックを選り分け、重さと寸法をはかった。次に、ふるいを使ってより小さいプラスチックをゆすぐ。このグループで最大はチェッカーのコマほど、最小は砂粒ほどだ。下位のグループ分けを続ける。イグネルたちがやったように、同じサイズのグループからプラスチックをまず種類で分け、次に色で分ける。プラスチックの種類分けは、より細かく分けるようカテゴリーを増やす。それによって出どころをたどりやすくなるのではないかという期待がある。まったくさまざまなかけらがある。発泡スチロールのかけら、ペレット、ポリプロピレンもしくはポリエチレンの綱もしくは網の断片、そしていちばん大きなグループとなったのはラップフィルムだった。

サンプル内のプランクトン組織を識別してカウントするためにプランクトンの専門家を雇ったが、この分類学データは結局必要ないことがわかる。プランクトンをカウントするうち、気がかりなことに気づいた。ひとつのサンプルで、プラスチックの数がプランクトンを上回ったのだ。この事実は、〝固形プラスチック〟と〝完全に乾燥したプランクトン〟の重量比較に異議を唱える人をも、納得させるかもしれない。

この作業は数か月を要した。結果は、渦流に信じがたいほどの量のプラスチックがあることを示し、想像以上のショックだった。すぐさま記者会見をセッティングしようと思ったが、ワイスバーグのアドバイスもあって、まずは仲間内で評価を得たほうがよいと考えなおす。そして、近々開催される海洋科学のイベントで、さぐりを入れてみることにした。

シンポジウムで得たこと

二〇〇〇年二月のこと。カリフォルニア大学サンディエゴ校の、新しいプライスセンターの建物のドアを押す。今日ここに来たのは、「海洋学——科学の成果」と題する二日間のシンポジウムに参加するためだ。北太平洋亜熱帯環流での調査の概要とグラフなどを、ブリーフケースに入れて持ってきた。シンポジウムはアメリカ海軍、スクリップス海洋研究所、H・ジョン・ハインツ三世科学経済環境センターの共同開催で、海洋科学の重鎮たちが勢ぞろいする。私の「画期的」データで科学界の支援を得、できれば共同研究者も得られないかと期待していた。

講演予定者の何人かに目星をつけてある。まずエドワード・ゴールドバーグ博士。海洋化学界の巨人で、海洋におけるプラスチックの害を早くから予測していた人物だ。一九九四年に「海洋汚染報告」誌に、「ダイヤモンドとプラスチックは永遠か」と題する論説を載せている。その中で、プラスチックが海底を覆い、炭素隔離（二酸化炭素を海中に取りこむこと）を妨げる危険性について海洋学者に警鐘を鳴らした。これは気候変動に関わっていて、今でも論議がさかんな問題だ。今やゴールドバーグ博士は高齢となって名誉教授だが、国際マッセル・ウォッチ（イガイを指標生物として沿岸水域の汚染を調査する組織）を設立していて、海洋保護論者たちの尊敬を集めている。イガイが、炭坑に連れて入るカナリアと同じ役目をするのだ。

もうひとりはリッキーことリチャード・グリッグ。スタンフォードを卒業後スクリップス研究所で研究をした、チャンピオン・サーファーのハワイ大学教授である。専門領域は珊瑚礁《さんごしょう》だが、一九六五年の大学院生だったころ、宇宙飛行士のスコット・カーペンターとともにシーラボⅡで深度七五メートルの海底に四十五日間暮らしたことで一躍有名になった。グリッグもゴールドバーグも講演をする予定だった。

休憩時間に私はふたりに別々に近づき、アルガリータのやっていることを説明した。用意しておいたグラフをとりだし、北東太平洋環流の真ん中での調査結果だと話しはじめる。マイクロプラスチックはプランクトンの重量の六倍と出て、ひとつのサンプルでは数でも上回り、総計で二万七千四百八十四のプラスチックのかけら、塊、ペレットが距離八〇海里、幅九〇センチの海面から採集された。計算では、調査したウィスコンシン州に匹敵する一六万一八〇〇平方キロの海域には、平均で一平方キロ当たり四七三グラム、三十三万四千二百七十一のかけらがあると出た。北太平洋亜熱帯環流の一部である調査海域全体では、八四・三トンの小さなプラスチックのかけらがあることになる。

港に持ち帰った大きなごみは乾かして、重さをはかり、リストにしてあると説明した。目にしたが回収できなかったものは、種類と推定重量を記録してある。見たもので、単体として一番大きかったのはからまった魚網で、一トンはあっただろうが回収は不可能だった。大きなプラスチックは持ち帰ったのと記録したのとを合わせると、二トン以上はあると推測した。小さなものは一・五キロ以下だろう。サンプルにふくまれていたプランクトンの乾燥させた重量は二〇〇グラム強である。プラスチックのかけらは文字通りすべてが、以前は完全だった物体の割れたかけらで、加工まえの樹脂ペレットはほとんどなかった。ということは、回収したものの圧倒的多数である元の形のわからないプラスチック破片は、捨てられ、流された物体から生じたものである。魚網、枠箱、ボトルのキャップ、サワークリーム容器、炭酸飲料ボトル、その他、今渦流で浮き沈みしている数百万の物体も、いずれは同じ姿になるだろう。こなごなに砕かれたときの破片の数を天文学的であると予測するのは、不合理とはいえまい。

私たちはサンプルをデイ、ショー、イグネルのものと比べている。彼らの調査から十年以上、そしてマルポール条約付属書Vの発効から十年たった今、大洋の真ん中の最も多い海域でのゴミの量は三人の記録の三倍になっている。このスピードでいくと、百年もたたないうちに海洋の表面はすべてプラスチックに覆われてしまう。渦流はいずれ海上に浮かぶ「プラスチックビーチ」になるだろう、とふたりに訴えた。

グリッグとゴールドバーグの反応は、今ではもう慣れたが、そのときは初めて体験するものだった。ふたりとも、驚きはしなかった。興奮もしない。ゴールドバーグは私たちが独立独歩で調査していることを賞賛してくれ、この先も連絡をとりあおうと言ってくれた。私はデータのコピーを渡したがその後何の連絡もなく、二〇〇八年に亡くなった。八十代にだいぶ入っていただろう。グリッグの反応にはショックを覚えたが、あとになってみるとその重要性が見えてくる。彼は、私が被害を証明しなくてはいけないと指摘したのだ。

私はグリッグに、プランクトンの量とマイクロプラスチックの量を計算したことを示した。プランクトンを食べる濾過《ろか》摂食動物がプラスチックを食べないことなどありえないように私には思えたのだが、グリッグはそれを証明しなくてはならないと言う。

そしてたとえプラスチックを食べていたとしても、それがどんな害になるのか、なのだ。グリッグによれば、たとえば国連という、非領海の問題を扱う主たる国際機関でも、海洋がプラスチックでいっぱいになったところで頓着《とんちゃく》しないのだという。それが害になっているという明らかな証拠がなければ、動きだしはしない。

太平洋の真ん中のごみの集積は、そこにあるというだけで害だと私は思っていた。公共スイミングプールにサメがいてはいけないのと同じように、プラスチックごみは海洋にあってはおかしい。プラスチックは侵略的外来種だ。そこに定着すると、もう出ては行かない。海洋はある程度までは、たとえ油でも汚染物質を分解することができる。けれど触媒により人工的に形を変えられた石油、すなわちプラスチックはなくなりはしないで、蓄積されていく。

プラスチックは地上に年間三億トンのペースで増えていく。そのうちの五パーセントが海洋に流れたとしても、あるいは一パーセントでも〇・五パーセントでも、トン単位の大きな数字だ。大きな塊は壊れて小さくなり、食べられやすい大きさになる。私たちはかじり跡のついた塊を多数回収した。

どうやら私の渦流に関する調査は、科学界の注目を引くほどのインパクトはなかったらしい。

しかしこれは第一歩だ。私の仕事は始まったばかりだった。

プランクトンの六倍！

私はロングビーチに戻った。多少がっかりはしていたが、決意は揺るがなかった。「海洋汚染報告」誌に投稿するつもりの科学論文の下書きを始めたところだった。「海洋汚染報告」誌は、イギリスで発行される、古くからの活発な科学ジャーナルである。ピアレビュー〔論文発表のまえに、その分野の専門家たちに評価を受けること〕を経て掲載されれば、その研究の科学的信頼性は第一級ということになる。しかし学術誌に、博士号取得者、政府の研究者、大学院生以外の論文が掲載されることはまれだ。

最初の草稿をスティーヴ・ワイスバーグに見てもらい、シンポジウムでの経験を話した。スティーヴはさして驚かなかった。今から思えば、やはり私の単純なところを危ぶんでいた節《ふし》がある。私の草稿を見ると、まずスクワープの資料庫に行き、科学ジャーナルを読んで論文の書き方を学ぶようにと言った。アルガリータのニュースレターを書くのではない。厳格な形式に則《のっと》らなくてはいけない。概要、導入部、方法論、結果、考察、結論というスタイルを守り、関連論文から引用し、最後にそのリストを挙げなくてはならない。自分が発見したことからはみ出さないよう、細心の注意を払わなくてはならない。

私は、北太平洋環流に存在するプラスチックおよび非プラスチックのデータを示そうとしていた。ワイスバーグは、このデータは説得力があるが、渦流に一平方キロ当たりどのくらいプラスチックが存在するのか示すだけでは十分ではない、と言う。たとえプラスチックの量がマルポール条約付属書V以降のこの十年で増えていても、人は「それはひどい」と言い、それっきり忘れてしまう。「去る者は日々に疎《うと》し」である。ごみ問題に脚光を浴びせたいなら、その意味を示す必要がある。

ワイスバーグは私が中間的位置にいる、と言う。アウトサイダーでありながら目標を持って正統な科学に挑もうとしている、ということだ。それはまったくまっとうなことなのだから、その流儀で通してはどうか。プラスチックを数え、プランクトンを数えた。ふたつの数字を比較して、濾過摂食動物、すなわち食物連鎖の中でプランクトンのすぐ上位に位置してプランクトンを食べる生物が、プラスチックを食べる可能性を論じたらどうだ、言うのだ。

そのときには重要な提案のようには感じられなかったが、今から思うと、どうして直接の比較を思いつかなかったのか不思議なほどだ。ワイスバーグの言葉に耳を傾けるうち、私の進むべき道が見えてきた。遠く離れた海洋のプラスチックごみの醜《みにく》さ、不正だけを叫んでいてはだめだ。その存在を示し、量を表すためのデータを得るだけでもだめだ。プラスチックが海洋で健康に害となるような、実害になることをしていると判断できる根拠を示さなくてはならない。

ワイスバーグの提案により、私たちの研究は最初の評価法から離れ、より大きなインパクトを与える方向へと軌道修正された。陸地の真ん中のどこか、たとえばユタ州の砂漠で九〇センチ幅、八〇海里分の砂を調べても、これだけのプラスチックを見出すことはない。ハイウェイわきか人の住む地域ならありえるかもしれないが、自然の原野ではこんなことは起こらない。けれど、ユタ砂漠より桁ちがいに人里から離れた海の原野、北太平洋の真ん中では起こるのだ。最も近い人の住む地域から一八〇〇キロ以上離れているが、そもそも陸地ではそんな距離を離れることすらできない。もしユタ砂漠で、渦流で行なったのと同じ回数のトロールを十回行なっても、トロール一回分のプラスチックさえ採集されないだろう。だからここに道がある。プラスチックとプランクトンの比較でデータを強調するのだ。すでにプラスチックと動物プランクトンの比率は六対一だという驚くべき数字を得ている。

渦流海域は貧栄養域、つまり栄養が乏しく海洋生物も乏しいという定評にもかかわらず、不毛の海域ではない。トロールでは、大量の動物プランクトンが採集された。小さな生物にとってプラスチックのかけらは、海面というバイキング食堂のメインコースのようだ。そして、海洋小動物も捕食される。捕食したものも捕食され……、と続いていく。

私たちはプラスチックを、あたかもバイオマスのようなものとして見ることにする。こうすると、科学的に正当な方法で、人間の出すプラスチックごみと食物連鎖を関連づけられる。摂食をしているという主張はしない。それは私たちの調査の範囲外だ。しかし摂食の可能性は指摘できる。サンプルのひとつで採集した大きなサルパ、オオサルパについて取り上げることにする。手のひらくらいの大きさの、透明な寒天質の管状で、プラスチックのかけらやポリプロピレンの釣り糸が内部にも外部にも散らばっていて、まるでごみのパレードの情けない山車《だし》のような生物である。

実害を証明する

こうして実害、それが無理でもせめて害の可能性が論文記述の目標になった。スクワープの資料庫で資料をあさっていると、海洋ごみについてまえからたくさんの報告があったことに驚く。

調査は一九六〇年代にコアホウドリから始まっていて、その後オットセイ、ウミガメ、そしてアホウドリのほかにもたくさんの海鳥、多くの海棲《かいせい》哺《ほ》乳類《にゅうるい》が調査対象になっていた。一九八七年には野生生物への影響に関する調査研究がさかんに行なわれ、注目を集めた。翌年に海洋および沿岸海域へのプラスチック、およびその他のごみ投棄を禁止するマルポール条約付属書Vが発効したことは、偶然ではないのかもしれない。

「害」の証明は、じつにハードルが高い。遺棄された魚網や釣り糸がからまって溺死にいたる「ゴーストフィッシング」の害については、明らかで、異論が出ることはない。しかし摂食による害の証明は、まだわからない点も多い。プラスチックを食べる海鳥は、消化できないものを食べていない海鳥に比べやせていて、繁殖の成功率が低いのは調査ずみだ。さまざまな種類の海鳥に、それぞれ好みの色のプラスチックがあることがわかっている。自然の餌の色に類似しているのだろう。コアホウドリは使い捨てライターとボトルキャップがお気に入りのようだが、おそらく好物のイカに似ているからだろう。

これらの論文の中で、使い捨てライターの製造を減らそうとか、消化できる素材にしようとか、赤以外の色を使おう、などといった主張はされていない。プラスチックボトルのキャップを、炭酸飲料やビール缶のプルタブのようにつなげておく「革紐法」〔飼い主の所有地以外では、犬は革紐でつないでおくべしという条例〕制定の要請もない。

一九九〇年代末には、ハワイ北西に位置する岩だらけのミッドウェー諸島で毎年十万羽以上のコアホウドリの幼鳥が死んでいる。その死骸《しがい》は腐って、腹腔内のプラスチックをさらしている。幼鳥の命ははかないが、内容物は永遠に残る。しかし、幼鳥が直接プラスチックによって殺されたと結論づける研究はない。他の死因を排除できないからだ。たとえば、古い軍事施設にあった鉛かもしれないし、親鳥が餌を与えられなかったのかもしれない。他のすべての要因が排除できないかぎり、害を証明することはできない。さらに、絶滅危惧種でも、絶滅危急種でもなければ、経済的コストがかかる場合などとくに、それに対して行動を起こすほどの害とみなされるかどうかは疑問だ。

多くの調査は、焦点が上位の捕食者に当てられていた。アザラシ、海鳥、カメ、クジラ目(イルカやクジラ)などである。つまり、海洋食物連鎖の頂点の動物が海洋ごみと非常に関わりのあることは、よく認識されている。だが食物連鎖の底辺は、未調査のようだ。

こうして、論文の概要の書き出しが決まる。「外洋の濾過摂食動物によるプラスチック片摂取の可能性を、表層のプラスチックとプランクトンの量の比較から推察した」。最初のパラグラフではやや大胆に、こう主張する。「海洋ごみは審美的問題にとどまらず、摂食と漁具によるからまりを通して海洋生物の脅威となっている」。結論は、浮遊物が遠隔の外洋海域の渦の中に蓄積されているという海洋理論を裏づけられることになるだろう。

私の探究は三つの目標をクリアしなくてはならない。まず、科学的に正当であることを証明して考えを聞いてもらう。次に、微小なプラスチック片も大きな塊と同じく、人の手が入っていない原初の海洋環境に大量に散らばっていて、おそらく食物連鎖に入りこんでいることを示す。そして、今頭の中で形をとりはじめているキャンペーンや撲滅運動をくり広げる。海洋の真ん中のプラスチックごみを、「去る者日々に疎し」の闇から、最前列の明るみへ引き出すのだ。

第8章

パッケージ黄金時代

そして人間は、ポリ袋とブリキ缶とアルミ缶とセロファン紙と紙皿を作り出した。そのおかげで、車に乗って出かけ一か所ですべての食料を買うことができるようになったので、それはよいものだった。そしてそれを冷蔵庫の中に保存して、まだ食べられるものはとっておき、もう利用できそうにないものは捨てればよいのだから、とても簡単でよいものだった。そしてすぐに地球はポリ袋とアルミ缶と紙皿と使い捨てボトルでいっぱいになり、座る場所もなければ歩く余地もなくなり、人間は頭を振ってこう言う。「何だ、このめちゃくちゃな散らかり方は」

――アート・バックウォルド、一九七〇年

外洋で見つかるプラスチックのうち、原形が完全に残っている物体としてはポリプロピレンのボトルキャップがいちばん多く、コアホウドリの幼鳥の胃で見つかる識別可能な物体の第一位でもある。ボトルが今ほど大量ではなかったころは、金属のキャップやふたで食べ物や飲み物を詰めたガラス瓶を閉めていた。しかし、今ではプラスチックのキャップが毎年大量に作られる。

もしもパッケージングの実態を知りたければ、インターネットの企業広報を見るのがいちばんよい。二〇一一年初め、foodproductiondaily.comに新しい市場分析の結果が載った。その表題は、「キャップおよびふたの市場は二〇一四年には四百億ドルに近づく」だった。大部分が労働力の安い国で生産され、価格はほとんどゼロだ。かなり確実な根拠に基づいて、キャップとふたは年間一兆個生産されていると推定できる。今では年間五百億本製造されるボトル入りの水がよりどりみどりだ。そして、一九七〇年にはゼロだったレジ袋が、二〇一一年には五千億枚になった。一兆だという説もある。

パッケージの隆盛

プラスチックは経済成長の動因でもあり、結果でもある。アメリカでは、製造産業の上位五社はプラスチック業界と化学業界が占める（二〇〇〇年代初めのピークに比べれば、海外移転とオートメーション化で三割減っているにもかかわらず）。しかし世界では、プラスチックと密接に関わるパッケージ業界がプラスチック業界以上に巨大で、食品業とエネルギー産業に次いで第三位を占める。

他の巨大企業に比較すると、パッケージ会社は存在感が希薄だ。公《おおやけ》に宣伝はしないし、エンドユーザーは消費者ではなく小売業者で、消費者はパッケージを買うのではなく内容物を買う。ただしパッケージと内容物は切り離せない。パッケージには、内容物を入れるだけでなく、買い物客をひきつける役目もある。

農家の生産品を除けば、私たちが買うものはすべて容器に入っているか、箱詰めされているか、その両方である。たとえば、フェイスクリームの瓶やシリアルの袋は、さらに箱に入っている。パッケージ素材の五三パーセントがプラスチックだが、重量では紙がかなりの量になる。アメリカでは、毎年埋め立てられるごみの三分の一がパッケージである。八三〇〇万トンで、これは空《から》のトレーラー六百九十万台と同じ重量である。環境保護局によると、固形ごみの中では最大のカテゴリーになる。

アメリカの一日のごみの量は、一九六〇年のひとり当たり一・二キロから、二〇〇八年の二キロになぜ増えたのだろうか。六〇年にすべての自治体の固形ごみを合わせると八八〇〇万トンだったが、二〇〇八年には二億五〇〇〇万トンになっていて、しかもそれは環境保護局の報告によるリサイクル率三〇パーセントでの数字だ。プラスチックのリサイクル率は地域によって非常に異なるが、平均ではなんと一三・二パーセントという情けない数字で、もっともリサイクル率の低い素材となっている。いちばん成績のよいのは紙とダンボール紙（六五・五パーセント）で、次がスチールとアルミ（五〇パーセント以上）、そしてガラス（三一・三パーセント）という順だ。

一九六〇年にプラスチックはすべてのごみの〇・五パーセント以下だったが、八〇年には四・五パーセントに上昇し、二〇〇八年には重量では一二パーセントとなった。環境保護局はより重要な数値である体積を公表していないが、カリフォルニア州がそのヒントを提供してくれる。埋め立てられるごみの中で、プラスチックは容量で二位だという。もし生ごみのコンポストが推進されれば、いずれプラスチックが一位になるだろう。

パッケージング・プロフェッショナル協会によると、パッケージとは「内容物を入れ、保護し、保存し、輸送し、情報を発し、販売する」ためのものである、という。また、内容量のコントロールもパッケージングの重要な要素である。では、数兆ドルの値の包装とその廃棄に、だれが金を出しているのか。消費者、納税者である。だれが儲けているのか。製造者、発明者、急速に民営化が進む自治体ごみの請負業者である。業界用語では、包装費用はエクスターナライズ——外付けされるといわれ、すなわち価格に上乗せされて消費者が負担することになっている。

アメリカ最大のごみ処理会社ウェイスト・マネージメントは、フォーチュン五百社〔経済誌「フォーチュン」が毎年掲載する全米売り上げ上位五百の企業リスト〕の百九十六位で、資産はほぼすべての州に存在する埋立地など総額二百十億ドルで、二〇一〇年の利潤は十億ドルだった。知らなかった読者のために記すと、ごみは商売になるのだ。ウェイスト・マネージメントなどの会社は、私たちの経済システムに不可欠である。もし、ごみがすぐに運ばれず、家にたまったり、通りにまかれたりしたら、私たちは物の捨て方を変えるかもしれない。けれど、「去る者日々に疎《うと》し」なので、消費と破棄のサイクルは力強く守られ、利益を生み、維持される。

食品業界では

第二次世界大戦はいまだかつてないほど大規模の生産システムを作り上げ、その製造能力は戦後の、そして大恐慌後の消費者の需要を上回ったことは前述した。そこで企業のマーケティング担当者たちは、消費者を眠ったような倹約生活から引きずり出し、買って、使う気分を煽《あお》り立てるのが仕事になった。彼らの天才的手腕は品数を増やすことだった。歯みがきであれ、シャンプーであれ、シリアルであれ、缶詰のスープであれ、あらゆる製品の姉妹品が果てしなく増え、スーパーの棚に並んだ。それらのほとんどは、もうあきられた古い商品に代わる新商品、もしくは改良品である。すべて色鮮やかで、ぴかぴかのパッケージに入れられる。マーケティング担当者は、急速に普及したテレビという力強い武器を利用して、新奇さを求める心を植えこむ。健康、衛生、育児に対する新しいとらえ方を吹きこみ、美と身だしなみの新しい規範を流布させ、社会的野心をたきつけた。

たとえば昔からあるウェルチのグレープジュースはどうか。始まりは一八六九年、ニュージャージーのトマス・ブラムウェル・ウェルチという博士が「未発酵のワイン」を教会の聖体拝領のために低温殺菌して、瓶詰めにする方法を発見したときだ。この製品は爆発的に売れたわけではないが、息子はジュースの安定したマーケットを見出し、ケロッグのコーンフレークのように、その健康効果を宣伝した。ウェルチは一九五六年以降、農業協同組合のような形態で操業しており、よい時代も悪い時代も生き抜いてきた。商品のラインアップを増やし、子どもと健康志向をとりこめば、商品は売れると知っていたからだ。

一九五〇年代には、グレープジャムを製品リストに加え、白、紫の両方で発泡タイプのジュースを新発売した。ジャムの容器はコレクターズアイテムとなり、第一号は五〇年のハウディ・ドゥーディ〔子供向けテレビ番組の主人公〕だった。ジュースは五五年にミッキーマウス・クラブ〔ウォルト・ディズニー制作のテレビ番組〕と提携し、ジャムは二〇〇二年にポケモンと手を組んだ。二〇〇三年になると、ジュースはポリプロピレンのボトルやパウチに一回分ずつ入れられるようになった。ジャムは濃縮ソースとなって、押すとへこむプラスチックのボトルに入れられるようになり、二〇〇二年には売り上げは前年度の五割増しとなった。

しかし、それで終わりではない。フルーツスナックが登場し、次には本物のぶどうの房がメタンガスを吸収するプラスチックフィルムの袋に入れられて売られる。健康志向のおかげで有機ジュースが注目を集め、「スーパーフルーツ」〔アサイー、アムラ、カクタスフルーツなど、すぐれた抗酸化力を持つとされる果物〕がブレンドされたタイプ、繊維やカルシウムを添加したジュースなどが次々と販売される。ウェルチは今や三十五か国で四百種の製品を販売する、アメリカが誇る優良企業である。

一九五〇年代に入るころ、「ライフ」誌の「使い捨て生活」の写真に写っていた使い捨て商品は、便利で時間の節約になり衛生的であると宣伝されるようになった。これはすべてよい面である。金銭の節約より、時間の節約のほうが大切になったのだ。使い捨て商品により工場は景気よく稼働しつづけ、労働者は働きつづけ、利益は増加しつづけ、家族は豊かさと社会的上昇気分を堪能《たんのう》した。一九六〇年代末には堰《せき》を切ったように女性が職場に進出しはじめ、時間はさらに不足し、利便性はさらに評価された。食事は使い捨て容器に載せられたものを急いでとるようになり、それはテイクアウトだけでなく、デリカテッセンの料理や、温めるだけで食べられる冷凍食品にも広がる。

ファーストフードは、とりたてて新しいものではない。古代ローマでも路上でパンやワインが売られていたし、中世の巡礼者は聖地への旅の途中で半円形のパイや丸パンを買って食べた。イギリス人は、一八〇〇年代末からテイクアウトのフィッシュアンドチップスを食べている。ホワイトキャッスル〔アメリカ初のハンバーガーチェーン店、そのハンバーガーはスライダーと呼ばれた〕がスライダー帝国を創設したのは一九二一年だ。

けれど昔のファーストフードは、発泡プラスチックの容器に入れられて、ポリスチレンの用具とともに供されたわけではないし、飲み物はポリエチレンを染みこませた紙コップに入れられて売られたわけではないし、それを毎年のビーチのクリーンアップで何百万本も見つかるポリプロピレンのストローで飲んだわけでもない。

手軽な食べ物が市場に出はじめたころ、一九五〇年代に登場した冷凍ディナーやポットパイ〔煮込み料理にパイ皮をかぶせた料理〕は、とてもエキゾチックに感じられた。ひいき目に見てもそれらは本物の類似品だが、たしかに不思議と特別な感じがした。倹約家の私の母は、それらの商品に使われていたアルミの皿やパイの金属製の型を洗って食器棚にしまっていたが、そんなことをしてもむだなことに気づいて、ある日すべて捨てた。家庭の冷凍庫には、その他にもいろいろな商品が入るようになった。フレンチフライ、白身魚のフライ、「ボール紙」のようなピザ、そしてある日突然もう一台、棺桶《かんおけ》ほども大きい専用フリーザーがガレージでうなりを上げるようになる。

それはまだ、価値観が大きさと結びついていた時代の話だ。シリアルなら、各種のミニパックの詰め合わせより大箱を買うほうが割安だった。けれど、今ではそうではない。人々はかつてないほど金銭と時間を同等にみなしている。食事の支度をするために時間を費やすのは、時間の浪費と思われている。新鮮な食材を使ってすべて手作りするのは、退廃的な、食べ物に凝《こ》る人間のすることだ。

そのうえ、私たちは家庭で夕食のテーブルを囲むことをやめてしまっている。「個食化」である。家族のあいだでも、それぞれの好みとスケジュールが優先し、食事はテレビやコンピュータ画面を見ながらひとりでとることが多くなった。家族との食事の場所はレストランに移り、それぞれの好みの料理を注文する。家族の数も減り、ひとり暮らしの人の数が人口統計上最大の伸びを見せている。一九八〇年代、電子レンジ加熱可能なプラスチック・プレートに載った「ヘルシーメニュー」が、冷凍食品売り場に登場する。家庭にとってはこういう食事は割高だが、ひとり暮らしの人や、調理ずみ料理で量をコントロールしたいダイエット中の人にとっては最適だった。

食品業界は、付加価値商品という金のなる木をつねに追い求めている。錬金術のようなものだ。小麦粉、砂糖、食物繊維を少々、強化ミネラルを数種といったありきたりの安価な材料をとりまぜ、ぴかぴかのパッケージに包み、人生を変える品だと吹聴《ふいちょう》する。食べ物がパワーバーとかチキン・コルドン・ブルー〔ハムとスイスチーズを鶏肉に詰めた料理〕などといった複雑な形態に変わると利潤は驚異的で、ごみ箱もいっぱいになる。食品会社というところは、最新の「科学的」発見をすぐに適用するものと期待していてよい。オートブラン、カルシウム、ビタミンD、トランス脂肪酸ゼロなどを次々と取り入れて新商品を開発し、もちろん新しいパッケージに入れる。

レジ袋の害

アメリカ経済は、今や「円熟」期を迎えたと考えられている。食料・飲料関連のすべての産業の成長率は、現時点では二〇〇〇年以前に比べると慎ましい。けれどそうではない国もある。たとえばインドでは、上昇以外の進む方向はない。外資がなだれこんでおり、投資先の多くが、

foodproductiondaily.com によると、次の五年間で倍増が予想される食品加工産業である。食品が加工されるということは、よりパッケージが必要とされることを意味し、そのほとんどがプラスチックである。世界の人口は七十億に達し、その全員が食べなくてはならない。これは大きな問題ではあるが、食品業界にとってはかつてないほどのチャンスである。

　スーパーやディスカウント店、そして自然食品店でさえ、中を歩くとポリエチレンなどのプラスチック類の世界に入りこんだようだ。農産物売り場では、少なくとも果物や野菜の半分は袋詰めされたり、ポリエチレンのフィルムに包まれたりしている。一部は、発生するエチレンガスを吸収して外皮の寿命を長引かせる工夫がしてある。それ以外は、透明のポリエチレンの袋に自分で入れる。ロールから切り離して袋をとる仕組みは一九六六年の画期的発明で、それはレジカウンターで渡される袋が紙からプラスチックに変わる十年以上まえのことだった。

　見わたすかぎり、プラスチックのパッケージがない場所はない。パン売り場、肉売り場、乳製品売り場、飲み物の通路、薬品売り場（多くの医薬、とくに徐放性《じょほうせい》のものは重合体でコーティングされている）、そして身だしなみ用品、洗剤など。冷凍食品売り場では、紙のパッケージがプラスチックより多いように見えるが、よく見てほしい。紙はポリエチレンを染みこませて、湿気に強いようになっているのだ。ほとんどの缶詰はビスフェノールAを重合させたエポキシ樹脂で内側を被覆《ひふく》してある。朝食用の箱入りシリアルは例外だと思うかもしれないが、箱の内側には高密度ポリエチレンもしくは、グラシン紙が使われている。グラシン紙は高圧で蠟《ろう》を染みこませてあり、蠟はパラフィンであり、パラフィンはポリエチレンと同じ原油の成分から作られる。

　ポリエチレンフィルムの用途は、食品にとどまらない。農家では温室の覆いとなり、遮光《しゃこう》クロスとなり、雑草防止シート、黒もしくは透明のマルチ〔根囲い〕にもなる。運送業では積載物の保護や、荷運び台に載せる荷をくるむのに利用する。建設業では湿気を防ぎ、地上に露出したプールの補強に利用し、広大な埋立地でも同様に利用される。

　海洋ごみは、陸地でのプラスチックの利用状況を反映する。アルギータで採取したサンプルには、ポリエチレンフィルムの切れ端が断然多い。ポリフィルムは、他のどの種類のプラスチックよりも散らばりやすいが、理由は明らかだ。ポリフィルムの切れ端の大部分は、きわめて軽いレジ袋（別名、都会の回転草）で、それらは風がはらむのを待ちかまえている小さな帆のようなものだ。多くはごみ収集の過程で抜け出る。ふたがなくてあふれ出ていることが多い公共のごみ箱、ごみ収集車、埋立地が、事実上プラスチックごみを散乱させていると言える。

　カリフォルニア州は二〇一〇年に、もう少しで超軽量のレジ袋を禁止するところまでいったが、アメリカ化学協議会が強力な巻き返しに出て、州議会議員に対する陳情をくり広げ、これを頓挫《とんざ》させた。カリフォルニアのハイウェイの管理維持に当たるカリフォルニア運輸局は、年間千六百万ドルをポリ袋だけの排除に費やす。カリフォルニア州の集計では、一年に百九十億枚の使い捨て袋が手渡されていて、その五パーセントだけがリサイクルされる。

バングラデシュでは、一日に九百三十万枚の袋が通りにさまよい出ていることが、調査で判明した。それが暴風雨のさいの排水路を詰まらせるので、モンスーンによる洪水は規模が拡大し、飲料水媒介の致死性伝染病が蔓延《まんえん》する。二〇〇二年、バングラデシュではポリ袋が禁止された。薄いポリ袋は、中国、ムンバイ、南アフリカ、エリトリア、ルワンダ、ソマリア、タンザニア、ケニア、ウガンダでも禁止されている。

ペットボトルの広がり

使い捨てプラスチックの両雄、レジ袋と飲料ボトルに対する流れは変わっているように見え、たしかにさんざん批判されてはいるが、あいかわらず利用される量は膨大《ぼうだい》である。たとえば、ボトル入り飲料水だ。これは一大ブームを巻き起こしたかと思ったら、あっという間に下り坂になっためずらしい商品である。皮肉なことに、健康志向がボトル飲料水の売り上げ上昇にひと役買ったといえる。まず一九七二年に環境保護局が、一部の自治体の水道水の安全性に問題があると報告し、環境グループが乗り出してボトル詰めの水を飲むのが安全策だと発表した。当時水は四リットル入り容器、もしくは二〇リットル入りガラス製かポリカーボネート製の冷水機用ボトルで売られていた。

八〇年代初めになると、ジェーン・フォンダをそのシンボル的存在とするフィットネスブームが起こり、水による浄化作用が注目された。一日にコップ八杯の水を飲むことが奨励され、忙しくてもそれは新登場の一リットル入りのエヴィアンボトルでクリアできた。美容雑誌はさっそく時流に乗って、つねに水を体内に取り入れれば、しっとりした若々しい肌が約束される、と謳《うた》う。ヨーロッパ、とくにフランスではレストランでつねに、ガス入りもしくはガスなしのボトル入り水が供される。ヨーロッパの洗練された習慣がアメリカに流れこみ、ボトル詰めの水が受け入れられたのだ。水自体のわずかなコストを考えると、飲料会社そして、樹脂提供会社が、そのトレンドに飛びつくのに時間はかからなかった。

成長率は指数関数的だった。一九八五年にはアメリカ人は、平均で一年に二〇・四リットルのボトル詰め飲料水を飲んでいた。これらは大部分が輸入品で、冷水機用の水だった。だがそのたった五年後の一九九〇年、数値はほぼ倍のひとり当たり三四・八リットルとなる。二〇〇〇年にはふたたびほぼ倍増して六七・四リットルとなった。さらに二〇〇六年にかけても飛躍的に伸び、一〇四・五リットルに達する。

清潔で純粋な水、というアイデアは、はじめはすてきに見えた。ところが、ペットボトルが道路わき、河川、ビーチ、海洋などに、驚くほどの数で現れはじめると、邪《よこしま》なことに見えはじめる。リサイクル用にペットボトルを受けつける公共の場所の数は、不安を覚えるほど少ない。推定でペットボトルの三分の一がリサイクルされるが、多くは中国に向けて送られ、繊維に再処理される。アメリカから中国に向けての輸出品目なのだ。

やがて、ボトル詰めにされる水の品質に対する疑問、水資源の利用法の倫理的問題といったマイナス要因での反発が来た。ボトル詰め水の消費は、二〇〇七年のひとり当たり一〇九・八リットルを頂点として、次の二年間は数パーセント減少に転じた。これとともにリサイクル率も落ちているのが、なんとも不思議な現象ではある。しかし、世界の他の地域、とくに途上国ではボトル詰め飲料水の市場は拡大しつづけている。飲み水の供給が十分でない地域が多いことが、大きな理由だろう。

この混乱した世の中では、投資家を喜ばせることは環境保護主義者を悲しませる。アメリカで唯一のパッケージングを専門に教える学校、ミシガン州のスクール・オヴ・パッケージングのウェブサイトを見ると、コカ・コーラ社がいかに自社の仕事を美化しているかがよくわかる。学校はコカ・コーラ社から「持続可能な」容器開発のため、四十万ドルの寄付金を受けていて、それを述べたあとに次のような文章が続く。

コカ・コーラ社は世界最大の飲料製造会社で、消費者に四百五十種以上の発泡タイプ、非発泡タイプの飲み物を提供しています。世界でもっとも評価の高いブランドであるコカ・コーラ®のほかに、十億ドル級のブランドを十二種製造しています。(中略)世界中にめぐらした飲料配送システムにより、二百以上の国の人々がコカ・コーラ社の飲料を、毎日十五億本楽しんでいます。コカ・コーラ社は持続可能なコミュニティを創造することをめざして、環境を守り、資源を保護し、経済的発展をうながす努力を続けてまいります。

底なしに潤沢《じゅんたく》な資金を持つコカ・コーラ社は、ミシガン州のプログラムだけでなく、アメリカリサイクル連合、海洋保護センター、国際連合の世界の水問題、といったグループに自由自在に資金を提供する。コカ・コーラ社のウェブサイトには思いやりに満ちた、不明瞭なエコ用語がちりばめられている。「社会的責務」「共同作業」「協力関係」「流域保護」などだ。このような姿勢に最適の言葉がある。グリーンウォッシュ〔環境保護への支持を示すために企業が行なう広報活動〕だ。しかしこれらの付け焼刃の冗長な文句では、社会的責任を自覚する一部の投資家をなだめることはできなかったようだ。飲料缶の内側にビスフェノールAを使いつづけることへの疑問を呈され、回答を要請されたが、コカ・コーラ社は一貫して回答を拒んでいる。

ここにもうひとつ、明るくて暗いニュースがある。リサーチ会社のフリードニアは「食品加工業に関わる使い捨て商品」の需要は、二〇一三年まで年間四・八パーセントずつ増えるだろうと予測している。これは年間四百八十六億ドルの売り上げに相当し、そのほとんどがリサイクル不能な商品である。アメリカが断然トップの消費国だが、ここでの増加は意外と少なく、キャップやふたに関しては、中国と他の途上国が実質的な増加のもとである。

経済発展は、労働時間が長くなり、余暇がなくなり、利便性に価値がおかれるようになることを意味する。フリードニアの表現では「スピーディーな外食産業の発展」が、その利便性を提供する。テイクアウトフードの販売店は、使い捨て食器の主要な消費源である。フリードニアによれば、「プレッシャー」が高まってポリスチレン容器は廃《すた》れ、生物分解性のしゃれた使い捨て食器（より高価で、すなわち市場価値がより高い）が選択されるようになる、という。ポリスチレンは、もちろん硬く（プラスチックのフォーク、スプーン、ナイフ）もなるし、発泡タイプ（ハンバーガー用持ち帰り容器、ホットドリンク用カップ）にもなる。

明るいニュースは韓国からで、スターバックスがくり返し使えるマグカップを全体の三〇パーセントにすることをめざしている、という。

企業がめざす「持続可能性」とは

企業の環境保全努力を非難するのはまちがいだ、と思うかもしれない。彼らが環境を守る生活スタイルを創出してくれる、と考える人もいるかもしれない。たしかに環境保全運動はだれが行なおうと奨励すべきだが、企業の場合は自分たちの商品の消費を減らしてくれるよう言わないかぎり、その努力は本物ではない。そしてそれは、絶対に起こらない。

コカ・コーラ社は一九七〇年に、炭酸飲料に対するペットボトルの使用を他に先駆けて開始した。今では世界中で毎日十五億本を提供していると誇らしげに言う。すべてペットボトル入りだ。食品、飲料など何を製造するのであれ、製造会社にはダーウィンの法則が働き、成長しなければ消滅する。環境保全努力はうわべだけだ。

一九九〇年のうれしいニュースは、マクドナルドが発泡ポリスチレンのハンバーガー容器の使用をやめたことだ。これはオゾン層を破壊するフロンを使用して製造される。ただし硬化ポリスチレンの用具やソースの小袋、プラスチックストローは使用しているし、毒性は低いものに替えたが発泡ポリスチレンは使用している。つまりマクドナルドは、安い食べ物を提供しながら、環境保護運動の「緑《グリーン》」を「金」に変える方法を見つけた、といえるのではないか。ウェブサイトではリサイクル繊維を利用した新しい包装を喧伝《けんでん》し、リサイクル努力、堆肥化努力を強調する。地域によっては揚げ油をリサイクルして、配達時の軽油の足しにしている。全体でパッケージごみの総重量は半分になったという。これはうれしい知らせだ。

地元のマクドナルドに、最近ではどのように商品を提供しているのか自分の目で見に行くことにした。コーヒーを頼むと、紙のカバーを巻いた発泡ポリスチレンのカップに入れて渡してくれる。上に載っているふたはリサイクルできないポリスチレンで、スプーンもリサイクルできない。アイスクリームは、ドーム型のふたのついた透明のポリプロピレンの容器でもらう。これはリサイクル可能だが、たいしてされていないのではないだろうか。ごみ入れはプラスチック、紙、他の堆肥化可能物と分別にはなっていないのだ。朝食のマックマフィンはまだ発泡タイプの容器に入ってくるそうだが、これは「よい」種類だそうだ。マクドナルドは二百二十九か国の三万六千店舗で、毎日四千七百万人の顧客に食べ物を提供しているという。地球の表面を覆うプラスチック層（と顧客の脂肪層）を、さらに厚くする役目に邁進《まいしん》しつづけているのだ。

最近のパッケージングの傾向をさぐるために企業のメルマガを見ると、「持続可能性」という言葉がつねにページの上にあるのが目につく。この言葉は油断がならない。響きはいいが、企業はその言葉の定義を忘れがちで、商品に持続可能性がないのを隠すために使うのがしばしばだ。

持続可能容器連合（ＳＰＣ――Sustainable Packaging Coalition）は、ウィリアム・マクダナーとマイケル・ブラウンガートが創設した環境保全グループ、グリーンブルーから分かれて生まれた。マクダナーとブラウンガートは『サステイナブルなものづくり――ゆりかごからゆりかごへ』の著者であり、その概念の生みの親としてよく知られている。地球上のすべての製品に毒性がなく、「アップサイクル」製品としてデザインされることをめざしている。創設メンバーは豪華な顔ぞろいで、アヴェダ／エスティ・ローダー、ダウ、カーギル（ネイチャーワークスのオーナー）、ナイキ、スターバックス、ユニリーバなどだ。これらの会社は、ウェブサイトにＳＰＣのロゴを掲げている。ＳＰＣでは、持続可能なパッケージの定義を次のとおりに定めている。

●個人とコミュニティにとって、ライフサイクルを通して有益、安全、健康によいこと。
●性能とコストの両面において、市場の基準に合致すること。
●資源確保、製造過程、輸送過程、リサイクル過程で再生エネルギーを利用していること。

●再生可能、もしくはリサイクル材料を最大限利用すること。
●クリーンな製造技術と操業により製造されること。
●考えられるすべての段階において、生命にとって健全な材料から作られていること。
●材料とエネルギーを最大限に利用できるようなデザインであること。
●生物学的サイクルの中で、効率よく再生または利用できること。

一般消費者向けに商業活動をする会社は収支決算に細心の注意を払わなくてはならず、それ相応の利益を生まない設備投資はできないので、これはたいへんむずかしい注文だ。もちろんこの基準は、SPCの援助のもとにめざす努力目標で、達成できなくても除名されるわけではない。このような流れの中に多国籍企業を加え、SPCの理念を広めていくのはとてもよいことだ。多くの大企業には、環境保全に貢献できる方法がないか専門に考える社員がいる。企業のウェブサイトで、「持続可能」という言葉が載っていないものはひとつもないと言っていいだろう。そして妙ではあるがとてもラッキーなことに、企業の環境保全努力は利益のアップにつながるのだ。ユニリーバの最高経営責任者ポール・ポールマンが二〇一〇年十一月に発表した、成長と環境への影響を「切り離す」野心あふれる計画を見てみよう。

持続可能性へのチャレンジは、持続的成長への新しいチャンスであることをわれわれは見出している。わが社のブランドへの選択を高め、小売先との取引を増やし、イノベーションの意欲を高め、市場シェアを押し上げ、多くの場合で経費削減にもつながる。

ユニリーバが善良な意図を持ち、努力をしていることは認めるものの、ポールマン氏の声明を次のようにおきかえてみたくなる。「株主のみなさん！　この持続可能ってやつで、すごい山を当てられますよ！　われわれが持続可能でやっていると聞いたら、客は大喜びでどんどん買ってくれます。イノベーション！［イノベーションも魔法の言葉である］そうです！　そしてここが肝心なんだけど、包装や容器をシンプルにするために、まっさらの材料と水とエネルギーの使用［と人的労働力、なぜならシステム改変でオートメーション化するため］が減れば経費が削減され、利潤は上がるんですよ」

テトラパックは環境にやさしいか

ここであたりまえのことを述べなくてはならない。ガラスはプラスチックと同様の「遮断防御」効果を持つが、より重く、壊れやすい。紙は乾いたものか、冷凍したものにしか使えない。そもそも、冷凍食品に使用される紙はたいていポリエチレンが染みこませてある。また、紙は不透明である（セロファンは紙とプラスチックの中間の物質ととらえられる。天然の繊維から化学的に作られていて、生分解する）。金属はプラスチックより高価で、比較すると希少である。プラスチックは安く、驚くほど用途が広い。プラスチックがなければ世の中はまったくちがっているだろうし、経済も然《しか》りだ。

フリードニアは、プラスチックパッケージに対する需要は、二〇〇九年の四九〇万トンから約二〇パーセント増加して、二〇一四年には五六三万トンになるだろうと予想している。数値は気が遠くなるほど大きい。この増加は、新機軸包装の登場によるものだろうという。食品をより長く貯蔵できるよう工夫されているもの、くり返し密封できるもの、電子レンジ使用可能なものなどだ。

たしかに、変幻自在なプラスチックは、紙や他の素材より機能が断然すぐれている。けれど最近では、消費者に選択肢があることはまれだ。大型の電子機器は、こちらが望まなくても、ポリエチレンフィルムでくるみ、型になった発泡プラスチックにはめ込んで押さえ、頑丈なダンボールに梱包されて届けられる。また、金属被覆をしたプラスチックという新手の巧妙な災厄が登場している。スナック菓子の袋に使われるこのタイプのパッケージの切れ端が、海岸でかさかさ音を立てているのを私はよく見かける。

食料がある地域から別の地域へと船で運ばれるときに注意すべき点は、重量や新鮮さだけではなく、食べ物の安全性と腐敗である。ヨーロッパ・プラスチック工業会によると、プラスチックパッケージのおかげで「農場から食卓へ」の途上の損傷は、わずか五パーセントにおさえられている。これが途上国では五〇パーセントにもなるという。

昔からずっと、植物由来で一〇〇パーセント生分解性の包装に頼ってきた、ごみ収集システムのない地域の人々の生活に、プラスチックが入りこんでいるのを正当化するために衛生管理学が利用されているのを知ると悲しくなる。実態は、東アジアの川にごみの島が出現しているのだ。使い捨てプラスチックが途上国に流れこみつづければ、今のところはまだ神話とされている、渦流のプラスチックの島ができ上がるだろう。国連環境計画のディヴィッド・オズボーンは、ブリュッセルで開かれた欧州委員会の海洋ごみ投棄に関するワークショップで、プラスチック包装にアメリカのタバコのラベル表示と同様のものをつけてはどうかと提案していた。「プラスチックのごみ投棄は野生生物に窒息、飢餓、拘禁などの脅威を与える」と記すのだ。

似非《えせ》環境保全の白眉《はくび》は、スウェーデンのテトラパック社〔牛乳などの紙パックの製造会社〕だろう。つい最近まで、テトラパック社は世界最大のパッケージ会社だった。テトラパックの発明者ルーベン・ラウジングはスウェーデン一の金持ちで、一九八三年に亡くなっている。

テトラパックは基本的にニッチ製品で、今でも感嘆に値する。材料工学の奇跡といえる。究極のハイブリッドなのだ。六枚の非常に薄い低密度ポリエチレン、紙、アルミ箔を重ね、過酸化水素の霧で消毒し、乾かし、切断し、折り曲げ、瞬間低温殺菌をした液体を底から注入する（雑菌混入の恐れがある牛乳などの場合は超高温殺菌法を使って病原体を殺すが、栄養分は損なわれない、と製造会社は主張する）。直方体の紙箱は運搬用ケースに詰めても、隙間ができない。スープの缶詰やワインのボトルではこうはいかない。そして軽量で、密封性がよく、光をさえぎって中身を保護する。棚に置いても一年以上、形が損なわれない。自然食の販売店は環境意識が高いが、なぜか無造作に、さまざまな牛乳以外の乳製品（大豆、米、アーモンド、オーツ）、オーガニックスープがテトラパックに入れられて並んでいる。名の通った箱入りジュースはみなテトラパックで、ビーチのクリーンアップ〔清掃活動〕では、付属の小さなストローとともにおなじみのアイテムである。今ではテトラパックに入ったワインも登場し、剝ぎとるプラスチックのキャップも砂浜のゴミに混じる。毎年二百二十億個のテトラパックが生産されるという。

テトラパック社は市場向け資料で、材料の持続可能性をさかんに主張している。原材料の紙は、可能なかぎり管理されている森林から調達する。製品全体に占めるパッケージの重量比は四パーセントでペットボトルより小さく、ガラス容器の比ではない。そしてリサイクル可能である。

たしかにテトラパック社は紙パックをパルプ状にし、紙以外の材料と分けてトイレットペーパーにする技術を開発している。ただ、この技術はどこででも利用できるわけではなく、アメリカではフロリダに国内唯一の施設があるだけだ。最近行なわれたテトラパック社の持続可能性に関するツイッター会議で、ひとりの参加者が紙パックのリサイクル率はどのくらいかと質問した。会議の題名から考えて非常に奇妙なことだが、そのデータはないという返事だった。ヨーロッパでは三〇パーセントとされ、アメリカではそれより低い。よい面としては、テトラパック社によると、紙パックは埋立地で占めるスペースが他の容器より少なくてすむ、という。

地球にとって紙パックの脅威は、海洋に流れ出る危険のあることだ。そこで水浸しになって海底に沈む。海底は脆弱で、侵されやすい居住環境であり、必須の環境調整作用である自然のガス交換が行なわれている場所でもある。

パッケージにリサイクル材料を少しでもふくませていると、その企業は環境保護運動に関わっていると吹聴する。つねに製品を紙、金属、ガラスなど、リサイクルが簡単な材質で包装してきた会社と同じようにそう言う。フリードニアグループによれば、環境にやさしいパッケージは成長しつづけており、まもなく四百十七億ドル産業になるそうだ。けれど環境にやさしいパッケージの定義は広く、「文字どおりあらゆる企業が環境にやさしいと言えるパッケージを提供している」とも指摘する。

エコロジーのためのイノベーション

いずれにしろ、プラスチックは急速に広がりつつあり、二〇一四年にはパッケージ材料として紙を超えると予想される。しかし、世界規模のコングロマリットでなく、地球を存続させたいなら、包装された品物を買うのは最低限にしたいものだ。買ったもの、たとえばコンピュータなどはそれが動くかぎり使いつづけたい。食料は可能なかぎり地元の生産者から買うか、自分の畑で作ってはどうだろう。

世の中のトレンドや企業のウェブサイトは、持続可能性を論じるとき必ずイノベーションという言葉を持ち出す。消費主義の行きすぎと新手のプラスチックごみの出現をつねに警戒している者として、そしてまた果物を栽培している者として、ブレンダーを所有している者として、私は次の新商品の出現をうれしくも思い、空恐ろしくもある。

スムージーは今たいへんな人気ですが、スムージーをもっと頻繁《ひんぱん》に食べたいけれど家で作るのはめんどう、と思う方もおられるでしょう。そんなお客さまのために、デルモンテはブレンドすればよいだけのフルーツ・スムージー・セットの販売を始めました。すべて調理ずみのフルーツそのものと裏ごししたペーストがセットになっていて、ただそれを合わせて氷を入れ、かき混ぜればできあがりです。

スムージーは一九六〇年代に健康に気を使うヒッピーが考案し、あるフランチャイズ企業の店舗のメニューにとりこまれたが、今やプラスチック容器に入ってスーパーの棚に並べられている。これはたしかにイノベーションであり、手間をはぶく解決法でもある。プラスチックのパッケージに入った調理ずみの食品がさらに増えることに消費者がしりごみしなければ、だが。

私たちは「イノベーション」はつねによいものだと考え、「イノベーション」で経済の健全な成長を保とうとがんばる。けれどイノベーションにより、二〇〇九年には一年で二万六千八百九十三点の新しい加工食品と商品が登場し、その大部分がプラスチックのパッケージに入っているかプラスチックでできている。少しペースダウンして、これらすべての新しいこと、進歩ということが詰まったパンドラの箱を開けた結果を考えたらどうだろう。

イノベーションのためのイノベーションを求めるのをやめ、倫理的観点、エコロジーの観点からイノベーションを見つめる必要がないだろうか。地球をごみだらけにしてまで最新の、かっこよい、便利な品物に飛びつく価値はあるのか。ものを買うのは、買い物かごに入れたすべての品物の原材料とその行く末を考慮したうえでの、モラルをわきまえた決定であるべきだろう。

第9章 つむじ曲がりの科学

渦流で得られたデータは、セットされた時限爆弾のような気がする。一日ごとに、外洋がプラスチックスープに変容していることに気づく人が増えていくかもしれない。そうすればプラスチックに対する見方が変わり、より注意深く扱うかもしれないし、ちがう選択をするようになるかもしれない。けれどまず、こちらから情報を発信して、情報が受け入れられなくてはならない。それには、科学的信頼性と確立された権威がその鍵となる。

さて二〇〇〇年の春、私はまだ最初の論文の草稿に携わっていた。このころ、無視するにはたいへん重要な会議のことを教えられた。私たちのメッセージに磨《みが》きをかけ、権威が確立している海洋ごみの専門家とつながりを作るチャンスがあるかもしれない。北太平洋中部にたまっている数十億のプラスチックのかけらの調査に、手を貸そうと思い立ってくれる専門家もいるかもしれない。

その会議とは、遺棄漁具と海洋環境に関する第四回国際海洋ごみ会議だ。マイアミで第三回が開催された四年後の二〇〇〇年、八月初めにホノルルで開催予定だった。マイアミ会議の報告書は、ジェイムズ・コー、ドナルド・ロジャーズによる編纂《へんさん》で『海洋ごみ——その源泉、影響、解決法（*Marine Debris: Sources, Impacts, and Solutions*）』として出版されている。ふつうの人には少し堅苦しく感じられる本だが、一時期私にとっては文字どおりバイブルだった。第四回会議の名簿にはコーの名が載っていたし、その他にも海洋ごみの分野での著名人の名がたくさん並んでいた。この機会を逃してはならなかった。とくに今や私たちは害をかなりはっきり把握しているのだ。証明はできていなくても、状況を明確にしている。

会議期間中に展示するポスター申し込みの期限は過ぎてしまっていたが、調査の概要を提出する時間はあった。私たちの調査を会議の出版物に載せる絶好のチャンスだ。スーザン・ゾウスケが私と自分を出席者として申し込んだが、展示物の期限を逃したのはつくづく悔やまれる。私たちの調査内容は、図で示すのが最適なのだ。しかし、物怖じしない質《たち》の私は、ゲリラ作戦を思いたった。

まず、ホノルルへの航海を計画する。出港は七月二十日、会議は八月九日に始まる。スーザン・ゾウスケはロサンゼルスから飛行機で来て、ホノルルの浮き桟橋で合流した。翌日、スーザンとホノルルの新しくしゃれたコンベンション・センターへ行き、登録したが、私がわきの下に抱えているかなりの量の未認可ポスターをいぶかしげに見る人はだれもいなかった。メイン会場の外の展示スペースに行くと、展示をする人たちが準備していた。

第四回国際海洋ごみ会議で

学術会議に出席したことがない読者のために述べると、これは中学の科学発表会に似ていなくもない。ただスライドを見せながら口頭で発表する形式だったのが、今ではまちがいなくパワーポイントを使ってプレゼンテーションをする。運営管理者は正式な講演として採用するかどうか検討するため、数か月まえに研究論文の提出を求める。採用されなかった研究者、その他の希望者（たいていはキャリアを志す大学院生が、自分の新しい研究成果を見てもらうため）は、内容を図示する展示ポスターを貼りだすよう勧められる。開催期間中、出席者は休憩時間に展示エリアをぶらつくので、展示者はたいていわきに立っていて質問に答え、印刷物を渡し、つながりをつける。

科学的内容の展示は多くの場合、文字とグラフと図の三種混合で、簡潔なものもあれば、楽しいものもあるが、私たちの展示はその中間だ。出港するまえの数週間、私は自宅の食卓の上に覆いかぶさり、手にはスティック糊《のり》を持ち、カッターをわきに置いて、私たちのデータから作ったグラフや表を市販の展示ボードによいぐあいに配置しようとがんばった。調査の概要を少しだけおもしろい感じにプリントアウトしたものを中央に貼る。トロールで集めた実際のプラスチック片をサイズ別に分けて入れたペトリ皿も貼りつけた。見せるのは話すのより効果的だと私はつねづね思っており、こうすれば見た人はグラフや表の内容を現実の状況とつながられると考えたのだ。けっこううまくできたと思っている。

展示ホールはバスケットコートほどの広さで、展示ポスターはイーゼルや長いテーブルの上に並べられていた。全部で十五点ほどあるだろう。私は空いているイーゼルを確保して、こそこそせずに堂々と貼りはじめた。展示者は遅く来たり、まったく現れなかったりすることもあり、この会議でもそのようだった。他の展示物のあいだに空きスペースを見つけ、そこにまっすぐ進む。そこに設置しながら、クリップボードを手にした運営管理者が近づいてリストと照合し、警備員を呼ぶのを半ば予期したが、ここはハワイだ。アロハと包容の心の国だ。私たちの企みはうまくいったようだった。私たちがうまくまぎれこんだのか、運営者が忙しくてチェックができないのか、おそらくその両方だろう。スーザンは私の草稿の要約、グラフ、アルガリータ海洋調査財団に関する情報をコピーしたプリントの束と、新聞の切り抜きを用意していた。

科学は頑丈《がんじょう》なとりでに囲われているが、私の地元の新聞各紙は太平洋ごみベルトとして知られるようになっていた海域や、私のそこへの航海の話を、すでに掲載してくれている。そのように、ただで公表する手段があるのにどうして科学の権威にこだわるのか、と疑問に思うかもしれない。それには十分な理由がある。政策を決定しているのは科学で、それが必ずしも最良の科学ではないのだ。科学と人々の気持ちが、政策を動かす強い力である。政策が害を及ぼしている場合、あるいは執行の力が足りない場合、法律でてこ入れができれば変化が期待できる。そういうことが起きるのを、私たちはしばしば目にしてきた。無鉛ガソリン、無鉛塗料、タバコ、そしてDDTやPCBなどの有毒人工化学物質などのケースがそうだった。

キャシー・カズンズという女性が私たちに話しかけてきた。展示物委員会の副委員長なのだが、私たちは本当に幸運だった。追いだされるかと思ったが、そんな心配は杞憂《きゆう》であることがわかり、その場で仲間になってくれた。そのため一瞬、懇親会に来たような気分になり、この会議での経験がすべてばら色に輝くものになるのかと思った。結局、そうはいかなかったが……。

当時、彼女は、会議の後援者である海洋大気局（NOAA）の一部門、アメリカ海洋漁業部の野生生物学者であり、ホノルルの北西約一二〇〇海里のミッドウェー諸島を頻繁《ひんぱん》に訪れてコアホウドリの調査をしていたが、幼鳥が毎年何万羽と死んでいるのだという。親鳥に、まちがって周囲の海洋からとってきたプラスチックを餌として与えられるからだ。営巣地域は長い子育ての期間立ち入り禁止と定められているため、プラスチックのごみを取り除くことができない。

プラスチックはアホウドリが島に運ぶだけでなく、エベスマイヤーが言うように、ごみを載せた環流によっても運ばれる。太古の昔から手つかずの自然な場所だったミッドウェーをはじめとする離島や、生態系にとって重要な陸地が、外界からの侵入者であるプラスチックに侵されている。カズンズは、プラスチックはアホウドリの巣にもよく見かけるし、海鳥の卵殻が薄くなっていることとプラスチックのあいだの明確なつながりを示す研究もある、という。プラスチックが有害なのではないかという、なんとなくではあるがずっと抱いてきた疑いが裏づけられた感じがした。

「活動家」と「研究者」

この第四回国際海洋ごみ会議では次のことを学んだ。人々が心配しているのは遺棄された漁具で、大きさが問題ととらえているようだ。会議に集まった人々にとって、マイクロプラスチックはたいした問題ではなかった。問題はプラスチック製魚網の大きな塊、モノフィラメントの釣り糸、浮き、ブイだった。海洋大気局内に、海難事故と脆弱《ぜいじゃく》な野生生物の生息地へのその影響に対処する対策保全オフィスが設置されているが、海洋ごみはそこの取り扱い事項になっているため、関心がそちらに向くのだろう。私は不思議でならないのだが、どうして遺棄漁具にだけ関心を向けて、その材料であるプラスチックは問題にしないのだろうか。

「海洋ごみ」は、海洋もしくは五大湖に漂流したり、廃棄されたりした人間の作った固形物と定義されるが、これが問題視されるようになったのはプラスチック製漁具が登場した一九六〇年代からだ。プラスチックがとくに耐久性がよく浮力があるために、初めて大きな環境問題となり、国際会議の議題として重視されるようになったのだ。

もうひとつ学んだのは、「活動家」という呼称を使うときは慎重を要する、ということだ。問題の研究をする科学者と、問題の解決を要求する人々とのあいだに引かれた線は、ほとんど目に見えるほどだ。地球温暖化を調査する研究者たちは、憤慨のあまりその境界線を踏み越えようとしているが、そうした場合は、キャリアの危機を覚悟しなくてはならない。キャシー・カズンズのような人となら活動家は手を組むことができるが、たいていは金銭ずくか冷たいあしらいしか期待できないだろう。個人攻撃さえあるようだ。そのせいもあって、プラスチックごみの問題は政府機関や学術会議以外の場所で取り沙汰されないのではないか。

研究者が使命感を持っているのは、よくわかる。けれど「専門家意識」が控えめな物言いを選択させる。この会議に出席している人たちの最終目標は政策の転換だが、漁業と海上運輸業と、それを調整する政府機関の限定された狭い領域の中での転換である。それももちろん必要だが、そこに見えている傘の柄や、炭酸飲料のボトルや、ライターや、靴や、サッカーボールはどうするのだ。こういった日用品の大半は漁船からではなく、陸から来ていると考えられ、遺棄された魚網と同じほど悪質なのだ。そして外洋にあるものはそれらの魚網、浮き、糸が時間とともに数千数万に砕けていったものであることも私は知っている。マイクロプラスチックはすべての大きな、回収されないプラスチック製遺棄漁具の行く末を表している。それらの影響はどうなのだ。

海洋ごみに関する書籍の編纂者、ジェイムズ・コーと昼食をともにする機会があったが、外洋のプラスチック片について話しても、控えめにいっても、何も得るところはなかった。海洋ごみの研究の権威に、アンソニー・アンドラディ博士という秀でた人物がいるが、彼が私たちの展示のそばで止まったとき、初めはだれだかまったくわからなかった。少し訛《なま》りのある背の低い人物で、自己紹介されて私は跳び上がった。スリランカの人で、プラスチック崩壊の研究の草分けとしてこの世界で広く知られており、『プラスチックと環境（*Plastics and the Environment*）』というたいへん権威のある本を編纂している。ノース・カロライナにある世界規模のリサーチ会社、リサーチ・トライアングル社からここに来ている。

最初、彼は私たちのことを、グリーンピースと関わりのある活動家で、すべてのプラスチックの禁止をめざしている、とみなしたようだった。全面的禁止をめざしているのではないと説明し、協力し合える余地はないかと打診してみる。言ってみれば私たちは兵隊で、司令官である博士からの命令を待っているのだと言う。もし海洋を掃除するなら、プラスチック片がもとは何であったのか、どのくらい長くそこにあるのかを知る必要があるし、流れ出るのを止めるには、どこから来たのかを明らかにしなくてはならない。とくにマイクロプラスチックはそれがむずかしい。大半はずっと昔に遺棄され、おそらく数十年かかってこなごなになったものだと思われるからだ。

いずれにしろ、船から遺棄されたものと、陸から流れた分の割合が知りたい。この会議の主流は、海洋ごみは船舶由来だととらえているようだが、流出元の問題はいまだ研究者を悩ませている。アンドラディ博士は、今回の航海でのサンプルを分析すると約束してくれ、私は小さなポリ袋に入ったサンプルをあとで送った。その結果は、私たちの予想を肯定するものだった。ごみの小粒はポリエチレンとポリプロピレンが割れたものだが、それが何であったのか、どこから来たのかはまったく推測の域を出ない、ということだった。

「問題解決」のワークショップ

会議で私は、カーティス・エベスマイヤーのパートナーで、ごみベルトの存在を予想した「海洋表面流のシミュレーション」（OSCURS）の開発者、ジェイムズ・イングラムの講演を聞いた。彼は、一九七〇年代に東南アジアからベーリング海峡にいたる北太平洋海域にブイを放し、十二年間それらを追跡した。十二年間というのは、北太平洋環流をふた回りするのに十分な年月である。大半のブイが寄り集まる海域が、北太平洋に二か所あった。それが、私が最近注目している北太平洋の東部亜熱帯海域の渦流と、それと対になっているハワイと日本のあいだの海域である。彼の主張のポイントは、遺棄漁具を探して回収する努力はこの海域に集中すべきである、ということだ。

さらに、数万頭のオットセイが魚網にからまって死んでいるという話、ハワイ北方の脆弱な珊瑚礁《さんごしょう》から三万三〇〇〇キロの魚網をはがして回収することにまつわるリスクの話が続いた。また、漁師が漁具とごみを責任を持って扱おうとする意識がないのは、ほとんどの港に収集システムがなかったり、ごみを捨てるのに料金がかかったりするせいで、だれも見ていない広い海で生計を立てる人間の「何でもあり」という態度も原因のひとつだ、という指摘もあった。

マルポール条約付属書Vは、実効性のない条約のようだ。それを裏づけるように台湾の研究者が、台湾の漁師はみな、魚を回収したら魚網は海に捨てていると認めた。魚網が船上で占めるスペースに魚を積んだほうが、利益が大きいのだ。討論されているテーマは興味深いが、大きな漁具が必ず数十億個のかけらになることを述べる人はだれもいない。あるいはそれらのかけらが食物連鎖の下の階層の生物、濾過《ろか》摂食生物の餌になる可能性についても、だれも指摘しない。

最後に「問題解決」のワークショップが予定されていて、私はDグループ「産業」を選んだ。小グループのフォーラムなので発言するチャンスがあるかもしれないし、私が話したいテーマのグループでもあるからだ。

進行役は、地球を改善する道を示す画期的なワークショップにしたいという意欲に満ちあふれ、その効率のよい方法として、大きなホワイトボードにリストを作った。イーゼルにかけた巨大な紙にメモがとられる。リストにはおなじみの語句が並ぶ。「さらなる調査が必要」「資金提供者が必要」「組織間の連携」「ハイテク機器によるモニタリング」「認識」「啓蒙」。私は立ち上がって、プラスチック産業に直接働きかけてはどうかと提案した。問題を起こしているのは結局、彼らの製品ではないか。問題解決の討論の場に加わらせるべきではないか。責任をとって、財政的貢献をしてもよいのではないか。

進行役は私をまじまじと見て、私の提案を検討のためにリストに加えることを拒絶した。プラスチック産業は「テーマ外」だ、と言う。「このセッションのテーマは産業ではないのですか。プラスチック産業が、このフォーラムに関わっている産業ではないですか」と私は尋ねる。進行役は、プラスチック産業ではなく漁業だと言う。

次に参加者はステッカーを与えられ、リストに挙げられた提案の中でもっとも重要と思われるものにステッカーを貼るように、と言われる。ボーイスカウトの集会に出ている気分になってきた。私はステッカーを自分の額に貼った。私が言おうとしているのは重要なことだ。また、じろじろと見られる。誰も問題の核心に迫りたくはないようだ。海洋に散らばるごみのほぼすべてはプラスチック素材だ。延縄《はえなわ》用網、数キロにも及ぶロープ、浮き、ブイはどれもプラスチックだ。漂白剤のボトル、ケミカルライト、使い捨てライター、プラスチックの枠箱、空《から》になったプラスチック製の化学薬品用ドラム缶など、漁師が甲板から投げ捨てる他のさまざまなものもそうだ。ドラム缶は、ＦＡＤ（集魚用筏《いかだ》）と呼ばれる仕掛けで、奇妙に魚をひきつけることで知られる。私の提案は紙に書き加えられはしなかったので、印刷物に載せられることもないだろう。

プラスチックという材料に問題があるのではなく、取り扱いの問題、つまり人々の問題である、と聞いたのはこのときが初めてではなかった。すべて私たちの過ちであり、漁師はたまたま海を行き来するポイ捨て人間だ、ということだ。うんざりした私はこのワークショップをあとにし、別の部屋に行ってみたが、そちらはもう終わるところだった。

数か月後、会議の講演、展示、提案を載せた議事録を受けとった。「問題解決」ワークショップの記録には輝かしいアイデアが並び、それらの問題点やコストなども出ていた。私にはやはり、公的機関や株主に対する責任と説明義務の求められ方が弱すぎて、これまで三回の海洋ごみ会議はほとんど結果を出していないと感じられた。次の会議が開催されるときには、海により多くのプラスチックごみがあるにちがいない。そして、それを微小な海洋生物が、まだ証明はされていなくても重大な危険を冒しつつ、食べつづけているだろう。遺棄漁具の九五パーセントはプラスチック製だが、それと大洋の真ん中にある膨大な量のプラスチック片のつながりは、まだ証明されていない。しかし、時代錯誤の習慣を続ける漁業国、漁師たちの職人気質、海が荒れたときの法遵守強制のむずかしさなどを考えると、遺棄漁具は減らないだろうし、漁具だけに焦点を当てたアプローチが海をきれいにするとも思えない。

議事録には、展示部門の記録も載せられている。展示がカテゴリー別に分類され、要約した文章で紹介されている。カテゴリーは三つで、「モニタリング、実施、除去」「海洋保全運動、教育、ボランティア活動」「ごみの防止、法的問題」である。最後に四つ目のカテゴリーがあり、私の名前だけが記されている。カテゴリー名は「その他」である。いいだろう。私はまたいくつか学び、以前にもまして決意を新たにした。知ることによってわずかずつ「対話」へと近づいているのだと、自分をなだめる。ただし「対話」は決裂をもたらすかもしれない。ともかく、何よりの収穫は、いくつかの貴重なつながりができたことだ。

レジ袋の海

北太平洋環流、位置は北緯三八度五六分、西経一四二度三七分、二〇〇〇年九月七日木曜日正午ごろである。ホノルル会議から西海岸に戻る航海で、おだやかな天候の晴れた空の下をセーリングしている。出港して十三日目である。復路では、もろに渦流に突っこむ。風力は二で風速二、三メートル、海面はほとんど油凪《あぶらなぎ》である。アルギータの小型ボート用クレーンを使って浮流魚網を引き寄せ、写真をとるが、貝などがびっしりついて、デッキに上げるには重すぎる。

やがて、ただでさえ異様なごみベルトの中で、さらに何か通常とちがうものに気づきはじめる。まだへたっていない、ぱりぱりのポリ袋が平然と漂ってくるのだ。さらにもうひと袋、そしてまたもうひと袋。気がつくと、まわりじゅうにある。私たちは外洋の真っ只中で、レジ袋の海に囲まれている。水平線のすぐ向こうにショッピングセンターがあって、それが竜巻で屋根を壊されたかのようだ。これは明らかに流失コンテナから出たものだ。変種のお化けクラゲのように、赤ちゃんクラゲのあいだでゆらゆらとしている特大の袋は、おそらくレジ袋を入れていた収納袋だろう。北米のあらゆる名の通った小売業者向けの袋があるようだ。海面から拾い上げては名前を読みとる。シアーズ、ブリストルファームズ、ベイビースーパーストア……。

大多数は典型的な長方形の袋で、ぺらぺらと薄く、持ち手にする穴が開いているタイプだ。一九七〇年代末、この安価な代替品が紙袋にとってかわり、それから三十年でその流通数は驚異的な数値になった。おそらく年間で一兆枚だろう。ゆらゆらと浮いている袋は藻《も》もついていないし、破けたりしわになったりもしていなくて、まだ新品のように見えるので、最近海に落ちたものと推測できる。おそらくアジアで生産され、印刷され、アメリカへの船旅の途中で大波にさらわれるかしたのだろう。ただ、今は夏の海のおだやかな季節なのだから、少々妙なことではある。これらの袋が、九九年の調査航海のとき、エベスマイヤーがその一年まえに起きたと話してくれた「記録的大暴風雨」による流失物だという可能性はあるだろうか。いや、それにしては新しい。ホノルルでの会議でアンドラディ博士から、海洋ではプラスチックの崩壊がかなり遅くなることが研究で明らかになったと教わったばかりではあるが、やはり新しすぎる。

近くに流れてきた袋を網ですくったり、フックでひっかけたりして、十枚ほど回収した。しようと思えばもっと回収できたが手が届かず、日はすでに傾きはじめていて、アルギータを止め、小型ボートを下ろすのは賢明ではなさそうだった。けれど科学的データとするため、左舷側のみ七〇メートルまでの範囲を三分間視認した。三海里進むあいだに四十九枚のポリ袋を確認し、まだこの先一〇海里は袋が散らばっていたが、夜になってしまった。

帰港してから、アルガリータの海事専門法律顧問であるジェイムズ・アッカーマン弁護士に、ポリ袋を散乱させた船舶を探偵に調べさせられないものかと相談した。また、例によって有能なスーザン・ゾウスケにこの事件のことを話すと、さながら闘争モード全開の闘犬と化し、回収した袋に印刷されていた会社に次々と電話をかけはじめた。どこの会社も配送されなかった袋があることは知らなかったが、荷物は集中配送センターにまず運ばれるのだろうから、これはそう驚くことでもない。アッカーマンが推薦した探偵は、突きとめられるだろうが前金として五千ドルほしいと言ったので、断らざるをえなかった。カーティス・エベスマイヤーは数年のあいだに、流失コンテナの情報を入手する方法をいろいろ編みだしていた。いちばんうまくいったのは、一九九〇年代初期にオレゴンの浜辺に打ちあがっていたスポーツシューズについて、ナイキに直接問い合わせたときだった。科学的探究心を前面に押し出すとうまくいくことがあるが、壁にぶち当たることもあると彼は認めている。

変わりはじめた風向き

コンテナの流失は環境のみならず、航行上の大きな問題ともなる。コンテナの多くは浮力のあるものが詰まっていて沈まない。しっかり密封されているので、海面すれすれに漂い、気がつかずに衝突した船舶に穴を開け、沈める。しかし、アルガリータをふくめ、各国の組織が結集し、努力したにもかかわらず、コンテナを落としても当事者は報告義務がない。積荷が「毒性を持たない」と思われるなら、船主は回収の義務もない。

一九九七年三月に言語道断のコンテナ流失事件が明るみに出た。ドイツのコンテナ船MVチタ号が、イギリスの南西端から二八海里沖にあるシリー諸島のニューファンドランド・ポイントで座礁した。海岸線の住民は十二のコンテナが浮いていて、さらにいくつかが陸に打ちあがったと証言している。そのうちのひとつには二四〇〇キロメートルという長さのポリエチレンフィルムが入っていて、これはアメリカ西海岸の、カナダとの国境からメキシコとの国境までの距離より長い。十年たっても、ポリエチレンフィルムはいまだにイギリス諸島の海岸線に打ち上げられつづけている。

その回収のため、イギリスの地方自治体は十万ポンド（二十五万ドル）の費用を拠出させられ、当然ながらドイツの法廷に対し、船主に費用を賠償させるよう訴えを起こした。二〇〇五年に判決が出て、イギリスの原告は敗訴した。国際海事法に従うなら船主に賠償責任はないとされ、しかも理不尽なことに、裁判所はイギリス側に裁判費用を負担するよう命じた。

流失事件は船会社、荷主、保険会社のあいだの秘密とされ、三者とも海事法の秘密のベールの陰で安穏《あんのん》としている。国際法会議がときおりこの既得権を突き崩そうとするが、成果はあがっていない。

＊

帰港すると、プラスチックとプランクトン比の論文を「海洋汚染報告」誌に投稿し、なりゆきを見守る。もし受けとられれば、ほぼ一年がかりの同領域の専門家たちによる厳しいピアレビューを受けることになり、その後どうなるかはわからない。

地元のメディアに大々的に報道されたので、私は頻繁《ひんぱん》に講演を依頼されるようになった。人々はプラスチックが文明社会から抜け出て外洋にたまっている、という暗い面に関心を向けはじめた。船乗りの言葉で言うと、風向きが変わりはじめたのが感じられる。そよそよと吹きはじめている。

スクワープ（南カルフォルニア沿岸海域リサーチプロジェクト）のスティーヴ・ワイスバーグが最新の航海のサンプルをほしがったので、私は自分で彼のオフィスまで運ぶ。ジャーに入ったその汚らしいサンプルをオフィスの棚に置き、私たちは一九九九年の渦流での発見を裏づけることになるか、または変則的事象として葬ることになるかもしれない研究方法の相談を始める。外洋の真ん中より養分が豊富でプランクトンが多い沿岸でのトロールをしてみたらどうか、という話になる。プランクトンが少なくプラスチックが集まるとして知られている渦流海域では、プラスチック対プランクトン比〔プラスチック量をプランクトン量で割ったもの〕が高いのは当然といえば当然で、そういう批判にさらされるだろうとワイスバーグは警告してくれる。

しかし、私は気にならない。北太平洋亜熱帯海域には数千トンはいわんや、プラスチックはかけらさえないのが自然の姿だと私は強く信じている。沿岸は文明社会とプラスチックの排出元に距離的に近いので、より多くのプラスチックがあることが予想される。調べてみよう。

カブリリョ海洋水族館にあるアメリカクジラ目協会の地方支部を訪れると、うれしい驚きがあった。二年に一度モントレーで開かれる協会の大会で講演をするよう頼まれたのだ。ついでに言うと、講演で謝礼を受けるのも初めてだ。私はそれまで海洋生態学や有機農業について地元でたびたび講演を行なってきたが、海洋ごみの専門家として大きな会議で話すのはこれが初めてだった。

その結果、さらにすばらしいことが起きた。その講演のおかげで、大きな意味を持つ新しいつながりができることになるのだ。

第10章

ドキュメンタリー映画の撮影

二〇〇〇年十一月カリフォルニア、私はモントレーに向かって太平洋沿岸ハイウェイを走っている。アメリカクジラ目協会の大会「ホエール二〇〇〇」の開催地である。

海に関して講演をするのは慣れているが、プラスチックごみ、とくにマイクロプラスチックに焦点を当てて話すのは初めてだ。この会議の共同議長であり、アメリカクジラ目協会の地方支部幹事のダイアン・ハステッドとは、いろいろな機会にいっしょに仕事をしているのだが、彼女が今回の講演を依頼してきた。クジラや他の海棲哺乳類《かいせいほにゅうるい》は棲息域で頻繁《ひんぱん》にプラスチックと遭遇《そうぐう》し、それが死につながることがときどきあるからだ。

この協会は一九六七年設立の最初のクジラ目保護団体であり、私はその仕事に対し長年尊敬を払ってきた。今では西海岸に活発に活動する支部を七つ持ち、国際的評価も高い。その主要な目的は、海棲哺乳類の商業目的での殺戮《さつりく》に断固として反対していくことだ。クジラ目（クジラ、イルカ、ネズミイルカ、イッカク、ベルーガ、シャチ）だけでなく、アシカ、アザラシ、セイウチなどのひれ脚類も対象に入れている。また、国際捕鯨委員会（ＩＷＣ）が日本の捕鯨推進派から提供された贅沢《ぜいたく》な旅行に応じたと抗議したり、イヌイットが自分たちの食料として捕まえたクジラの肉を売っていると暴露したりしている。

講演者は二十一人で、中にはアラスカやニュージーランドなどの遠方から来ている人もいる。私はパワーポイントを使ったプレゼンテーションを用意しており、このグループの関心を集める角度からこの問題を論じるつもりだ。ヒゲクジラが食べる稚魚、プランクトン、オキアミなどにプラスチックが大量に混じっている可能性についてだ。

地球上最大の生き物であるシロナガスクジラもふくまれるクジラ目のような巨大な生物が、最小の生物を食べて生きているのはよく知られている事実だ。クジラが餌を食べるのは海面近くで、そこでは生物にそっくりのマイクロプラスチックが混じっている。大型のヒゲクジラの口はカーポートほどの大きさがあり、ひげはクジラの上あごについていて、櫛《くし》のように見える。柔軟なケラチンでできていて、食物を濾過《ろか》する構造を持つ。ケラチンは繊維質のたんぱく質で天然の重合体であり、私たちの髪の毛や爪にもふくまれている。いっぽう、イルカやシャチなどの歯を持つクジラ目は、プラスチックを食べた魚を食べている可能性が非常に高い。さらに、岸に打ち上げられたハクジラの死体解剖結果から、その腸に衝撃的量のポリ袋とからまった網があることが判明している。摂食行動が、急速に懸念されるようになってきた。また、ポリ袋は日用品であり、遺棄漁具でも製造工程のペレットでもないものが見つかっていることは、重大な意味を持つ。

私のセッションは「漁具によるからまりと海洋廃棄物」というテーマの講演のひとつで、三十人ほどの人が集まった。話し終わると出席者は私に質問を浴びせ、心底関心を抱いて熱意にあふれ、どうすればよいのかを知りたがった。渦流から回収した品物をテーブルの上に並べておくと、そこに群がった。かじり跡のついた液体洗剤容器、傘の柄、使い捨てライター、歯ブラシ、プラスチックのボトルキャップ、かけらでいっぱいのポリ袋、などだ。彼らの反応を見ると、プラスチックの漂流物の現物は、百枚の写真を見てもらうよりも、千の言葉を尽くすよりも効果的なことがわかる。

*

出席者の中に、ビル・マクドナルドの風雨にさらされた顔を見つけてうれしくなった。ロサンゼルス近郊のヴェニス・ビーチにある、マクドナルド・プロダクションの経営者だ。マクドナルドはすぐれたビデオカメラマンで、海洋への関心を喚起する仕事を行なっており、私はつねづね感銘を受けていた。頑固《がんこ》な環境保護主義者で、たいへん尊敬に値する人物である。

会議の二日目、彼は私を見つけて近寄ってきた。昨日の私の講演の内容についてあれこれ考えて、昨夜は眠れなかったという。海洋保全に深く関わっていながら、この「重大な問題」を知らなかったことにショックを受けていた。その気持ちはよくわかる。マクドナルドは、テレビの「サメ特集」のための撮影にはあきあきしていて、もっと意味のある仕事をしたい、と言う。「プラスチック災禍」のビデオをいっしょにとらないか、と提案してくれた。映像は、パワーポイントの講演より、はるかに情報にインパクトを与えてすばやく広げる、と力強く言う。そして、すでにタイトルを考えていた。「人造の海」である。脱帽だ。

「人造の海」

マクドナルドはすぐさま動きはじめる。カメラを山ほど抱え、アイデアではちきれそうになって私の家に現れる。私はアルガリータ海洋調査財団の理事会を招集したが、保護活動と毎日の経費以外の映画製作の予算は出せなかった。しかし、視覚に訴えなければ効果はなく、ビデオはメッセージを強く伝えるのは明らかだ。私は費用を自分で持つことに決めた。完成品を売って回収できないかと、ちょっと皮算用もした。自分の金を掛けるとなると、ハリウッドのプロデューサーになった気分だ。

アルガリータ財団では、すでに多くのことが進行中である。今は沿岸のプラスチック対プランクトン比の調査のために暴風雨が来るのを待っていて、他にもプロジェクトが準備されつつある。すべてを中断して、このビデオ撮影のために最低三週間を費やして渦流へ航海するわけにはいかない。そこでサンタカタリーナ島東端のおだやかな海域をめざすことにする。本物の熱帯の島に代わる、低予算の代替スポットである。サンタカタリーナ島の澄んだ青い海水は渦流の代わりになるだろう。そのまえに陸での撮影をする。

サンガブリエル川の河口近くやロサンゼルス国際空港近くのバローナ川など、プラスチックごみであふれている川や海岸に、マクドナルドを案内する。彼のカメラは、プラスチックでうずもれた生息域で食べ物をあさるシギやカモメの心痛む映像をとらえる。

レドンドビーチの中心に設立した私たちの新しい海洋研究所にも行き、私が渦流のサンプルの仕分けをしているところを撮影する。私はたまたま、上位捕食者の餌となる端脚類《たんきゃくるい》〔エビに似た甲殻類〕が入ったペトリ皿に、形も大きさもそれと不気味なほどそっくりのオレンジのプラスチック片を見つけた。プラスチックは、海洋環境で餌となる生物にそっくりなのだ。

*

「海洋汚染報告」誌から、私たちの論文がピアレビューを通過したとの知らせを受ける。ただし印刷まえにいくつかの点を明らかにするよう求められる。

沿岸での調査も動きはじめていた。解明したい多くの疑問がある。渦流と沿岸のふたつの生態系のどちらにより多くの、大きい塊があるのか、砕かれた粒子があるのか、年月を経たかけらがあるのか。それはプラスチックの種類によって異なるのか。何かが付着しているのか。

環流の渦は、人口過密なアジアと漁船団から流れ出す分をふくめて、北太平洋中のごみをとりこむことがわかっている。しかし、渦の中心は無風帯で、プラスチックはおだやかな海面で浮き沈みする。それに比べて沿岸では、海面はつねに動いている。浮いているプラスチックでさえ、循環する砂や沈殿物に引きこまれることもあるだろう。強力なカリフォルニア海流はごみを南に流し、優勢な西からの風と波は都会から出たごみを岸に打ちあげる。それでも、毎年延べ千七百万人の太陽愛好家が食べ物、飲み物、シャベル、バケツなどをたずさえて訪れるビーチのすぐ西にある海域で、深刻なプラスチックごみ汚染が見つからないはずはないだろう。

スクワープのスティーヴ・ワイスバーグと相談して、サンプル採取は二回行なうことにする。それぞれ岸近くと少し沖でトロールする。最初のサンプル採取は二〇〇〇年の六十三日間干天が続いたあとの十月に、二回目はその後にかなりの雨が降ったら、ということに決めた。このあたりは世界でももっとも降雨量が少ない都市圏なので、いつになるか予想はつかない。こう決めたのは、雨で大量のプラスチックごみが海に押し出されると考えられるからだ。目的はふたつの条件下での状況を比べ、平均をとることだ。その結果が、実際の状況を表すはずだ。

＊

初夏である。夜明けとともに桟橋をあとにすると、海上の空気は冷たい。アルギータは波をはね散らし、ときおりバウンドしながら波立つ海面をなでるようにしてカリフォルニアの海岸線から離れていく。いよいよサンタカタリーナ島をめざすのだ。

マクドナルドは年季の入ったセーラーであり、一流のダイバーでもある。航海経験は私より豊富だ。ベテランの海の男である彼は、サンタカタリーナ島への二六海里の航海中、クルーに手を貸したり、撮影プランをざっと説明してくれたりする。島影に入り、海面が鏡のように平らになると、持ってきたマンタネットを用意する。マンタネットとともに、ダイビングスーツを着たマクドナルドも海に入る。水中ではビデオカメラをサーフボードの上に置き、海面すれすれの視点を確保する。トロール自体は再現シーンとして使うだけで、サンプルは渦流で回収したものを撮影のために持ってきている。けれど再現トロールでも、あるとは思っていなかったプラスチックのかけらが入っていた。マクドナルドは、迫真の映像をとるために、シューシューと音を立てて海水を飲みこんでいるマンタネットにパドリングで近づき、ロープにからまれるかと思ったと、あとで告白した。

彼はまるで、海洋ドキュメンタリー映画のクリント・イーストウッドだ。非常に能率がよく、自分の欲するものを把握していて、撮影は手短に終わる。編集では、自分の豊富な保管フィルムから適切な映像を選んで、ミッドウェー島のシーンをさしこんだりした。コアホウドリの幼鳥が、親から海で拾ったプラスチックを与えられて、悲劇的結末を迎えた場面だ。私は呼ばれてヴェニスまで行き、声を吹きこむ。すでに風のそよぎ、波の音、咳払いなどもすべてマイクは拾ってあって、私の声をそこにかぶせる。公開予定を組みはじめるように言われた。作品は数週間で仕上がるという。

プラスチック摂食についての研究

沿岸調査を行なって分析した結果、私たちの仮定は十分に裏づけられたが、予想とちがう点もあってとまどった。太平洋の真ん中の渦流のプラスチックの数は、沿岸のたった三分の一（一平方キロあたりのかけらの個数）だという結果が出たのだ。しかし、渦流のプラスチックごみの重量（一平方キロあたりのプラスチックの重量の合計）は、沿岸の十七倍という驚くべき数値が出た。

それは、こう説明できると思う。沿岸海域のかけらは、海の生態域に入ってまだ間がなく、濾過《ろか》摂食生物の餌になる確率が低い。いっぽう渦流に閉じこめられたごみは、長年、濾過摂食生物などに「捕食」されていた可能性が高い。藻のついたフィラメントは沈んで、海面のトロールでは回収されないこともわかっている。そういう要素が合わさって、直感に反するようだが、都市圏の沿岸ではプラスチックのかけらの個数が非常に多くなっていると思われる。一平方キロあたり百万である。いっぽう渦流では一平方キロあたり三十三万四千で、わかったときは驚きで口をあんぐりと開けてしまったが、沿岸の値と比べると、今や慎《つつ》ましい数値に見えはじめる。

当然ながら、二〇〇一年の一月に行なった雨のあとのトロールでは、プラスチックの数は激増した。トロールによっては、プラスチック対プランクトン比は渦流での六対一をさらに上回る。雨のまえは、プラスチック対プランクトン比は岸寄りがいちばん高く、沖に出て文明から遠ざかるにつれて下がっていった。だが雨のあとは異なる。地中に吸収されずに流れる雨水がプラスチックを沖へ押し出し、そこでプランクトンの重量を大きく上回るようになる。

自分たちの正しさは証明されたが、プラスチック汚染の新しい海域を発見するのはうれしいことではなく、私たちの気持ちは複雑だった。

私たちは対象をマイクロプラスチックに絞ったので、摂食行動に研究をシフトしなくてはならない。構造が単純な稚魚や海面で濾過摂食をする微小な生物は、識別機能が限定されている。つまり、食べられるものかどうか見分けずに、プラスチックをのみこんでしまう。かつては、海にあるものはすべて食べられる、よいものだった。そしてこれらの小さな生物が、オキアミや小型の捕食魚だけでなく巨大なヒゲクジラもふくめて、食物連鎖の上にいる生物に健康によい食べ物を提供してきた。

しかし、プラスチック摂食の可能性が高いと主張するには、まず摂食そのものについて知らなくてはならない。また、少なくともプラスチック浮遊物の半分は、藻や他の付着生物のせいで重量が増し、深海底に沈んでいる。そこで元来沈む特性を持つ硬化ポリスチレンのCDケースや、ボールペンや、PVCプラスチック製品と合流して、海底に悪影響を与えているだろう。アンソニー・アンドラディらは以下のような「ヨーヨー」理論を提唱している。藻類《そうるい》、珪藻類《けいそうるい》はプラスチックに付着してそこで繁殖する。着生と呼ばれる現象だ。着生植物で重たくなったごみは沈みはじめ、有光層〔太陽光の届く深さ〕より深く下がって太陽光線が届かなくなると、着生植物は光合成ができなくなる。藻類が死にはじめると水中のバクテリアがそれを食べ、ごみはきれいに、軽くなって水面をめざし、そしてこのヨーヨーのような浮き沈みのサイクルがくり返される。

プラスチックごみの及ぼす影響は、まだ明らかになりはじめたばかりだろう。渦流に二回の航海をし、プラスチックに関する研究論文を大量に読んだあとの二〇〇〇年の時点でも、私はたいていの人と同じで、プラスチックは基本的に不活性だと考えていた。この驚異的に用途の広い人工の素材は、他の素材をすべて駆逐して、私たちの生活のすみずみにまで浸透している。それらはつねに不活性であると言われてきた。哺乳瓶、牛乳容器、使い捨てコーヒーカップなどが、どうしてプラスチックでできているのか。安価で、強度があって、軽くて、そして当然ながら安全だからだ。

一九八〇年代になると、ほとんどの乳児用製品はプラスチック製になった。バギー、ベビーベッド、輪形おしゃぶり、キューキューいうアヒル……。乳児が哺乳瓶や皿を床に放り投げても大丈夫。バウンドするだけで、こわれたりしない。ベビーパウダー、ベビーシャンプー、ベビーオイル、すべてプラスチックの容器に入っている。使い捨ておむつは一〇〇パーセント近くプラスチックでできており、埋立地で今や最大の量を占める。こんなに使われているのだから、プラスチックは完全に安全なはずだ。そうでなければ、公聴会、禁止令、訴訟で、とんでもない事態になっているはずだ。
……いや、そうとはかぎらないかもしれない。

プラスチックの毒性

数十年間、プラスチックは問題なしとされてきた。プラスチックの安全性を疑問視するわずかな声は無視されたり、おさえられたり、軽視されたりした。あとになって知ったが、懐疑的見方はプラスチック登場のごく初期、一九五〇年代、六〇年代からあったのだ。しかし、不都合な事実は、社会全体がパラダイムシフトを起こさないかぎり、対処されないどころか、耳を傾けられもしない。

一九九〇年代から、問題は暗示されている。プラスチック容器に入った電子レンジ用食品の危険性が、突然取り沙汰されるようになったときだ。分子の振動により加熱するという特定の条件下で問題があるのだろうと、そのとき私は思った。もしじっくり考えていたら、化学を専攻したのだから、ラップフィルムなどを電子レンジで加熱したら、塩化ビニルを食べ物に浴びせる可能性があることに気づいていてもよかったと思う。ラップはその当時はポリ塩化ビニル、すなわちＰＶＣのフィルムだったからだ。

しかし、そう気づいていたとしても、ラップに他の添加物が加えられていることは知らなかった。より伸縮性を与えるために可塑剤《かそざい》として使われるフタル酸エステルで、これは内分泌撹《かく》乱物質がふくまれる。フタル酸エステルが成長過程の男性に女性化をうながす働きがあることは当時まだわかっておらず、プラスチックだけでなく、日常生活で使うさまざまな製品に使われていた。

また、「新車の臭い」は体によくない、という指摘を読んだ記憶もある。けれど、簡単で効果的な対策として窓を開けさえすればよいのだから、気体となって発生する化学物質の体への害をあれこれ考えずにすませていた。

いっぽう、工業製品の毒性についてはつねに警戒してきた。一九七〇年代から九〇年代半ばまで、私は家具店を経営していたが、スタッフが揮発性の有機物質を吸いこむ危険をいつも気にかけていた。家具店では、揮発性の溶剤、ラッカー、防水塗料、仕上げ塗料などを、家具の塗料をはがしたり、修復したりするために日常的に使う。塩化メチルなど古いタイプの塗料剥離剤はたちまち気化して、あらゆる生体システムに害を与える。あとになって思うと、私たちは通常の防御策は実践していたが、たとえば一般家屋やレストランなど屋内でビニールレザーの家具を修復するときはとくに、もっと防毒マスクを使用すべきだったと思う。現場でビニール成分に加硫、加熱処理を行なっていたから、目に見えないガスの中で作業をしていたわけだ。

プラスチックが私たちの生活に入りこみはじめると、最初はちょろちょろとした流れだったのがすぐに洪水のように押しよせ、つねに新しくて改良されたものが現れつづけた。人々はそれを当然無害なものとして、深く考えることなく受け入れてきた。十年、二十年とはなんという変化をもたらすのだろう。「あのころ」人々は魔法にかけられたように無批判にものごとを受け入れ、たくさんの手がかりにおめでたくも目をつむり、企業にまちがった信頼を抱き、政府が誠意を持って生活の中に入りこんだ製品の取り締まりをしているものと思いこんでいた。

プラスチックが石油から作られた炭化水素であることは、潜在的毒性を秘めていることを意味する。なぜなら、石油は周知のごとく本来毒性を有するからだが、それだけではないように思えた。その疑惑に対する最初のヒントは、海洋科学の記事を眺めているときに遭遇した。ピーター・ライアンという南アフリカの野生生物学者が一九八〇年代に行なった、南半球の海鳥のプラスチック摂取の調査報告である。海鳥は、少なくとも沿岸にごみが投棄されるようになるまでは、食物を海洋生物だけに依存する種だった。その海鳥が、プラスチック汚染が始まった一九六〇年代から、すでに汚染のバロメーターと考えられていたことを知って、私は少なからず驚いた。

そのすぐあと、オランダの科学者ヤン・アンドリース・ファン・フラネカーの研究のことを知った。フラネカーはプラスチック汚染が悪化しているのではないかと考え、その傾向を知るために北海の砂浜に打ちあげられたフルマカモメを解剖し、消化管内のプラスチックが年とともに増えていることを明らかにした。さらにピーター・ライアンはミズナギドリの脂肪組織中の残留性有機汚染物質、この場合はＰＣＢ（ポリ塩化ビフェニル）濃度と消化管内のプラスチック量に関係があることを見出した。プラスチック摂食によるものではないかと推測したが、自然界の食べ物が汚染されていたか、その他の要因があった可能性もあるので、検出されたＰＣＢがプラスチックに由来すると断言することはできなかった。

当時、残留性有機汚染物質の筆頭に挙げられていたのはまず、アメリカでは一九七二年に禁止された農薬のＤＤＴで、これは卵殻を薄くする元凶だ。もうひとつは、七九年に禁止された発がん性物質ＰＣＢである。機械油、難燃剤、冷却材として利用され、残留性が高く、けっして消滅はしない。ほぼ不滅なだけでなく、非常に移動しやすい人工化学物質で、どこからでも検出される。海洋でも見つかる。油にとけやすい性質を本来持っているので、似ている物質、脂肪、油、脂質などに引き寄せられる。あらゆる生物は三つの成分、炭水化物、たんぱく質、脂質からできている。したがって、人間も脂肪を持っているので残留性有機汚染物質を引き寄せ、体内にためる。その意味では、人間は汚染された海の生き物と同じだし、プラスチックと呼ばれる人造の炭化水素と同じでもある。

ペレットの汚染度を測定する

スクワープの生物学者であるシェリー・モアが、日本の東京農工大学の高田秀重教授ら五人の科学者による画期的な研究のことを教えてくれた。二〇〇一年初めに、アメリカ化学会の機関誌「環境科学とテクノロジー」に載っていたこの論文を見つけると、すぐに私に送ってくれたのだ。

「海洋環境における毒性化学物質の輸送媒体としてのプラスチック樹脂ペレット」という題名のこの論文は、沿岸近くのプラスチック浮遊物は、漂っている毒性化学物質を吸収していることを、完全に立証していた。多くの要因を考慮に入れた、たくみなアイデアによる研究だった。調査対象は、大部分のプラスチック製品の原料となるポリプロピレンのペレットで、これはごく一般的に使われる原料なので世界的に取り引きされ、いたるところで船積みされる。強いプラスチックで、ボトルキャップ、食品やソースの容器、防汚《ぼうお》カーペット、浮くタイプのロープ、全天候型雨具などを作るのに利用される。

実験手順は、まずよく洗浄したステンレスのピンセットを使って工業地帯の海岸線、海水浴ビーチからペレットを集める。これらは船積みの工程から抜け出したか、加工業者の工場からさまよい出て川を流れ、海洋を漂っていたものである。これとは別に、未使用のペレットを用意し、それぞれのペレットをかごに入れて、かなり汚染の進んだ東京港の桟橋に沈める。かごは一週間に一個ずつ回収して、それぞれの汚染度を測定した。

結果は、世界を震撼《しんかん》させた。強力な溶剤であるヘキサンを使って、ペレットから汚染物質を抽出し、最新機器で分析をする。汚染海域、つまり東京港の海水に沈める期間が長ければ長いほど、ペレットはより汚染物質をふくむ。ペレットはスポンジのように汚染物質を吸いこむのだ。しかし、未使用のペレットの場合は、いちばん汚染がひどかったものでも、海岸で拾ったペレットほどではない。そして工業地帯の海岸で拾ったペレットは、海水浴ビーチで拾ったペレットの百万倍毒性レベルが高かった。それに比べると、きれいなビーチで拾ったペレットの毒性レベルは低いが、それでも危険レベルだった。

意味するところは重大だ。いちばん問題なのはペレットが、海鳥のごちそうである魚卵に酷似している点だ。実際、ピータ・ライアンなどの野生生物学者は、数種の海鳥がプラスチックペレットを頻繁《ひんぱん》に食べていることを明らかにしている。プラスチックを食べることと健康への影響の関連づけも行ない、白血球数が少なく免疫力が低下しているとしたが、因果関係が確立できたわけではなく、疑わしいという段階にとどまっている。海鳥の種類によっては、消化できなかったものを胃のポケットのような部位、前胃に最高七か月保持する。毒性を持つペレットが内臓に七か月間もあるのは、よいことのはずがない。

日本の研究者たちは、もうひとつ不安な事実を発見している。ペレットがこわれるにつれ、毒性化学物質ノニルフェノールを放出する。ノニルフェノールは一般的なプラスチックの添加剤に由来するもので酸化を遅らせ、皮肉にも崩壊を遅らせる。そして細胞の働きを混乱させることが、実験で判明している。

生物学者が海鳥をプラスチック汚染のバロメーターとみなすように、日本の研究者たちはプラスチックペレットを海洋汚染をはかる指標とみなしたわけだ。汚染をはかる汚染物質とは、なんともひねくれた巡り合わせだ。

ホノルルの国際ごみ会議で、キャシー・カズンズが教えてくれた研究のことを思い出す。コアホウドリの巣の近くに散乱するプラスチックごみと、卵殻の薄さ、および孵化《ふか》しない卵との相関関係を示すデータを見た、と話していた。その研究を見つけようとしたが見つからず、公表されていないのだと結論づけた。卵殻の薄さについては、レイチェル・カーソンの『沈黙の春』にも、DDTの悪影響として述べられている。カーソンは一九六二年に亡くなっているが、その後三十年以上たってから、石油製品がホルモンの働きを乱し、人間をふくむ生物の性発現システムさえ狂わせるという、陰湿な特質を持つことが明らかになったのだ。

プラスチックの害を証明しなくては、と思いつづけていた私にとってこの日本の研究は、印刷まえの私の処女論文と同分野に思える。「海洋汚染報告」誌の編集者チャールズ・シェパードに、加筆と引証を付け加えられるかメールで尋ねると、快諾してくれた。そこで最初のパラグラフに、こう書き加えた。「最近の研究で、プラスチックペレットにはPCB、DDE（DDTの派生物）、ノニルフェノールなどが蓄積され、それを摂食する海洋生物にとって毒物の移動媒体、源泉の役目をしていることが確かめられている」

映画の完成

ドキュメンタリー映画「人造の海」は、ヨットのまえをイルカが弾丸のように泳ぐ映像と、ビル・マクドナルドの厳粛なナレーションで始まる。場面が変わり、黄色のヨット用防水服を着て、ウィンチのそばでマンタネットを引き寄せている私が映る。私の声が入る。「海洋調査船アルギータの船長として、太平洋のさまざまな地域を旅しましたが、訪れるどこの砂浜にもごみが増えていることに驚きます。ごみはプラスチックです。海はごみでいっぱいになっている、と感じます」

全体で、九分で終わる。私の期待をはるかに超えていた。このわずか数分間に、問題全体が簡潔に、生き生きと、恐ろしげに紹介されている。日本の汚染ペレットの研究も入れた。大学や環境集会などの長いプレゼンテーションに挿入できるよう、映画は短く作った。「人造の海」は、私とアルガリータ海洋調査財団にとってのみならず、使い捨てプラスチックとプラスチック汚染に対するキャンペーンにとっても、新しい段階を切り開くものだ。私たちは感謝を込めて、マクドナルドにアルガリータの理事に加わってもらい、彼はそれを五年間りっぱに務めた。そして「人造の海」はマクドナルドにとって、プラスチック災禍のドキュメンタリー映像作家としての第一歩となった。

初公開は九・一一のすぐあとに、地元の環境団体エコリンクの主催で行なわれた。十年後マクドナルドに、エコリンクでの初公開のさいの観衆の反応を覚えているかと尋ねると、こう答えた。「圧倒的で、期待をはるかに超えていた。すべてのデータは公表された科学論文から引用しているのだから、問題が論じられるようになるにちがいないと思った」

ところで、私は投資の分を取り戻した。

*

二〇〇一年十二月、最初の渦流への調査航海から一年半、初めて渦流に行き当たるという運命的経験から三年半がたっている。「海洋汚染報告」誌の四十二巻十二号を受けとる。「北太平洋環流のプラスチックとプランクトンの比較」が掲載されている。簡潔な五ページのレポートで、表がひとつ、グラフがふたつ、図がひとつで大半を占めている。平均的な論文は、他の論文に引用されるのは二、三十回ほどだが、私の論文は公表された論文とピアレビュー中の論文により八十回以上引用されている。参考になる調査だったといえるのだろう。

ふたつのことを思った。ひとつは、プラスチック汚染は今ホットなトピックで、大学院生が研究テーマに選ぶことが多いらしい。もうひとつは、私のように学界とのつながりがなく、学歴もない民間研究者でも、正式な審査を受けて正当な発言の機会を与えられる、ということだ。もちろん、すでに高い信頼を得ている友人たちから共同執筆者としての助力を得ているのだが、それでもこの感慨は変わらない。

論文とビデオに携わっているあいだに、私のスケジュールはいっぱいになりはじめた。講演の依頼は増えたが、今や映画という強い味方がある。そして渦流への次の航海を計画する。

夜間トロールのサンプル、ハダカイワシとプラスチック。2008年東ごみベルトで。
［*Jeffery Ernst, AMRF*］

魚を引き寄せる遺棄漁網。ダイバーはチャールズ・モア船長。
2009年北太平洋環流で。［*Lindsey Hoshaw, AMRF*］

〈クレジット表記のない写真は、チャールズ・モアの提供による〉

マンタネットのサンプルを調査分析する。2008年。

プラスチックとプランクトンをわける。2010年。

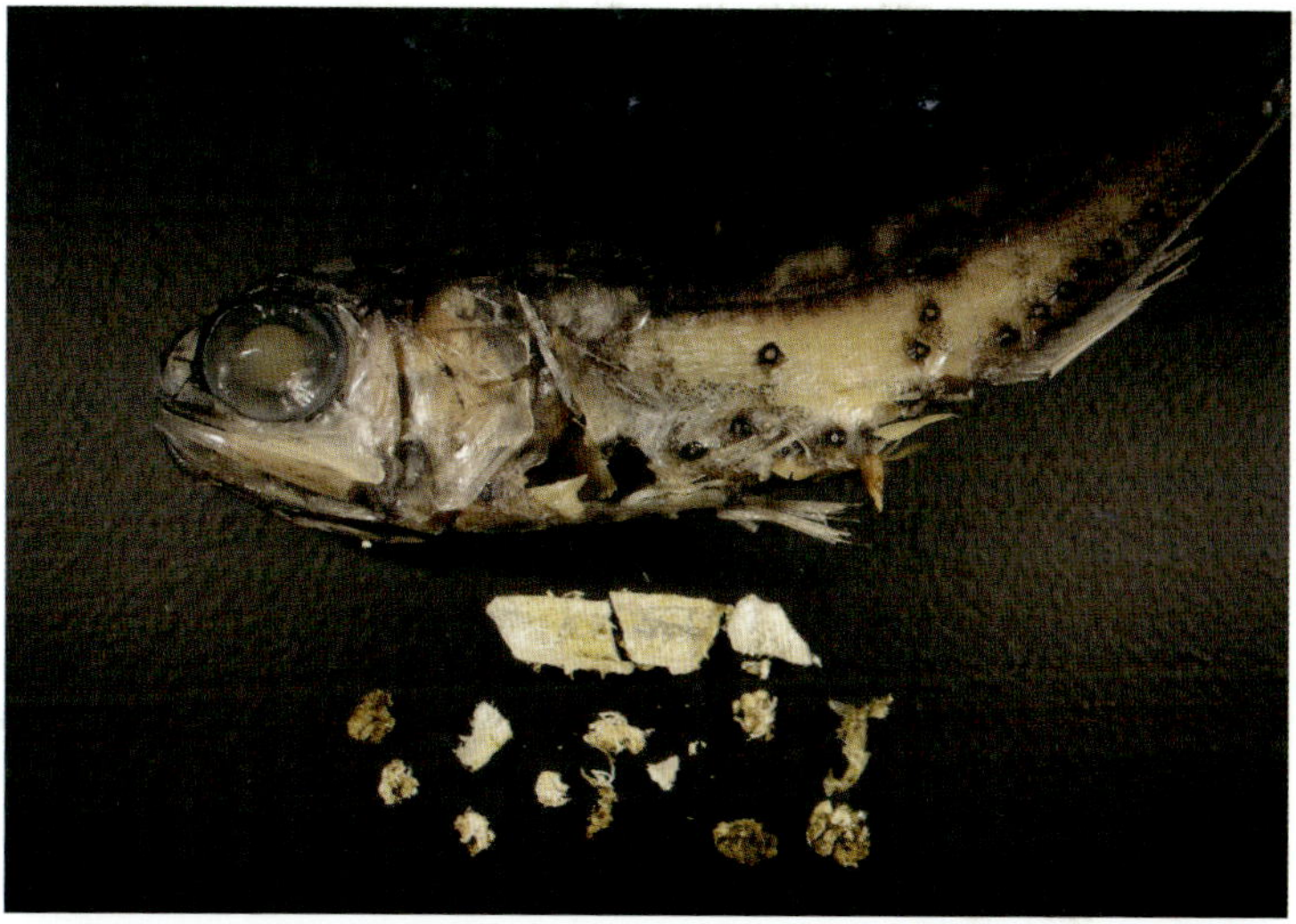

大きなプラスチックのかけらが肛門につまったハダカイワシ。2010年。

1匹のハダカイワシの胃の内容物である83個のプラスチックのかけら。右は自然の食べ物。2008年。［*Jeffery Ernst, AMRF*］

夜間のマンタネットの採集サンプル。2008年東ごみベルトで。[*Captain Charles Moore*]

マンタネットでサンプリングする。2005年。

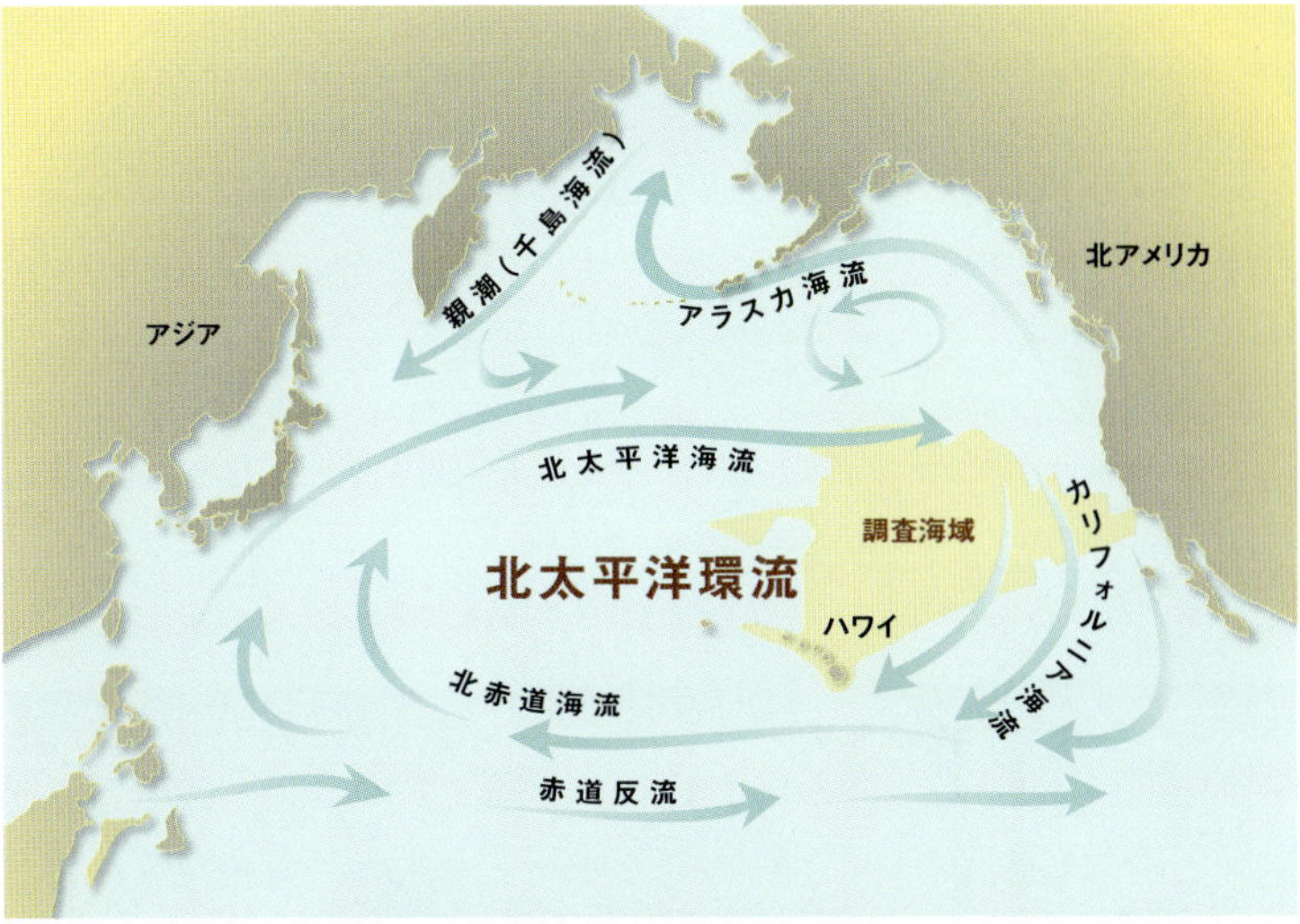

環流図とアルギータの調査海域。［*Jean Kent Unatin, AMRF*］

遺棄魚網にからまったモンクアザラシ。2002年クレ環礁で。［*Cynthia Vanderlip, AMRF*］

ケミカル・インダストリー社のボトルキャップ。2009年の渦流航海で。
[*Jeffery Ernst, AMRF*]

エボシガイがついた渦流のごみ。2005年。[*Jody Lemmon, AMRF*]

モア船長のカミロでの収穫。2007年。［*Captain Charles Moore*］

プロペラにからまった遺棄魚網をモア船長が切断している。2009年。
［*Scuba Drew Wheeler, AMRF*］

「海岸クリーン・アップの日」に集めたボトルキャップ。2005年ロングビーチ半島で。
［*Captain Charles Moore*］

ウニ養殖用プラスチックの浮きに珊瑚が棲みついたもの。2009年。

第11章

魚網の行く末

二〇〇二年夏。北西ハワイ諸島へ来るのは、旅行会社にマウイ島へのパックツアーを予約するようなわけにはいかない。生態系が脆弱《ぜいじゃく》なため入島許可をとるのはめんどうで、手数料も高額だ。アルギータは弧状に三〇キロ延びるリーフと砂州に囲まれた、かすかに波立つ礁湖《しょうこ》にアンカーを打っている。ここはホノルルの北西五七〇海里で、フレンチ・フリゲート瀬と呼ばれる。

フレンチ・フリゲート瀬は興味深い場所だ。絵葉書の写真によく見る、やしの葉が揺れ、砂が金色に輝く環礁《かんしょう》というよりは、幅三〇海里の浅い噴火口に似ている。十二の砂州のあいだに広がる陸地の総面積はわずか〇・二六平方キロだが、礁湖は諸島中最大で五一八平方キロある。最大の砂州ターン島はほとんど人工島で、第二次世界大戦中に浚渫《しゅんせつ》と埋め立てにより砂嘴《さし》を拡大したものだ。その形は航空母艦の甲板に似ている。文明から隔絶されたこの島は連邦政府が管理する海洋生物の自然保護区だが、世界屈指の漂流物の集結海域でもある。そのためここは期せずして、多くがプラスチックである海洋ごみとそれによる自然破壊の実験室になっているのだ。

北西ハワイ諸島は一二〇〇海里の海域に散らばる十の、それぞれ名前がついた島、環礁、尖礁《せんしょう》、リーフ、瀬で成り立っているが、フレンチ・フリゲート瀬はそのもっとも南側に位置する。ここにはフラダンスショーもなければ、ポリネシア風バーもなければ、土産物屋もない。観光客は歓迎されず、厳しく制限されたときおりの訪問者はたいてい科学者で、環境保護のボランティアだ。それには十分理由がある。数千年のあいだ、これらの島々は遠隔という地理的条件により守られ、海鳥、ウミガメ、イセエビ、ハワイモンクアザラシ、その他数千の固有種の安全な楽園だった。ところが、十九世紀に日本やアメリカから棍棒《こんぼう》を持った人間がやってきて、巣作りをしている鳥から羽毛、日なたぼっこをしているアザラシから毛皮と油を手に入れるために狩りをした。これらの動物は逃げる必要がなかったので、その能力が進化していなかった。

北西ハワイ諸島を乱獲や開発から守るために設けられた厳しい規制は、毎年五〇トンから六〇トン流れつくプラスチックごみに対しては無力だ。その大部分が魚網とその他の漁具だが、常駐のフィールド調査員に依頼して集めてもらい、滑走路わきの倉庫に保管してあるものを種類分けしてみると、その他にもさまざまなプラスチックごみがある。いちばん近いところでも人間の住む地域から二〇〇〇海里以上離れたこの場所で、ごみはリーフにまとわりつき、礁湖に漂い、静かな岸辺に山と積みあがる。

海洋学で説明するとこうなる。ハワイ諸島は、北太平洋を東から西に流れる海流の中の飛び石のように位置している。その最北は東西のごみベルトを結ぶ、ごみが大量に集まる収束帯にふくまれる。ごみを大量に乗せた流れが島々のあいだを通過すると、漂流物は島に引っかかる。環礁や島は、海洋からごみを掻《か》きとる櫛《くし》の歯のような働きをするのだ。

しかし、問題は海流ではなく、流れに乗っているものだ。五十年まえもここの岸には流木、ガラスの浮きや瓶、麻の魚網やロープ、プラスチックではない人造のごみが何トンと流れついていただろう。その多くは漁船団から流失したか、捨てられるかしたものだ。流れつくごみの量は、自然のサイクルによって年ごとに異なることが調査により判明している。エルニーニョ現象が起きて熱帯の海水温が上昇すると、収束帯は南に移動して北西ハワイ諸島に接近する。こういう年にはごみの量は大幅に増え、世界でもっとも危機にさらされている海棲哺《かいせいほ》乳類《にゅうるい》、ハワイモンクアザラシをさらに危険に陥れる。アザラシはとくに魚網にからまりやすいのだ。

モンクアザラシ回復計画

フレンチ・フリゲート瀬には、北西ハワイ諸島に六つあるハワイモンクアザラシのコロニーの中で、最大のものがある。世界で最大だが、健全ではなく数は四百に満たない。礁湖でときおり見かけるが、リーフのまわりで食べ物をあさり、陸に上がっては砂州にころがって休んでいる。ハワイモンクアザラシは絶滅危惧種の中でもとくに目立つ存在だ。何十年にもわたって野生生物学者、海洋生物学者が必死で努力してきたにもかかわらず、その数は毎年四パーセントずつじわじわと減少している。世界で千百頭が確認されているが、生き残る子どもは五頭に一頭で、繁殖が可能になるには四年から六年かかる。状況が一変しないかぎり、数十年のあいだに絶滅すると思われる。

このアザラシは、好奇心がじつに強い。食べ物がわずかなので、何でもチェックするのだ。かなり成熟し、りっぱなお坊さん《モンク》のようなひげを持った一頭がアルギータのまわりをいつまでも嗅ぎまわっていた。モンクアザラシにちょっかいを出したり、手なずけようとしたりするのは禁止されていて、殺した場合には州法により五万ドル以下の罰金と五年間の禁固刑が科せられる。餌をねだるかのように見えるが、ただ生息地にやってきた見慣れぬ物体であるカタマランが物珍しいのだ。私は海棲哺乳類の専門家ではないが、この愛嬌《あいきょう》のある動物がいかに魚網などにからまりやすいかがよくわかる。食べ物を見つけるためにまわりのものを調べて、突っついてみずにはいられない性癖なのだ。生息地に漂う魚網は、たまたまかかっている餌でアザラシを誘う罠《わな》と同じだ。

個体数の減少が始まって以来の最新情報を、ビル・ギルマーティンに尋ねた。アメリカ海洋漁業部を退職したハワイモンクアザラシの権威で、国際自然保護連合のアザラシ専門家グループの一員であり、ハワイ野生生物基金の創設者のひとりでもある。最初にハワイモンクアザラシの回復計画を立てたのは一九八三年で、それ以来ずっとこの問題に関わっている。

ギルマーティンに、ハワイモンクアザラシ回復計画の二〇〇七年度改訂版に目を通すよう勧められた。一六五ページもの大部になる包括的な計画だが、なぜか読まずにいられない。議会はアザラシを救うための資金を寛大に出してくれるが、不思議なことに保護を推進しても生存頭数の減少は食いとめられない。

アザラシは救うに値するか？　もちろん値する。生物多様性のためばかりでなく、正義のためだ。生息地に人間がいないのだから、アザラシはどんどん増えていいはずだ。最初にやってきた探検家は、日なたぼっこするアザラシで砂浜は埋め尽くされていたと言っているし、その言葉を証明するように毛皮を大量に持ち帰った。モンクアザラシは熱帯に生息する唯一のひれ脚類であり、千五百万年まえに海を泳いでいた先祖に似ている「生ける化石」でもある（現生人類が出現したのはわずか二十万年まえだ）。

ハワイ民族はアザラシを「波間を走る犬」と呼んだ。成獣のアザラシは二〇キロから三〇キロあり、寿命は平均して三十五年だ。カリブ海に棲《す》む近縁種は、一九五〇年代初めに狩猟により絶滅に追いこまれ、地中海の近縁種はその瀬戸ぎわにある。一生の三分の二は海中で食べ物をさがし、底棲生物を求めて驚くほどの深さまでもぐる。大方のひれ脚類は寄り集まる傾向があるが、モンクアザラシはそれぞれの個体が砂浜で離れて過ごす。メスは出産と授乳をするあいだは、六週間群れから離れる。

モンクアザラシの名前の由来は諸説あるが、この孤独を好む傾向と、ひげと、首のまわりの皮膚のたるみが修道士のフードのように見えることが挙げられる。かつてはハワイ諸島に暮らしていたが、ポリネシア人の到来のあと、「次善の地」ではあったが人のいない北西諸島に隠遁《いんとん》した、という説もある。キャプテン・クックのハワイ諸島発見時のアザラシの数は推測するしかないが、十九世紀にここを訪れた船がニューイングランドに戻ったとき、千五百枚の毛皮を持ち帰ったという。一度に、今日地球上に生存する総頭数を上回る数のアザラシを殺したことになる。

「次善の地」という指摘に、ギルマーティンは異議を唱える。「北西諸島はリーフや礁湖があり、アザラシが好む食べ物がある」と言う。ただ、量が十分ではない。またモンクアザラシは賢い、とも言う。獲物をさがすとき、ひれで石をひっくり返すのが観察されている。北西ハワイ諸島の最北端に位置するクレ環礁では、保護活動初期に船から餌の魚をもらっていたアザラシの子どもは、成体になっても船が来ると近づいて、のぞきこもうとする。かつての幸せな日々を覚えていて、労せずして昼食にありつこうとしているのは明らかだ。

アザラシ狩りは二十世紀初めに終わったが、彼らの運命が好転したわけではなく、軍隊と漁業により生息地は荒らされた。第二次世界大戦中、ミッドウェー島とライサン島に駐留していた兵士は、気晴らしにアザラシ狩りをした。現在はミッドウェー島とライサン島のコロニーも保護され、諸島全体では六か所のコロニーがある。

第二次世界大戦後、アザラシの頭数は増加し、一九五八年には三千頭になった。その後減少に転じ、一時安定し、ふたたび減少しはじめた。一九七二年に海棲哺乳類保護法が制定され、一九七六年には正式に「絶滅危惧種」に指定されたにもかかわらず、このような状態だった。生息地が保護区に指定されたのは一九八六年になってからで、それでも漁業活動は続いた。魚類と甲殻類はすべての生物にとって豊富にあるとする、まちがった偏向科学のおかげだろう。

そしてアザラシは漁師と食べ物を争わなくてはならず、漁船の延縄《はえなわ》、網にもからまった。その海域の食べ物は、もともとアザラシのもののはずだったのに、たしかな報告によると、漁師たちは捕獲物の分け前にあずかろうとする飢えたアザラシを棍棒で殴ったり、射殺したり、毒を盛ったりしたという。一九九一年、ハワイ州は保護海域から延縄漁船を締め出したが、ロブスターと底魚漁は残され、漁師たちは甲殻類と頭足類（イカ、タコ）をとりつづけた。延縄漁船がいなくなったため、アザラシの頭数はわずかに増えたが、それはごく短期間でふたたび減りはじめた。

漁具のからまり事故

二〇〇〇年、いくつかの環境グループの集合体であるアースジャスティス環境法律事務所は海洋漁業局を職務不履行の廉《かど》で訴えた。アザラシの生息数が減っているにもかかわらず、保護区でのロブスター漁と底魚漁を許し、海棲哺乳類保護法と絶滅危惧種法のもとに定められた責務を果たしていない、という申し立てである。

訴訟弁護団は新しい調査結果を提出して、ロブスターと頭足類は、アザラシに必須の摂取食物ではないという漁業者側の主張を厳しく糾弾した。アザラシは底棲生物を非常に好む。訴訟の結果、二〇〇一年にロブスター漁は無期限禁止になったが、遅すぎた。ロブスターは絶滅寸前までとりつくされ、まだ回復にはいたっていない。アースジャスティスの訴訟は、小さなグループでも大きな効果を上げることができるという例である。ただし前提として、担当部局に執行を命じる法律が制定されていて、当局がそれを適切に行なっていないことを十分に証明できなくてはならない。

アザラシは人間の目につくところではめったに死なず、ただ消える。そして強力な法的保護、地理的隔絶、適切な人間の援助があっても、毎年アザラシは減っていく。ギルマーティンは、法律で規制できる以外のリスクはコントロールするのがむずかしく、わずかな頭数に対する保護努力が広範囲に影響を及ぼす結果になる、と指摘する。またたとえば、何かに邪魔されたり驚いたりしたとき子どもを放棄する母親、母子に対するオスの攻撃、群れによる攻撃など、アザラシ自体の行動もリスクにふくまれる。いったん乳離れすると子どもは突然ひとり立ちさせられ、限られた食物を成体のアザラシや他の動物種と争わなくてはならず、サメの餌食《えじき》にもなりやすい。海水温度が上昇して海中の環境が変わったため、アザラシの餌となる生物の繁殖率が下がっている影響も大きい。常駐している野生生物管理官の観察記録には胸が痛む。子どもが突然いなくなったり、衰弱したりするのが観察されている。何かの病原菌の感染かもしれない。

回復計画の中では、アザラシに対する脅威が列挙され順位付けされ、それぞれに対する対策が述べられている。全部で十一のリスクが挙げられ、その中にはアザラシ自身の気まぐれな行動もふくまれているが、決定的と考えられている上位三つは、限られた食べ物、サメによる捕食、海中のごみにからまることである。さまざまな研究や調査から、プラスチックごみが海洋生物の殺戮《さつりく》者として、商業漁船に次いで二位であることはまちがいないだろう。海洋生物にとっては、気候変動よりも大きな直接的脅威である。

アザラシの棲息地に人間が入ることを制限することはできるが、漂流する「私たちの」プラスチックは彼らの生活圏に入りこみ、人間のかわりに彼らに害を与える。正確には「私たちの」ではない。大部分は北太平洋を巡回する漁船団が、魚網やぎらぎら光る針のついたモノフィラメントの延縄を遺棄していったものである。一九八二年から二〇〇六年のあいだに、二百六十八頭のモンクアザラシが漁具にからまられたことが記録されている。一九九九年の一年間では、二十八頭のアザラシが遺棄漁具にからまって死んだ。これらの数値は氷山の一角だろう。多くの死亡ケースは見えないところ、海中で起きていると考えられる。

漁具のからまりは一九六〇年代から始まっている、と回復計画は指摘する。「耐久性と弾力性のあるプラスチック素材が、天然の繊維におきかわった」ときからである。一九八九年にマルポール条約付属書Ⅴにより、海洋環境へのプラスチックをふくむごみ投棄が禁止されても、打ち上がるごみの量とからまりの件数を、八三年以降の記録から見ていくと、効果はゼロだ、ともある。実際にからまった魚網を引きずっている、痛ましい生き物を目にすることがある。疲れ果て、食べるものを捕まえることもできず、最後には餓死する。深い傷を負っていて、それがひどく化膿《かのう》しているものも見る。からまられて溺れたり、他の生物の餌食となったりするものもある。そしてもっとも犠牲になりやすいのは、遊び好きで好奇心いっぱいの子どもだ。ギルマーティンは、アザラシの子はじゃれる子犬にそっくりだと言う。漁具にからまる事故にあったうちの八割は、未成熟な個体である。種の保存にとって、それが持つ深刻な意味は明らかだ。

ごみによる死亡数は把握のしようがないが、二〇〇八年十二月の海洋大気局のレポートによると、「ハワイモンクアザラシが漁具やその他の海洋ごみにからまられて死亡するケースは、他のひれ脚類より多い」としている。これはモンクアザラシが自ら災いを招いているのではなく、その生息地により多くのプラスチックごみがあるからだ。その外見から、「神からの贈り物のような地上生物」とまで称されるこの魅力的な動物が、人間の手によって荒廃した地に棲《す》まなくてはならないとは、なんという皮肉だろう。しかし、じつはモンクアザラシも、毎年プラスチック浮遊物によって殺されたり傷つけられたりする数百種、そして数百万体の海洋動物の一種にすぎないのだ。

プラスチックと漁業の関係

海洋がなぜプラスチックごみでいっぱいになったかを論じるとき、漁業の操業形態と漁具は避けて通れない話題だと思うようになった。漁船から投棄されるものは、流失または遺棄された魚網や延縄だけでなく、ブイ、罠、プラスチックのたる、枠箱、日用品などもある。

漁業は複数の海洋危機に関わっている。遺棄漁具の問題、インスタントコーヒーの瓶のふたからライター、使用ずみケミカルライトなどにいたるプラスチックごみ投棄の問題、プラスチック製の軽い漁具に変わったため起きた乱獲の問題、クジラを初めとして毎年数百万匹にのぼる混獲〔漁業対象とは別の魚を意図せず漁獲してしまうこと〕または偶発的殺害の問題、などだ。たとえば、一九九〇年代に大西洋で回収されたオランダ製遺棄魚網には、九〇〇キロのタラの死骸がからまっていた。タラは、かつてはニューファンドランドのグランドバンクスに豊富にいたが、今は急速に減っている。

一九九〇年、バードライフ・インターナショナルは、一万七千五百羽のコアホウドリが流し網で死んでいるという推計を発表した。この流し網は二年後に禁止されたが、代わりに延縄漁が行なわれるようになり、アメリカ鳥類保護協会によると一〇〇キロもの長さになるものもあり、三万個の針がつけられているという。犠牲となる鳥の数は逆に増え、アホウドリとミズナギドリ類が何十万羽と死んでいる。針についた擬似餌をとろうともぐり、引っかかって引きずられ、溺死するのだ。海洋漁業局は延縄漁の混獲を減らすため、針を丸くしたり、擬似餌にカバーをつけたり、鳥を怖がらせて寄せつけないよう明るい色の吹き流しをつけるなどのガイドラインを示している。これらの方法はある程度の効果はあり、他国も追随しはじめているが、すべての国々ではない。まったくやりたい放題の悪辣《あくらつ》な漁船団もあり、混獲は一貫して減らず、海鳥の「ゆるやかな減少」という深刻な事態をもたらしている。

また、国際捕鯨委員会は「操業中の漁具、遺棄漁具、その他の海洋投棄物にからまる事故は、ザトウクジラの人為的死因の第一位であり、クジラ目全体で毎年三十万頭が死んでいる」とみなす。混獲は最大の懸念材料である。

この章のための調査をしていて、サンペドロの近くにある国際鳥類救護研究センターを訪れた。そこで彼らの言う「漁業による相互影響」について直接学びたいと思った。ガイドしてくれた、熱意あふれる引退した獣医師ヘイデン・ネヴィルはこう言う。「漁業に関連する被害は、フィールドで非常によく目にします」。渡りをする鳥はとくに、モノフィラメントの釣り糸が足にからみやすく、腱《けん》やその他のやわらかい組織を切断されることが多いと言う。そうなると、自然の中ではもはや生きていけないので、安楽死させるしかないそうだ。流出原油にまみれた海鳥のほうが、漁具にからまられた海鳥より生き残れる可能性が大きい。センターには、流失釣具がごちゃごちゃからまったねずみの巣のようなものが展示してあった。二十羽ほどの鳥からはずしたものだという。もつれた糸には漁業用ではなくスポーツフィッシング用のルアーが、手作りのやら精妙な既製品やらをとりまぜ、明滅する浮きや発泡スチロールの浮きとともについていた。こういう害は予防できたはずではないかと思い、ショックだった。

プラスチックと漁業は完璧なパートナー関係を結んでいるようだ。安くて、防水性があって、軽量で、成形が自由自在なプラスチックに、これほど恩恵をこうむっている産業はないだろう。プラスチックは漁業に革新をもたらし、嘆かわしいことに、その慣習をすっかり変えてしまった。ナイロン製、ポリプロピレン製、ポリエチレン製フィラメントでできた新しい魚網や釣り糸は、従来の漁具に比べて重量も値段も数分の一である。魚網に使われていた従来の天然素材、麻、サイザル麻、マニラ麻、綿などの有機素材の重量と値段は、おのずと網の大きさと漁獲高を抑えたし、漁具は丹念に手入れされてくり返し使われた。日本のガラス製浮きは、中空のプラスチックボールや発泡プラスチックに変わった。安いプラスチック製漁具の登場は使い捨て方式を広め、多くの漁師は漁具を捨てたほうが、船上のスペースを得られるし、燃料も節約できて得だと計算するようになる。マグロを引き寄せるために、古い漁具を塊にして海に投げ捨てさえする。以前はごみなど浮いていなかった海では、好奇心あふれる賢い生き物にとって新奇なものは何でも珍しい。

手のかかる天然素材から解放され、ハイテク追跡機器を駆使する遠洋漁船団は、恐るべき存在だ。船上工場といってもよいほどの大型船から地元の平底舟までふくめ、三百万隻の船舶によって海洋資源の八〇パーセントがとられている。中国の漁獲高は他の競合国であるペルー、アメリカ、インドネシア、チリ、ノルウェーをはるかに引き離し、他国の四倍である。

一九九二年に禁止されるまで、最長で七〇キロある流し網は海洋から生物を余さずとりつくした。今では使われなくなった流し網の断片や、その浮標に使われていた発泡プラスチックの黄色のバナナ状の浮きが、ハワイ諸島のみならずアラスカ沿岸でも、いまだに多数発見される。フレンチ・フリゲート瀬の倉庫でも、カーティス・エベスマイヤーが識別したものの中ではバナナ浮きがいちばん多かった。流し網は十年まえに禁止されているのに、こんなに多いのは奇妙だとエベスマイヤーは嘲笑的に言う。そのとき知ってショックを受けたのだが、ハワイ海域でも、小規模な流し網は今も合法であり、沿岸では刺し網がおよそ千か所、合法的に常時仕掛けられているという。

遺棄漁具の危険性

遺棄漁具の災厄はすぐに国際的シンポジウムでとりあげられるようになり、方針の見直しが叫ばれた。私がもぐりで展示を行なったハワイ会議もそのひとつである。最近ホノルルで開かれたシンポジウムは、アジア太平洋経済協力(APEC)の後援による「教育」集会で、延縄、遺棄漁具にからまる海鳥や、海棲哺乳類の実態について、各国の漁業関連の大物たちに知ってもらった。混獲は漁業そのものを、水産資源の枯渇《こかつ》のみならず食物連鎖の破壊により衰退させるし、遺棄漁具は自分たちの乗船している船もふくめ、船舶のスクリューにからまることがあって、漂流物を原因とする修復、休業、水揚げの損失などによる被害額は、漁業全体で年間十億ドルと見積もられる、などの報告もあった。からまり事故では、人命が失われる危険さえあって、そのもっとも恐ろしい事例が一九九三年に韓国で起きている。荒れた海でスクリューに網の塊がからまって船が転覆し、乗っていた乗客二百九十二名が溺死にいたったのだ。

その後行なわれた調査で、次のことが判明した。「二年間（一九九六年から九八年）に韓国水域で、船舶と海洋浮遊物にかかわる航行事故が二千二百七十三件起きている。二百四件ではスクリューに損傷を受け、百十一件では遅延となり、十五件ではエンジンにトラブルが起き、二十二件では海難事故につながった（船舶または人命の損失）」。これは国際社会がこうむっているショッキングな災いではないだろうか。

魚網流失やコンテナ落下の報告義務を法的に定めようとする努力は、今までのところ実っていない。漁業組合などの代表は、法を厳しくしても遵守にはつながらないと指摘する。政府の力が弱い国の野放図な漁船団は、取り締まるのがむずかしいからだ。しかし、アメリカの漁師の中にも、無法行為を堂々と行なう恥知らずがいる。ひとりの友人が「ディスカヴァリー・チャンネル」の実録番組「最悪の漁」を観るように、と教えてくれる。アラスカのカニ漁を追った記録だ。乗組員は、漁でぬるぬるになった甲板に何リットルもの漂白剤をぶちまけてこすり、空きボトルを海に投げ捨てる。プラスチック容器が空気をはらんで浮いてしまうと、沈めようとライフルで撃つ。目に余る無軌道ぶり、としか言いようがない。ブルーの容器やプラスチックの浮遊物は外洋でたくさん見かけたし、ブルーのプラスチックのかけらは無数にトロールで回収した。現行の沿岸警備隊の規則によるなら、このカニ漁船は積載物のリストを漁に出る前後に提出し、プラスチックや他の腐敗しない物品がすべてそろっていることを示さなくてはならないはずだ。明らかにその取り締まりぶりは、あるいはしなさぶりは、おおいに問題をはらんでいる。

今フレンチ・フリゲート瀬に、北西ハワイ諸島のいちばん離れたクレ環礁の野生保護官で、アザラシの回復計画と遺棄漁具除去に直接かかわっているシンシア・ヴァンダーリプがいっしょに来ている。北西ハワイ諸島では、海洋ごみがからまりあって一トン近くも瓦礫《がれき》の山となって積み上がり、毎年優秀なダイバーたちが慎重に魚網をリーフから外す作業をする。魚網は珊瑚礁と生態系を破壊する。取り外すには訓練を積んだダイバーでなくてはできない。ダイバーたちは多数の組織から派遣されて来ており、関係機関の連携が進んでいるわけでとても喜ばしい。

海洋大気局は収束帯の魚網の塊を検知する活動を組織化していて、いずれ回収する予定でいる。私たちも四回の航海で、七つの浮遊魚網に追跡用の衛星浮標をとりつけた。ただし、データは得られたが回収作業は今のところ進んでいない。海域が広すぎ、経費が莫大だからだ。無人飛行機を使ったらどうかという案も出たが、それも無理だった。現在、海洋大気局は外洋の遺棄魚網の追跡と回収計画を棚上げにしている。

二〇〇九年の夏の終わりにクレ環礁で行なわれたごみ回収作業は、うねりが二・四メートルにも達する荒れる海況の中で危険を賭して実施された。四トンの遺棄プラスチック魚網が回収され、二二五フィートの沿岸警備艇に載せられ、ホノルルに運ばれた。ヴァンダーリプの話では、一週間かかった作業のあいだに網にからまった七頭のモンクアザラシと、絶滅危惧種であるクロアシアホウドリ五羽、アジサシを一羽救ったという。「魚網の与える影響には呆然となります。とても深刻な問題で、遺棄当事者に責任が求められないかぎり解決はしないでしょう。今のところは、私たちができることをするしかないのです」

魚網の主の追跡

公害防止法や対処プログラムが効果を上げているかどうか判明するのには、数年がかかる。その理由は簡単で、ごみは何十年にもわたって蓄積され、増加は止まっていないからだ。ハワイでは、プラスチック・モノフィラメント製の刺し網が、二〇〇八年により厳しい法が制定されたにもかかわらず、あるいはそのせいで、依然として流失しつづけている。今では法を破る漁師は、魚網をこっそり捨て、州政府の係官を見かけるとすばやく逃げるようになった。よかれと制定された法の、思いがけないなりゆきである。

漂流ごみのうち、何パーセントが岸に打ちあがったり、回収されて陸に運ばれたりして海から取り除かれたのか、エベスマイヤーにさえわからない。海流に乗っているプラスチックごみの量も推定するしかない。したがって改善努力の成果もはかることができない。エベスマイヤーは、渦流のごみは五十年かそれ以上そこにとどまるだろうと言っている。しかし、外洋の漂流魚網を処理するのは危険だし、費用がかかりすぎる。海事保険会社は当然ながら、漁具流失を食い止める努力を強力に支持する。毎年数千万ドルの賠償請求に応じているのだ。

最悪の違反者を見つけだすため、科学者グループが海洋大気局とハワイ大学に協力して、海洋大気局と沿岸警備隊が毎年北西ハワイ諸島で行なっているクリーンアップ作戦で回収した遺棄魚網を調べた。魚網の種類は二百五十種以上あり、専門家が呼ばれて国と漁船団を特定しようとしたという。海洋大気局のキャリー・モリシゲに連絡をとって、何か判明したか尋ねてみた。モリシゲの説明では、魚網の特定プログラムはオーストラリアで続行中だそうだ。オーストラリアはその北岸がやはり、ごみのおびただしい集積場所になっている。また遺棄されたカニかごが問題となっているピュージェット湾〔ワシントン州北西部の入り江〕でも、成果が上がっているという。ハワイのプログラムがいちばん成果が上がっていないのだ。モリシゲは、メールでこう回答してきた。

海洋大気局はそのデータの収集をもう続けていません。……ハワイで回収された魚網は、魚網全体ではなく多くの断片が密集した塊なのです。魚網のタイプを特定して、そこから漁場を知るには網全体が必要です。これらの断片からでは、ひょっとして製造者はわかっても、網を遺棄もしくは流失した漁場、場所、国、船、漁師などはわからないのです。

追跡の糸は途切れた。

最新のモンクアザラシの苦境について、その分野に携わっている人から直接教えてもらおうと、クレ環礁の野生保護官シンシア・ヴァンダーリプに問い合わせた。ヴァンダーリプが特定の季節だけ管理におもむくクレ環礁は、モンクアザラシが減少していない唯一の繁殖地であると回復計画に書かれていた。百頭ほどのモンクアザラシが棲みついていて、ヴァンダーリプは、鼻先に円すい形のメクラウナギの罠が刺さって閉じたきりになったアザラシの写真をとり、助けてやったので有名だ。ただし、そのアザラシは顎《あご》の筋肉が萎縮《いしゅく》していたので、生き残れなかっただろうとヴァンダーリプは推測する。「その後、見かけませんでした」。若いメスだったので、生きていれば一生のあいだに十頭以上の子を産んだだろう。健全だと聞いたクレ環礁のコロニーについてはこう言った。「今では衰退しているように思います。今年生まれた子どもは、私が十月に環礁をあとにしたときはもうやせていました。生態系が回復したとは思えません」

さてフレンチ・フリゲート瀬に戻ろう。フリーのビデオカメラマン、マイケル・ベイリーが「人造の海」に場面を追加するため到着していた。秋にサンタバーバラで大きな会議が予定されており、より長い映画を上映したいと思っているのだ。

エベスマイヤーは生来のパフォーマーだ。カメラは彼の寝場所を写し、倉庫を写し、きちんと分けられて山積みされた漁具と日用品の容器についてエベスマイヤーが説明するのを写す。いちばん多いものは流し網の浮きで、中空のプラスチック製と発泡ポリウレタン製を合わせて八十八あった。海洋に何キロもの長さにわたってたれ下がる網の上辺にとりつけられていたものだ。浮きのいくつかは風雨にさらされていて、まちがいなく非常に古いものだ。しかし、残りは不思議なほど新しい。流し網は十年まえに禁止されたので、これはありえないはずだ。二番目に多いのは、カキ養殖で貝どうしの間隔を保つために使われるプラスチック製スペーサーパイプで、八十三本ある。二〇〇〇海里以上離れた日本の水産養殖で使用される頑丈なプラスチックのパイプだが、どうしてここまで来たのだろう。エベスマイヤーは沿岸のカキ養殖場を嵐が襲い、海に運び去ったのだろうと言う。全体でごみの八六パーセントが漁業関連だった。

ターン島の岸辺でも撮影する。人類はプラスチックのおかげで破滅するかもしれないとエベスマイヤーがカメラに向かって言ったとき、私たちはみなぎょっとした。内分泌撹乱物質により、数世代で男性の生殖能力が失われるだろう、と言う。これはアザラシだけの問題かもしれないが、今のところだれもそう断言はできない。

第12章

海洋生物たちの好物

食物連鎖の底辺が消化できない、栄養のないものにおきかわっていて、それが重量では自然の食べ物より、そして時として数でもまさっている。それが私たちの問題の核心だ。

——アルガリータの理事会にて、著者

フレンチ・フリゲート瀬への航海から六年後の二〇〇八年一月、五人の新しいクルーで渦流に向けての七度目の航海に出港する。今度は今までとは少しちがい、魚をとる。プラスチックだけでなく、魚類も調査するのだ。初めての冬季の航海でもあって、予定がたくさんある。初めての季節に初めての場所でサンプリングをし、調査のために特別の魚類をつかまえる。それによって渦流のプラスチックは人間の食物網に害を及ぼしているか、という疑問に答えが出ると予想している。

北太平洋環流には、重量で動物プランクトンの六倍のプラスチックが存在することがわかっている。そして、細かく砕かれたプラスチック粒子は動物プランクトンと、動物プランクトンのおもな食物である植物プランクトンにそっくりだ。筒状のサルパやクラゲの内部と外側に、プラスチック片がまとわりついているのをよく見る。どちらも海面の流れに乗り、行く手に漂うあらゆるものをのみこむ動物プランクトンである。では、動物プランクトンを食べて生きる稚魚などには影響はないのだろうか。プラスチックごみの運び手となり、より広い食物網にプラスチックの毒性を持ちこんでいないだろうか。

科学論文には、局地的とか一時的という言葉が頻繁《ひんぱん》に使われる。調査をした場所と時期に限定して述べている、という意味だ。この航海では、そのふたつの制限を押し広げようと思う。時間的要因に関しては、北太平洋があまり太平でない時期にはプラスチック汚染はひどくなるのか、それともましになるのか見定めたい。空間的要因のほうでは、以前より北方と西方へ調査範囲を広げ、西は日付変更線に近づき、北西ハワイ諸島の北の北太平洋亜熱帯収束帯と呼ばれる海域まで行くつもりだ。北太平洋を周回する巨大な流れが、ハワイの東と西にある小型の環流、そしてアラスカに北上する海流と出会う場所である。

収束帯には、これらの海流がすれちがう高速道路の中央分離帯のような領域があり、移行帯と呼ばれる。海洋大気局の科学者は、移行帯の上を低空で飛行したり、衛星写真で見たりして、植物プランクトンがとくに濃厚に存在する「クロロフィル（葉緑素）前線」があることを確認している。陸の植物同様、植物プランクトンはクロロフィルを産出する。そしてやはり陸の植物同様、二酸化炭素を吸収して酸素を吐き出し、地球の生命に大きな恩恵をもたらしている。

この同じ領域に、ごみが集中しているのだ。おもに魚網の浮きやブイなどで、もちろんプラスチック製の漁具である。そして魚網の塊も、少なくとも一〇メートルの幅がある怪物のようなのがふたつ確認されている。海洋大気局の海洋学者デイヴ・フォーリーに、「クロロフィル前線」とごみの集中というふたつの事象のつながりを、間近で調べてきてくれと言われている。アルギータ独自のトロールも行なって、低空飛行では確認できないマイクロプラスチックが、プランクトンと魚網の塊同様多いかどうかも調べるつもりだ。

つかまえる魚はハダカイワシだ。発光魚なので光るが、目立たない。昼間は海中の「弱光層」（水深二〇〇から一〇〇〇メートルの中深海水層）にひそみ、夜間に動物プランクトンを食べに海面に上がってくる。ハダカイワシは地球の神秘である。体長数センチだがその数は膨大で、深海魚のバイオマス（生物量）の六五パーセントを占め、大陸棚で分厚い層を形成しているので、計測機器が海底だとみなしてしまうほどだ。それでも群れをなす魚とはみなされないため、カタクチイワシやサーディンのように大きな網による漁業の対象とはならない。どこの海にでもいて二百五十四の種類が知られているが、それ以上あるかもしれない。夜間に海面近くに浮上して光るが、これは地上で最大のバイオマスの移動である。

最初の渦流への航海で夜間トロールをしたとき、初めてハダカイワシをつかまえた。ハダカイワシは人間が食べる魚であるマグロ、タラ、サケ、サメの食べ物である。そして食用にはしないが大切に思う生き物であるクジラ、イルカ、ひれ脚類、ペンギンの食べ物でもある。魚のプラスチック摂食はあまり調査されておらず、一九七〇年代と八〇年代にスケトウダラ、モンツキダラ、マダラが少なくともときおりプラスチックを食べることが判明しているくらいだ。アイリッシュ海の魚は、ウェールズとアイルランドを行き来するフェリーから投げ捨てられるプラスチックごみをあさる。一匹のスケトウダラから五個のプラスチックカップが出てきたことがある。ハダカイワシは、マイクロプラスチックと食物連鎖について何か明らかにしてくれるだろう。

コアホウドリの危機

移行帯に向かって北上し、トロールを行ない、デイヴ・フォーリーのためにサンプルをとる。北太平洋のプラスチックごみは、ふたつの「ごみベルト」に集まると推測されている。ひとつはハワイとカリフォルニアのあいだ、もうひとつはハワイと日本のあいだである。どちらも生物が比較的少ない「貧栄養」区域なので、より海洋生物と漁船でいっぱいの「生産的」区域からプラスチックごみを隔離していることになり、ある意味で食物連鎖が汚染から守られているかもしれない、という予想があった。しかし、移行帯で私たちが見出したものは、そのような仮定をすべてこなごなに打ち砕いた。移行帯でのトロールはひどかった。今まででいちばんプラスチックまみれだったのだ。

海洋大気局はこのホットスポットを、食物連鎖の上にいる何種かの捕食生物の遊走海域、摂食海域と認定しており、遠洋生物は海洋ごみがより密集している海域で捕食することを好む、という驚くべき調査内容を発表している。つまり海洋生物は、プラスチックも食べ物も豊富にあるこの海域に集まるのだ。

海況に恵まれ、私たちは移行帯をあとにして北東環流に向けて南と東に進みながら、ハダカイワシをつかまえるトロールを七回行なう。六回はイワシが豊富な夜間に行ない、全部で六百七十四とった。瓶にホルマリン漬けにし、あとでアルガリータのサーファー魚類学者、クリスティアーナ・ベルガーに分析してもらう。

海洋大気局の低空飛行調査で、移行帯に多くのアホウドリが目撃されている。私たちも見かけた。移行帯に向かう航海で、二〇〇二年に訪れた北西ハワイ諸島の縁をかすめたが、そこは移行帯で食物をあさる生物の主要なホームベースなのだ。もちろん今回は島影を見ただけで、許可がないので立ち寄るわけにはいかなかった。プラスチック摂食の代表的な犠牲者は、何と言ってもコアホウドリだろう。プラスチックで腹腔がいっぱいになったコアホウドリの幼鳥の腐敗した死骸を、写真で見たことがある人は多いと思う。

二〇一〇年に、国際自然保護連合がコアホウドリを絶滅危惧Ⅱ類から準絶滅危惧種に「格下げ」したのはよいニュースだった。「準絶滅危惧種」は最優先の保護をするわけではなく、その定義は「近い将来に絶滅の恐れが生じる可能性があり」、絶えず監視する必要がある、というものだ。一九九二年から二〇〇二年のあいだに、コアホウドリの個体数は三〇パーセント減少したが、その後そのまま安定した。これは、アメリカの延縄漁の規制のせいだろう。そして二〇一一年三月に日本を襲った破壊的津波のために、ミッドウェーと北西ハワイ諸島のコアホウドリの繁殖地はどこも害を受け、ざっと調べただけでも十一万羽、全体の四分の一の幼鳥が溺れたり海に流されたりした。この事件により、コアホウドリのプラスチック問題は様変わりする。餌を与えるべきひなが少なくなっただけでなく、海洋ごみは飛躍的に増え、この先何年も、もしかしたら何十年もその状況は変わらないかもしれない。

　ミッドウェーは世界中のコアホウドリの巣の七〇パーセントが存在するだけでなく、かなりの数のクロアシアホウドリ、カツオドリ、ウミツバメ、ミズナギドリが営巣する。津波のまえは、じつに多くの海鳥がミッドウェーをねぐらにしていた。セントラルパークの二倍ほどの広さの島に全部で二百万羽の鳥がひしめき、鳥のせいでミッドウェーへの飛行機が飛べなくなることさえある。しかし、一見、鳥類の楽園のようなこの地で、コアホウドリの幼鳥は毎年十万羽死んでおり、その四〇パーセントにあたる四万羽はプラスチックの誤食によるものだ。

　コアホウドリの寿命はだいたい六十年だ。ウィズダムと名づけられたミッドウェーのあるメスは二〇一一年に六十歳で健全な卵を産み、最年長記録を打ち立てた。最初の標識をまだつけている。アホウドリは六歳ごろから二年ごとに卵を産むようになり、生涯つがい相手が替わらない。ひなは半年ぐらいで巣立つと海に出て数年暮らし、生まれた場所に戻ってくる。交配するのは数年後だ。

ミッドウェーにいるアホウドリの親鳥は、陸の上に巣を作る。砂の上を好むが、プラスチックごみの上に作っていることもある。子育てにはオス、メス両方がかかわり、卵を産むと約七十日間交代で温める。ひながかえると、二週間はひなが冷えないよう温め、給餌は軽く行なう。ひなが自分で体温調節できるようになると、本格的に餌を与えはじめる。オスとメスが代わる代わる海に出て、餌をとり、戻ってくると未消化の捕獲物を吐き戻して、食べ物を待ちわびるひなの口に入れてやる。

アホウドリは食魚性だが清掃生物でもあり、鋭い眼で海面から食べられるものを見つけ、すくい上げる。好物はタコ、イカ、オキアミ、イワシ、他の捕食生物の食べ残しである。ごちそうはトビウオの卵で浮遊ごみの上によく漂っているが、今ではそれがたいていプラスチックである。ウィズダムのような年とったアホウドリは、トビウオの真っ赤な卵は浮き沈みする流木や軽石についていることを知っている。

プラスチックイーター

アホウドリは連邦政府のあらゆる法的措置による保護を受けているし、子育て中の親鳥はじつに愛情こまやかにひなの世話をする。しかし問題は、親鳥が食魚性でなく、プラスチックイーターになってしまっている点だ。アホウドリの不運は、好みの食べ物がプラスチックにとっても似ていることである。ぴかぴか光り、色鮮やかで、ぴょこぴょこ浮き、三〇センチほどのくちばしでくわえるのに頃合の大きさだ。日本の津波によってプラスチックが増え、乱獲により魚が減っている海で、本来の食べ物を見つけるのはさらにむずかしくなるだろう。水面採食生物として進化してきたアホウドリは、視覚だけに頼るハンターなので、餌とプラスチックをすぐまちがえてしまう。ほんの二世代まえだったら、海面にあるものはすべて安全で、ひなに持って帰ることができた。今では海洋大気局の収束帯調査によると、海鳥はプラスチックを簡単に拾える海面に向かうという。

運よく親鳥が自然の餌を十分に与えられれば、ひなはプラスチックでいっぱいになって脱水状態で餓死するのを避けられる。運がよければプラスチックの先が内臓に穴を開けたり、消化管をふさいだりする目にあわずにすむ。五か月生きのびれば、生き残りの鍵をにぎる能力が身につく。吐き戻しである。海鳥は消化できないイカのくちばし、軽石、魚のうろこ、木片、羽毛を塊にして吐き出すが、今ではそれにプラスチックが交じっている。吐き戻す能力により、成鳥はプラスチックの害から身を守ることができるが、ひなにとっては時間との競争になる。

シンシア・ヴァンダーリプは、クレ環礁とミッドウェーの両方で、カモぐらいの大きさのコアホウドリのひなが徐々に衰弱していくさまを自分の目で見、死後に解剖を行なった。必ずプラスチックが山ほど見つかる。大部分はかけらだが、ボトルキャップや使い捨てライター、歯ブラシの柄、おもちゃの人形などもある。ミッドウェーの管理官は、アホウドリの親鳥は、毎年五トンのプラスチックを海面からすくい上げているだろうと推定する。

しかし、ひなの死がプラスチック誤食によるものと断定するのは、他の脅威を排除できないかぎりむずかしい。古い建造物の鉛をふくんだ塗料のせいかもしれないし、親鳥が世話を放棄したのかもしれないし、親鳥が延縄にかかって死んだのかもしれない。プラスチック以前のアホウドリのひなに関する死亡率のデータはないのだ。

科学的知見が科学界にとどまって、人々に知られることがないという事例を挙げよう。アホウドリのプラスチック摂取の調査は、ほぼ五十年近くまえから実施されているのだ。最初の調査は一九六三年で、北西ハワイ諸島のパールアンドハーミーズ環礁のアホウドリの七三パーセントが、プラスチックを「のみこんでいる」と指摘している。

次の大きな調査は一九八三年に行なわれ、コアホウドリの幼鳥の死体の九〇パーセントにプラスチックが見出され、摂取されたプラスチックの重量は六三年の一・八七グラムから七六・七グラムになっている。三十倍である。九七年の調査では、サンプルの幼鳥の九七・六パーセントにプラスチックが発見され、北太平洋中部に集まるプラスチックごみは増加していることが明らかになった。この年に私はたまたまごみベルトを航海した。海鳥の胃の内容物はすでに海洋汚染の指標となっていたのだが、だれがそれを知っていただろう。が、このときすでにマルポール条約付属書Vは発効して、十年たっていた。

使い捨てライターはアホウドリの好物だ。きらきら光る金属と鮮やかな色にひかれるのだ。

ヴァンダーリプはこう言う。「アホウドリは色に関心があります。その研究はありませんが、私が色鮮やかな服や靴を身につけていると突っつきにくるのです。色鮮やかな甲殻類を食べるので、赤や青が好きなのでしょう」。ボランティアたちはミッドウェーに二か月いて、営巣地の地面から千三百十個のライターを集めた。おそらく漁師が投げ捨てたのだろう。幼鳥の死体から出た人工物は他にもいろいろあるが、何といってもいちばん多いのは、ボトルキャップである。ボトルキャップは耐久性のあるポリプロピレンでできており、ほとんどリサイクルされず、人類よりも長持ちする。

ボトルキャップの統計はないが、ボトルの製造数からその数は推測できる。コンテナリサイクル協会は、アメリカ人は平均して一年にひとり六百八十六本のボトル入り飲料を飲むとしている。アメリカ全体で二千百五十億本である。このうち七百五十億本ほどがペットボトルもしくはポリエチレンの容器で、その四分の一がリサイクルされるが、キャップはされない。他にもキャップはさまざまなところで使われる。薬品、サプリメント、シャンプー、コンディショナー、日焼け止め、スキンローション、液体石鹸《せっけん》、洗剤、ケチャップ、パンケーキシロップ。これらのキャップのごく一部でも海に流れれば、それは毎年たまっていき、自然の食べ物を凌《りょう》駕《が》するようになる。

プラスチックのせいで命を落とすコアホウドリの幼鳥の数が把握されていないことについて、ヴァンダーリプはこう述べる。「科学者がすべての答えを出してくれるのを待つべきだとは思いません。私たちは、たとえ不確定要素があっても、安全策をとるほうを選択すべきだと思います」

風船の被害

二〇〇九年にアルガリータ海洋調査財団の研究者ホーリー・グレーは、混獲された四十七匹のコアホウドリとクロアシアホウドリの胃の内容物を調べた。これまで調査されたのは、幼鳥の内臓と成鳥の吐き戻しだけだったが、初めて成鳥の内臓が調査された。捕らえられたショックで死ぬまえにすでに吐き出したかもしれないし、漁船がいたので通常の餌あさりとはちがう行動になっていたかもしれないが、コアホウドリの八三パーセント、クロアシアホウドリの五二パーセントにプラスチックが見つかった。コアホウドリのプラスチックは大部分がかけらで、クロアシアホウドリは釣り糸だったが、どちらも量は幼鳥の死体の腸にあったほどではない。成鳥は吐き戻しがうまいが、幼鳥はまだうまくできないのだ。

いずれにしろこの結果は、海面から餌をあさる生き物がいかに頻繁にプラスチックを摂食しているかを示すことはまちがいない。アホウドリの追跡調査で、コアホウドリはプラスチックが多い太平洋上の収束帯をめざし、クロアシアホウドリは波が荒くてプラスチックが散らばりやすい西海岸をめざすことがわかっているが、これも結果に一致する。

絶滅危惧種のウミガメも、プラスチックの害を受けている。一九八五年に、ハワイ在住のウミガメの専門家が、さまざまなプラスチックが内臓にあったウミガメを七十九匹確認している。地中海でも、解剖したウミガメの八〇パーセントの内臓に海洋ごみを見出し、そのほとんどがプラスチックだった。ブラジルとフロリダで行なわれた、岸に打ち上げられたウミガメの調査結果で出た数値は少し低い。ウミガメはとくに、好物のクラゲとレジ袋をまちがえやすい。一九八八年にニューヨークで年老いたウミガメが回収され、解剖すると、五四〇メートルの釣り糸が胃と食道から出てきた。

ウミガメの死亡率は、死んでから陸に打ち上げられる成長したウミガメの調査に基づいている。しかしウミガメの成長過程は一風変わっていて、孵化《ふか》してから二歳までのウミガメは、ほとんど研究が不可能なのだ。フレンチ・フリゲート瀬は、絶滅危惧種のハワイアオウミガメの最大の産卵場でもある。孵化すると赤ちゃんウミガメは砂から這い出して、月の反射光に導かれて海をめざす。本能に従って外洋をめざし、謎の二年間を過ごす。その後、ふたたび陸に上がる。調べることはできないが、この期間にさまざまな危機に出会っているだろう。海での暮らしぶりはほとんどわからないが、プラスチックのごちそうに出会っているのはまちがいない。

私は講演をするとき、赤ちゃんガメの写真を見せる。見た目ではわからないが死んでいる。ふたつのプラスチック片により幽門をふさがれ、排泄ができなくなったのだ。より大きな生き物なら、その体内を素通りするプラスチックでも、小さい個体は殺してしまう。

プラスチックの袋同様、風船や風船の断片もウミガメをとてもひきつけるようだ。沿岸の調査では風船を大量に見かけるし、数百海里沖でも見る。アルガリータの鳥類の専門家、ホーリー・グレーはブログにこう書いている。

いちばん奇妙なのは風船です。風船は海上のどこにでも見られるのです。パーティーで人々が空に放すあの風船です。あらゆる形、あらゆる色の風船を見ましたが、際立って奇妙なのがありました。明るいピンクでかなり遠くから見えたので近くまで行き、モア船長がボートフックでうまくひっかけると、けばけばしいピンク色でハンナ・モンタナ〔テレビドラマの中のロックスター〕の写真が印刷されていて、「さあ、ロックだ！」という字が読めました。そしてそのとおり、ボートフックで風船を突いたときにそうなったのか、中のスピーカーから歌が流れてきました。

このマイラー風船はホイル製風船で、ほぼ半永久的な双軸性PETフィルムに金属を塗布してあり、安く、長持ちする。ヘリウムを入れてふくらませると誕生パーティーなどでは大喜びされるが、空中に放たれると送電線に害を与えたり、海洋環境の脅威となったりする。

二〇〇八年カリフォルニアの議会でホイル製風船を禁止する法案が通過したが、風船業界が猛反対をくり広げて廃案になった。風船業界というものが存在するのだ。「ウォール・ストリート・ジャーナル」紙の記事に載った業界自体の統計値が正しいなら、とても大きな業界ということになる。その業界が引き合いに出した統計には、驚いた。風船協議会の広報担当の女性が「ウォール・ストリート・ジャーナル」紙に語ったところでは、「アメリカでは一年に四千五百万個の風船が売れています。平均して一個たったの二ドルですが、花に添えたり、クマのぬいぐるみに添えたりするので、総額は九億ドルになるでしょう。もしこの法案が成立したら、政府は年間八千万ドルの売上税を失うことになるのです」

風船業界の圧力団体はよく組織化され、大量の風船の空中への放出を禁止するよう求める環境保護団体と永遠の交戦状態にある。大西洋中部の沿岸を活動対象としている団体クリーン・オーシャン・アクションはこう述べる。「風船もしくはその断片が風で運ばれて海に流れ出て、海洋生物に害を与える確率は七〇パーセント以上である。打ち上げられたクジラ、イルカ、アザラシ、ウミガメの調査では、その多くの胃の中に風船、風船の断片、風船の紐《ひも》が発見されている」。さらに、二〇〇三年にボランティアたちがニュージャージー州の海岸で四千二百二十八個のマイラー風船とゴム風船を集めたと報告している。

地上に落ちた風船は、「樫《かし》の葉」と同じスピードで分解するという風船協議会の主張を受けて、イギリスのあるグループが樫の葉の分解を調べたところ、条件によっては分解するのに四年かかった。風船協議会は、一〇パーセントの風船がそのまま落ちてくるとしているが、環境団体はもっと多いと主張する。

プラスチック問題を調査している友人のアンソニー・アンドラディは、この問題を研究して次の結論にいたった。

ゴム風船は海洋環境で重大な意味を持つ。商業的風船飛ばしにより海洋に落ちる風船は、海洋生物に誤食やからまりによる重大な被害を与える。空中で日光にさらされるとかなり速く分解することから、風船飛ばしはとくに大きな問題はないと楽観視されているが、実際に私たちがノースカロライナで行なった実験では、海水に浮く風船は劣化がかなり遅く、一年たってもまだ弾力性を保っていた。

風船飛ばしは卒業式、結婚式、葬式、新規開店などのセレモニーで行なわれる。神の恩寵《おんちょう》をめざして空高く舞い上がる風船は希望、夢、大志を表す。しかし、揚《あ》がったものはいつかは降りてくる。

クジラの痛ましい死

摂食に関する文献のすべてが、海鳥とウミガメを扱っているのは偶然ではない。どちらも海面で日和見《ひよりみ》的に餌をとるように進化しているからだ。しかし、ともかくプラスチックごみは量が多いので、他の識別力のある海棲哺乳類も無縁ではいられない。

二〇〇〇年八月、小型のヒゲクジラの一種、ニタリクジラがオーストラリアのビーチに打ち上がった。生きていたが明らかに苦しそうで、地元の人たちはクジラの上に日よけのシートを張り、絶えず海水をかけてやった。のた打ち回った挙句に息絶えた痛ましげな最期の様子が、ビデオに記録されている。そして驚くべき解剖結果が出た。腸から圧縮されたプラスチックの塊が五平方メートル分出たのだ。ほとんどレジ袋だった。

二〇一〇年三月には、一〇・七メートルの若いコククジラがピュージェット湾の砂浜に打ち上がった。コククジラの座礁は、例年南に回遊するころになると、頻繁というほどでもないがときどき起こる。このときの解剖では次のものが出てきた。スウェットパンツ、ゴルフボール、外科用手袋、小さなタオル、プラスチックのかけら、ポリ袋二十枚。大部分が有機物である胃の内容物二〇〇リットルに対して、人工物が占める割合は大きくはないが、どんな量でもその意味は重要だし、「ふつう」ではない。コククジラは海面ではなく海底で餌をあさるからだ。

このコククジラの死を直接プラスチックによるものと断定はできないが、一九九〇年代にメキシコ湾北部に座礁した二頭のコマッコウの場合はできた。一頭はガルヴェストン島に生きたまま打ち上がり、十一日後に水槽の中で死んだ。解剖の結果、胃の最初の二室は「完全にさまざまなポリ袋で閉塞状態」になっていた。もう一頭も同じような経緯をたどった。国連の移動性野生動物会議は、国境を越えて移動する生物種に対する脅威をリストアップしている。二〇一〇年に発行された最新のリストでは、クジラ目に対する脅威としてプラスチック製の日用品、漁具の摂食を、確認された複数の事例として挙げている。

二〇〇八年の冬に、北カリフォルニアの海岸に一か月も間隔をあけず二頭のマッコウクジラが座礁し、死後、座礁現場で解剖された。一頭目には外見上は異常は見られず、やせた様子も外傷もなかったが、腹腔を開くと「圧縮されたネットの大きな塊」が腹壁から突き出していた。死因は異物が詰めこまれたことによる「胃の破裂」と「推測」される。二頭目は体長一二メートルのオスで「栄養状態が悪く」、からまり事故に特徴的な打撲、外傷があった。胃は破れてはいなかったが、三室目には大量のネット、綱、袋が詰まっていた。このクジラは餓死したようだ。

内容物はカリフォルニア州立フンボルト大学の脊椎動物博物館で分析されたが、最大の魚網は四・二平方メートルだった。二頭目のクジラは一〇〇キロほどのごみをのみこんでおり、一頭目はそれよりだいぶ少ない。大半の魚網は撚《よ》ったロープがついており、アジアのものであることがわかる。非常に古いものもあった。おそらく冬季に北太平洋環流で、魚網にからまっていた獲物に引き寄せられたのではないかということだった。

陸の動物への影響

プラスチック摂食による問題は海洋環境だけにとどまらない。

アラブ首長国連邦ドバイにある中央獣医学研究センターの科学部長は、ドイツ生まれの獣医ウルリヒ・ヴェルナリーが務めている。gulfnews.com によると、ヴェルナリーは二〇〇七年にラクダや家畜の死体捨て場になっていると評判の郊外の谷を調べ、ぞっとする発見をしたという。そこにあった三十のラクダの死体を解剖してみると、胃に石灰化したポリ袋やロープの塊が見つかり、ある塊などは優に五〇キロ近くあった。アラブ首長国連邦のラクダの三頭のうち一頭はプラスチック誤食により死ぬ、とヴェルナリーは信じている。

ドバイの住民は平均して年に一トン以上のごみを出し、これはひとり当たりの量としては世界のどこよりも多い。プラスチックの消費は、ごみ収集システムの整備よりはるかに速く進むのだ。「ガルフ・ニュース」紙に、ヴェルナリーはこう語った。「これは、この国が直面している最悪の環境問題です。プラスチック誤食による家畜の死亡は伝染病のように広がっているのに、だれも対策を立てようとしない」。アラブ首長国連邦ではラクダの他に、羊、ヤギ、ガゼル、ダチョウ、そしてフサエリショウノガンまでがプラスチック誤食の犠牲になっている。記事には、ロバとヤギがポリ袋の山から食べ物をあさっている写真が掲載されていた。

この危機に対処するため、ヴェルナリーは首長国環境団体を組織し、その努力は実りつつある。ドバイ近郊に世界レベルのリサイクリング施設が建設され、連邦政府は、首長国連邦で生産されるレジ袋は二〇一三年までにすべて生分解性のものに切り替えるよう定めた。けれど田舎では放牧の草は少なく、プラスチックごみはタイムズスクエアの元日かと思うほど多い。

インドの聖牛もプラスチックごみの犠牲になっている。最近のインドの繁栄は、大量のプラスチック容器と包装材をもたらした。インドは世界第三位のプラスチック消費国で、化学産業は輸出向け、国内消費向けのプラスチックの製造をさかんに行なっていて、国内には四万のプラスチック製品加工業者がいる。indiatimes.com によると、プラスチックごみ排出は年間四五〇〇万トンと推測され、一般家庭では毎日十から十二枚のポリ袋を使用する。いくつかの州ではポリ袋の使用を禁止、もしくは制限した。他の経済成長著しい国同様、廃棄物処理のインフラ整備は急激に増えるプラスチックごみに追いついていない。ウッタルプラデッシュ州では一日百頭の牛がプラスチック誤食により死んでいるという推計がある。インドでは牛を搾乳の時間以外は街に放すので、海洋の日和見的摂食生物と同じく何でも食べる。しかし、それが逆に高くついている。牛はごみの山をあさり、残飯をかぎ当てて食べる。ラクナウで牛の救護に当たっている職員は、犠牲となる牛は胃がふくれてやせ衰えている、と述べる。あるケースでは、体内に三五キロのプラスチックをためていたという。

いっぽう、アシカやアザラシなどのひれ脚類は肉食だが、群れをなす魚、甲殻類、頭足類などの好物の食べ物とプラスチックのちがいは見分けられる。ひれ脚類の場合、問題はプラスチック誤食ではなくからまり事故だ。二〇一〇年末にサンペドロ近郊のフォート・マッカーサーにある海棲哺乳類救護センターを訪れたとき、写真を何枚か見せられた。一枚は、子どものときにモノフィラメントの釣り糸がからまったアシカの写真で、成長するにつれ糸がきつくなり、頭に食いこんで溝ができた。首にも糸によるひだができていた。救護されたが、海に帰すことは不可能だ。ここに来る動物の多くがそうなので、ハンディを負った動物はほとんどの場合、各地のマリンパークに送られ、そこで見学者の注目を浴びて人気者になり、来場者数増加に貢献している。

ドウモイ酸の神経毒

春の子育ての時期には、救護すべき動物が百頭以上増えると予想される。ドウモイ酸という神経毒が沿岸の海水を急激に汚染するのだ。ドウモイ酸は、珪藻《けいそう》の一種が突然異常増殖することで増える。これをブルームと呼んでいる。沿岸生物はドウモイ酸に侵されて衰弱し、救護センターは収容動物であふれかえる。プラスチックとどう関わるか説明しよう。

藻類の異常増殖は一般的には赤潮という呼び名で知られているが、海洋保護関係者は神経毒を産出する種類の珪藻の増殖を有毒藻類ブルームという。一般的に認識されているよりもはるかに重大な問題で、周期的に貝類が汚染されるだけではすまない。有毒藻類ブルームは漁業や沿岸の自治体に何十億ドルという損害を与え、イルカやペリカンなどが群れをなして岸に打ち上がり、ニュースになる。環境保護局はこの現象を研究するチームを作り、潤沢《じゅんたく》に資金を回している。有毒藻類ブルームは有毒無毒をふくめ、さまざまな藻類の大量発生に使われる用語だが、世界中で規模と頻度と有害度が増している。スクワープ（南カリフォルニア沿岸海域リサーチプロジェクト）のスティーヴ・ワイスバーグに尋ねると、これは重大な問題であり、調査がまだまだ足りない、ということだった。

わかっていることは、季節的現象であることだ。冬の終わりから春の終わりの沿岸の海水温が低いときに起き、湧昇《ゆうしょう》に関係している。湧昇は栄養の豊富な深層海水が海面に上がってくる現象である。陸の植物のみならず、海の植物の成長も促進するミネラルや化学物質に富んだ下水や農業排水が陸から流れこむことと、有毒藻類ブルームは関連があるようだ。スクワープや南カリフォルニア大学のキャロン研究所は、有毒藻類ブルームが予想できないか、コントロールできないか、あるいは抑えられないか、共同で研究している。海洋生物の救護に当たるグループはブルームの時期になると、ひどい年になるか、おだやかな年になるかはわからなくても臨戦態勢だ。二〇〇七年の春から夏にかけては最悪で、ロサンゼルスやロングビーチの港でさえ赤潮が見られた。調査された中でもっとも毒性の高いブルームだった。

海棲哺乳類《かいせいほにゅうるい》救護センターの獣医パーマーは、その年のことをよく覚えている。数か月のあいだに千頭以上のアザラシやアシカがセンターに連れてこられ、バードセンターも大入り満員となった。有毒藻類を食べて有毒になった魚を食べたからだ。状態が悪いものは安楽死させるしかない。ドウモイ酸は狡猾な神経毒で、内臓損傷の他に発作や異常行動を誘発し、麻痺から死にいたらしめることもある。妊娠したひれ脚類の中毒が目立って多いのは有毒の貝類と、プランクトンを食べるニシンやイワシなどの魚を、胎《はら》の子と二頭分食べているからだ。

毒が食物網に入りこめば、生態系全体が崩壊する。中毒したペリカンが飛んでいるあいだに発作を起こし、車のフロントガラスにドシンと落ちてきたりする。アシカが、住処《すみか》から何キロも離れた車が行き交うハイウェイをうろついていたこともある。救護センターでも、発作がコントロールできなければ安楽死させるしかない。自然に帰しても、泳いでいるあいだに発作が起きれば溺死してしまう。毒を帯びた海産物を人間が食べると、死にいたる。

ハダカイワシの調査

さて、ここからがプラスチックごみとの関連だ。

ひれ脚類はプラスチック誤食はめったに起こさないが、パーマーに見た経験があるか尋ねると、パソコンに一枚の写真を出してくれた。アシカがまるで帝王切開を受けているような写真で、腹腔下部から見まちがいようもなくポリ袋が突き出ていた。二〇〇七年にマリブで保護され、センターに連れてこられたメスで、この年はとりわけブルームがひどかった。開腹手術をすると十三枚のレジ袋が胃から出てきた。術後四十一日間生きていたが、おそらくドウモイ酸中毒が原因で死亡した。アシカは通常プラスチックは食べないのに十三枚も食べていたのは、ドウモイ酸による神経毒で正常な行動がとれなかったせいと考えられる。このアシカはやせ衰えていたが、これはプラスチック誤食の症状であり、もし中毒から回復していたとしても、内臓のポリ袋で死んでいただろう。沿岸にレジ袋が漂うという事態がなければ、マリブのアシカはここまで悲惨な目にあわないですんだだろう。

パーマーは、ドウモイ酸による神経障害とプラスチック摂食の関連を示す調査がないものだろうか、と言った。なんとなく勘が働いて、有毒藻類ブルームの研究をさがしはじめると、二〇〇三年にスペインの地中海沿岸で行なわれた調査を見つけた。その年はブルームがひどく、バルセロナにある海洋科学会のメルセデス・マソが、沿岸からプラスチック破片を拾って顕微鏡で調べたところ、プラスチックに有毒藻類の胞子が貼りついているのを見つけた。マソは、プラスチックが海流に乗って有毒藻類の胞子をばらまいているのではないかと推測している。さらに、海底には、汚染物質を吸収して海底に沈んだ重いプラスチックがあるが、それが湧昇により湧き上がる海水を栄養豊かにしていないだろうか。

何人かの有毒藻類ブルームの専門家に連絡してみると、ハワイ大学ヒロ校の若い教授が、自分の研究室にある電子顕微鏡を使って、プラスチックごみにハワイの亜熱帯海域に生息する有毒藻類がついていないか調べてみる、と言ってくれた。データが得られれば、知らせてもらえるだろう。調査データがなければ、私の考えは単なる空論にすぎない。

*

私たちは、魚類学者のクリスティアーナ・ブールガーに解剖顕微鏡で検査してもらうために、六百七十四匹のハダカイワシを瓶に詰めて持ち帰った。イワシを一匹ずつ解剖して調べ、データを集めて論文を書くのに一年はかかる。「海洋汚染報告」誌がピアレビューのあと掲載に値すると判断してくれるか、わくわくする。

海洋動物のプラスチック摂食の研究は数多く存在するが、この研究の意味は、今までとはちがう生物を調査対象にしている点にある。ハダカイワシは低次栄養段階生物、つまり食物連鎖の下位層に位置して、高次栄養段階の生物の食物となる。ハダカイワシを食べる生物はかなり明らかになっているが、それらの種は広範囲に散らばっているので調査はやっかいである。今のところ、オウサマペンギン、イルカ、数種のひれ脚類、アザラシなどが、ハダカイワシを食べることがわかっている。

ブールガーの分析結果では、まず、調査対象の三五パーセントのイワシにプラスチックがふくまれ、大きいものほど多くのかけらが入っていた。累計で平均一ミリのプラスチック片が千三百七十五個見つかり、一匹に見られた最多数は八十三個、大きめのハダカイワシには平均して七個入っていた。プラスチックの大半はかけらで、ラップフィルム、糸、ロープの切れ端は全部合わせても六パーセント以下だった。

これで、多くの生物がプラスチックを摂食していることは疑いがなくなった。二〇一一年三月に日本を襲った津波によって、二十万軒の家屋と家財道具をふくめ、無数のプラスチックごみが太平洋に流された。海流と風はこれらのごみを海洋生物の生息域に広くばらまき、それらの多くがまちがって食べられるだろう。プラスチックごみが生物の内臓にどのような物理的害を与えるかは予測がつくが、より重要な問題が見逃されている。地球とそこに棲む、人間をふくむ生物が、プラスチックの毒に侵されているかどうかを考えるべきときではないだろうか。

第13章

忍びよる毒物

二〇〇五年、アルガリータ海洋調査財団は「川から海へ流れるプラスチックごみ」と題する会議を開催した。議題は、川から海へ運ばれるプラスチックごみによる海洋汚染である。「インターナショナル・ペレット・ウォッチ」という、現在も進行中のプロジェクトの発足式もかねた。このプロジェクトはアルガリータのよい友人である、東京農工大学の高田秀重教授の計画が実現したものだ。高田教授は二〇〇一年に、プラスチック製品の原料である樹脂ペレットが、汚染された海水から残留性有機汚染物質を引き寄せ、吸収することを実証した。

インターナショナル・ペレット・ウォッチ（www.pelletwatch.org）は、世界中の砂浜で樹脂ペレットを集めてもらい、さまざまな残留性有機汚染物の濃度を測定しようというプロジェクトである。独創的で経済的な方法だ。高田教授の言葉を借りると「海洋ごみにふくまれる汚染物質が、地球上にどれだけ広がっているかを知るため」である。通常、モニタリング調査は水や野生生物のサンプリングを行なうことになり、どちらも費用もかかれば技術も必要とされる。

ペレットは汚染された沿岸水域を漂ってから岸にたどり着いたので、その海域の汚染状況が記録されている、と高田教授は考える。

けれど、高田教授のチームが五年まえに発見したように、ペレットの測定はひと筋縄ではいかない。測定した有毒物質はまわりの水から吸収した分でもあるし、自らが放出した分でもあるのだ。プラスチック製品の製造には、望みの特質を与えるためにさまざまな化学物質による操作が加えられる。触媒を使い、油を加え、安定させ、硬化し、軟化し、強化し、ゴム液を混入し、着色し、きめを出し、防炎処理をし、耐菌性にし、耐熱性にし、耐酸化性にする。たとえば哺乳瓶は、弾力性のある乳首と、乳首をはめる硬いプラスチックの溝の部分、透明な瓶本体に分かれるが、それぞれに数十種の化学物質が使われ、製造者は企業秘密保護に守られてそれを明らかにする義務はない。インターナショナル・ペレット・ウォッチではこれらの化学物質の測定も行なう予定である。

毒物の蓄積

二〇一〇年には、すべての大陸の二十三か国のボランティアが、一万個のペレットを五十一か所の沿岸で集めてくれた。ペレットは古そうで、黄色がかっていればいるほどよい。海中に長くあったものからは、より多くの結果が出る。今までのところで判明しているのは、サンフランシスコで回収されたペレットの汚染がもっともひどく、次が東京とボストンである。周辺の人口が多く、工業化が進んでいればいるほど汚染レベルが高い。PCB、DDT、ポリ臭化ジフェニルエーテル（防炎処理に使われる）、多環芳香族炭化水素（油、木材、タバコ、ごみ、石炭などの不完全燃焼によって生じ、また石油そのものにもふくまれる）、そして悪名高きビスフェノールAなどのプラスチックの添加剤などだ。いちばんきれいなのは、タイ、コスタリカ、ハワイ、その他のあまり工業化が進んでいない地域からのペレットである。

ふたつの重要な調査結果が出た。高田教授は、ポリエチレンとポリプロピレンの汚染度の比較をしているが、ポリエチレンの汚染度のほうがはるかに高かった。ポリエチレンは、レジ袋やパッケージになる非常に利用度が高いプラスチックであり、私たちの海洋サンプルの七五パーセントはポリエチレンだ。もうひとつ、ペレットの汚染は周辺の海水の汚染度を表すだけでなく、堆積物の汚染度とも関連することが判明した。堆積物は、非有機的な沈泥、砂、金属、有機残存物、動物の排泄物、滲出《しんしゅつ》物の混合物で、油もふくんでいるため、親油性の汚染物質をとりこむ。つまり汚染された沿岸水域では、生物は海底から海面までの領域で複数の人工毒物と出会う危険があるわけだ。毒性汚染物質をふくむ海底からの湧昇《ゆうしょう》により、プラスチックごみは毒性物質を吸収して濃縮させ、周辺の海水よりも最高で百万倍汚染濃度が高くなっている。

あらためて指摘するまでもないだろうが、科学に絶対はない。しかし、ひとつたしかな事実がある。プラスチックごみ、海洋動物、陸上動物、ヒトには共通点があって、それは油脂性であることだ。だから水に不溶性で、親油性で、残存性の、人工有機汚染物質を引き寄せるのだ。

海洋生物と堆積物との関わりは否定できない。海洋生物の九〇パーセントは一生もしくは生涯の一部を海底にもぐるか、海底の上で暮らす。では、小さな甲殻類より食物連鎖で上位にいる生物種には、堆積物はどう関わるか。

二〇〇八年に海洋大気局はヴァージニア海洋科学協会の研究者と協力して、さまざまなクジラ目、とくにマッコウクジラ、オオギハクジラ、シャチ、マイルカ、イッカクの脂肪に残留性有機汚染物が蓄積される原因を解明しようとした。どれも深海で海底に棲《す》むタコ、イカ、コウイカなどの頭足類を食べることが知られている。

そこで研究者たちは、北大西洋の一〇〇〇メートルから二〇〇〇メートルの海底から二十二種の頭足類を採取した。海洋大気局のマイケル・ヴェッキオーネはその結果を評して、「陸から遠く離れ、そのような深度の海底で汚染毒物が計測され、かなり高い数値もあることに驚きを禁じえない」と述べている。分析により、PCB類、DDT、プラスチック製造工程に使用される難燃性臭素化物が検出された。

アシカとアザラシも頭足類を貪欲《どんよく》に食べる。インターナショナル・ペレット・ウォッチで、もっとも高い汚染ペレットが見つかったサンフランシスコ湾にある海棲哺乳類《かいせいほにゅうるい》センターでは、打ち上がって助けられなかったアシカの二〇パーセントに治療不可能ながんが見つかり、脂肪層には残留性PCB農薬が高濃度にたまっていた。生殖器の異常が見られるものもいた。

前章のプラスチック摂食により死んだ二頭のクジラを解剖した、海棲哺乳類センターの医療部長は、このクジラは人間の健康の番兵であると言っていた。なぜなら、クジラが食べるものを人間も食べるからだ。さまざまな海棲哺乳類の健康問題は、化学汚染物質との関わりが強く疑われる。プラスチックを摂食する海鳥、海棲哺乳類、ウミガメには、免疫不全と化学物質汚染がともに見られる。毒性化合物のせいで細菌や、有毒藻類ブルームなどの自然界の毒に対する抵抗力が低下する、と考えられている。カリフォルニアアザラシには、甲状腺異常が頻《ひん》繁《ぱん》に見られる。シャチはもっとも汚染された海棲哺乳類の一種だが、子どもの死亡率が上昇し、繁殖率は低下している。

この汚染の不気味な点は、生物をすぐに殺さないところだ。弱らせ、生体システムに欠陥を生じさせ、疾病への抵抗力を落とし、繁殖率を下げ、健康を害する。

過フッ素化合物の影響

化学物質汚染は、私たちの生活のすみずみにまで入りこんでいる。プラスチックは、そのうちのひとつの問題にすぎず、日常生活でうんざりするほど出会う人工化学物質である石油化学製品は他にもたくさんある。多国籍化学企業は、年間三兆ドルの利益を上げ、プラスチック部門はそのうちの八〇パーセントを担っている。アメリカで製造される十万種の化学物質のうち、二千八百種が環境保護局で監視されていて、これらは年間最低四五〇トン製造され、高生産量化学物質と規定される。この中には重合体や産業用金属はふくまれない。

人間に関わる化学物質には二種類ある。ひとつは非常に安定的で、移動性が高い毒性物質である。農薬や工業化学物質がこれに当たり、プラスチックに乗っかって移動する。もう一種はプラスチックの製造に使われる化学物質で、プラスチックの中にしっかりと固定され、のちに生態系にじわじわと染みこんでいく。ふたつ目のタイプには残留性のものもあればそうでもないものもあるが、いずれにしろ生体に作用する。私たちが吸いこむもの、食べるもの、接触するもの、そしてたがいの中にも、文字どおりあらゆるものに化学物質は存在する。健康にどういう影響を与えるかは、何千という調査研究がなされ、今も続行中だが、よくはわかっていない。プラスチックと海洋の化学物質には、十分注意を払っていく必要があるだろう。

DDTやPCB類のような古いタイプの汚染物質は、有機ハロゲン化合物というカテゴリーに入る。持続性と移動性が非常に高く、海洋環境に何十年も定着している。ハロゲンは周期表で同じ族の、フッ素、塩素、臭素、ヨウ素、アスタチンという五つの元素の総称である。最初の三つがプラスチックの毒性と密接に関連する。独立では存在せず、反応性が高くて、他の原子や分子にすぐに結合する。いったん結合すると非常に安定し、その化合物は何十年もかけて分解しつつ残留する。有機ハロゲン化合物は生体システムの中で、「すみやかに吸収されるが代謝されない」とされている。つまり生体濃縮をして、体脂肪や、脂肪の多い肝臓などの組織に無期限にひそむのだ。

フッ素は、ハロゲン元素の中でのみならず、あらゆる元素の中でもっとも反応性が高い。電気分解により鉱物から抽出され、扱いには慎重を要する。毒性が高いばかりでなく、酸化力も強くてガラスも腐食する。過フッ素化合物類（ＰＦＣｓ）には、とくに注目する必要があるだろう。それ自体はプラスチックではないが、人工重合体に加えて利用され、水棲環境でやっかいな存在となっている。たとえばテフロン、スコッチガード、ゴアテックス（これは発泡させたフッ化重合体で、化学物質過敏症との関連を疑われている）などだが、コーティング剤、防水剤として利用される化学物質なので、耐久性が必要とされる。

一九五〇年代から、化学メーカーの３Ｍとデュポンが製造を開始し、一九八〇年代には健康への悪影響が懸念されるようになった。水中や野生動物、人間の血液に過フッ素化合物が検出され、動物実験では害が出ている。けれどデュポンは、一九七六年に制定された毒性物質管理法に規定された環境保護局への報告義務を怠っている。このことが明らかになったとき、環境保護局はデュポンに対し訴訟を起こして、過フッ素化合物の製造を縮小するよう要請した。３Ｍは、スコッチガード製造部門の労働者たちの検査をし、前立腺がんの発症率が三倍であることが判明して、二〇〇一年にスコッチガードの組成を変更した。

二〇〇七年に、ジョンズ・ホプキンズ大学で三百人の乳児の臍帯《さいたい》を調査すると、すべてから過フッ素化合物が検出された。その起源を把握するため、二〇〇九年に環境保護局が百十六の日用品を検査したところ、防水服、室内装飾材、建材、じゅうたん、じゅうたんの手入れ用品、床ワックス、ワックス剥離剤、石材やタイルの目地の防水剤、そして興味深いことに医療用不織布からもナノグラム〔一〇億分の一グラム〕レベル、あるいはppb（十億分の一の濃度）レベルの過フッ素化合物を検出した。また、「パーフルオロオクタン酸（過フッ素化合物の一種）は、キャンディ、ピザ、電子レンジ調理ポップコーン、その他多くの食品のパッケージに耐脂性を与えるために使用される」と食品業界のウェブページに載っていた。その他とはバターの包装紙、ファーストフード用の容器や包装材など、ワックスペーパーの化学時代版である。何に、どのくらい使われているかは、企業秘密に守られて明らかにされていない。健康問題が浮上するまえ、過フッ素化合物は電子機器製造にも、回路基板表面のシーラントとしても、さかんに利用された。

防水製品は数十年間、過フッ素化合物を染みこませて製造された。靴、ブーツ、かばん、キャンプ用品、スポーツ用品、ザックなどだ。この化学物質は毒性と同時に残留性があるため、製造元で食い止めようという努力が国際的に連携して続いている。デュポンの自己報告によると、数年間で数トンを河川に放出しているという。

二〇一〇年の調査で過フッ素化合物は、魚類、アビ属の鳥類、病気のラッコ、絶滅危惧種のアカウミガメから検出され、血液サンプルには肝臓損傷と自己免疫症状を示す指標が出ていた。イルカの生体組織にふくまれる過フッ素化合物は、二〇〇三年から二〇〇五年のあいだに平均して二倍になっていることがわかっている。

実験室で、ネズミとサルにさまざまな量の過フッ素化合物を与えた結果、以下のことが判明した。子どもの体格が小さくなり、致死率が上がる。成長が遅い。肝臓がん、精巣がん、すい臓がん、甲状腺障害、脂質代謝の異常、つまり肥満との関連が見られる。これらは、最近人間に増えている疾患と一致する。二〇一〇年に「フォーブス」誌は頻繁に処方される薬品のレポートを載せたが、四番目として甲状腺機能低下に使われるレヴォチロキシンを挙げている。年間六千六百万回である。わが家の飼い猫も日に二度、甲状腺薬をのまねばならず、最近増えている慢性病持ちのペットの仲間入りをしている。インディアナ大学で行なわれた調査では、犬、そしてとくに猫に、残留性人工物質がたまっているという。がん、肥満、糖尿病がペットにも増えている。

アメリカやヨーロッパの大学で行なわれた人間を対象とする調査で、過フッ素化合物の血清中の濃度は、若年での閉経、甲状腺障害、ADHD（注意欠陥多動性障害）、低受精率つまり妊娠障害と関連することが明らかになった。ウエストヴァージニアのデュポン工場では、数人の女性従業員の産んだ新生児に、実験ラットに見られたのと同じ顔面奇形が見られた。このような生産現場での害を、どうとらえるべきか。たしかに最悪のケースであって、通常の消費者には起こりそうにないことではあるが、生産現場というのは事実上、唯一の人体実験場であって、動物実験で示唆された人体への害の危険性を実証するものである。

今のところ、過フッ素化合物よりも、従来の残留性有機汚染物質のほうが注目されている。農薬のDDTやPCB類など、難分解性で、招かれざる客のように環境に居座りつづける最古参の人工毒物である。そして、これらは第二のハロゲン元素である塩素をふくんでいて、有機塩素系化合物と呼ばれる。

食物連鎖による濃縮の仕組み

なんといっても憂鬱《ゆううつ》なのは、これらの残留性有機汚染物質が人里遠くはなれた地域で発見されることである。生産現場での濃度と同じほどの場所もあるのだ。北西グリーンランドやカナダの先住民は、地球上でもっとも汚染レベルの高い人々である。北西グリーンランドで生まれる赤ん坊は男の子一に対して女の子二で、女の子を出産する母親の脂肪にはPCBが高濃度で蓄積されていた。このコミュニティを調査したデンマークの研究者は、早産の未熟児が多いことも見出している。これは、身体的発育と神経系統の発達に問題が出るリスクが高いことを意味する。内分泌になんらかの異常があって、妊娠中のホルモン状況が遺伝子の設計図に影響を与えると考えられる。

工業地帯から遠くはなれた場所に住む人々が、ブルックリンっ子より工業化学物質で汚染されるのはなぜか。その答えは、海洋にある。イヌイットの、中でも伝統的な暮らしを守る少数の人々は、プランクトンから始まる食物連鎖の頂点に位置する。アザラシ、クジラ、魚をおもに食べ、それにトナカイが少し加わるだけなので、体がほとんど海洋生物からできているのだ。これらの豪胆な人々は海洋食物網のいちばん上にいるがゆえに、不条理にも生物濃縮と食物連鎖を通した濃縮を体現する羽目になっている。この現象は、海洋を化学物質やプラスチックで汚染することがいかに危険かを物語る。海は汚染物質を思いもかけない人々や動物の口に運び、それが体内で濃縮を起こすのだ。

生物濃縮と食物連鎖を通した濃縮の仕組みを説明しよう。

最初のレベルは、光合成を行なう植物プランクトンと藻類《そうるい》である。代替エネルギー会社や石油会社までが、藻類から燃料を抽出する方法を研究しているという話を聞いたことがあるかもしれない。つまり藻類は油性物質を引き寄せるのだ。残留性有毒物質もそのひとつだ。北極でも南極でも、気流によって運ばれた残留性有機汚染物質が氷の中に濃縮され、夏季に海水に溶けこむことが二〇〇〇年代初めに明らかになった。古いタイプの残留性有機汚染物質の一部が、地球上のどこよりも極地方に高濃度で残留していることの説明がこれでつく。春に氷が解ける時期は、植物プランクトンが増える時期と一致するので、植物プランクトンは残留性有機汚染物質にどっぷり漬《つ》かることになる。

食物連鎖の各段階は栄養段階と呼ばれ、ある地域の食物連鎖の相互関係構造は食物網と呼ぶ。植物プランクトンの上の、第二、第三栄養段階はサルパ、魚類の幼生生物、ハダカイワシ、そして重要な生物であるオキアミなどである。生物は周囲の水から毒物を体にとりこんで蓄積させ、そこで生物濃縮という現象が起こる。さらに、食物連鎖を通した濃縮は毎日摂取するその生物の餌が汚染されていて、汚染物質が排出されずに蓄積されていくときに起こる。極地方の頂点捕食者はクジラやアザラシなどで、分厚い脂肪層に残留性有機汚染物と有毒金属をためこんでいる。イヌイットは彼らの伝統的な、自然に依存した食習慣のせいで汚染されてしまうのだ。

　イヌイット自身もこのことをよく知っている。グレーテル・エールリヒは、寒い地方とそこに住む人々に魅了されているライターだが、二〇一〇年の著書『氷の帝国——変わりゆく風景の中で（*Empire of Ice:Encounters in a Changing Landscape*）』で、グリーンランド先住民の言葉を引用している。「ワシらは社会の正義っつうもんについて話し合ってる。重金属について、放射能について、水銀や煤煙や残留性有機汚染物質について話し合ってる。あんたたちの石炭工場から出る水銀を体にためこみ、あんたたちが出した内分泌攪乱《かくらん》物質を食べ、あんたたちの煤煙《ばいえん》をのんでる。だけどワシらは、地上最後の氷河時代の狩人の生き残りなんだ」。彼は環境毒物学について、ブルックリンっ子よりよく知っているだろう。

　ここで、はっきり言いたい。食物連鎖の栄養段階の設定は正しくなく、再考を要すると思う。各段階でプラスチックは、栄養がなく毒性があるにもかかわらず摂取されているのだから、プラスチックも食物連鎖に組み入れるべきだろう。プランクトンより下の段階にいる顕微鏡サイズのバクテリアでさえ、プラスチックを食べることがわかっている。これはすなわち部分的にはプラスチックが生分解性を持つ、ということでもある。そして、頂点捕食者のアホウドリ、クジラが食べるのは前述のとおりだ。ウミガメ、海棲哺乳類、頭足類、クジラ目の混獲や漁網からまり事故を考えれば、プラスチックそのものも、ある意味で捕食者ととらえることができる。プラスチックは生物ではないが、生物であるかのごとくふるまい、生物であるかのようなインパクトを与えているからには、海洋の生物群の中に入れて考慮すべきだ。プラスチックはある意味で、魚と一緒に泳いでこれに害を与える人間の代理の存在とも言える。

どのようにして毒物は体内に入るのか

プラスチックが地上の食物連鎖に入りこんでいることも、ドバイのラクダやインドの牛を例としてすでに説明した。じつは、人間の食物網に、意図的にプラスチックを混入させている産業がある。一九七〇年代から一部飼料業者は、肉牛の「肥育期濃厚飼料」に樹脂ペレットを混ぜているのだ。「食物繊維」のように栄養の吸収と肥育を促進することが証明されているからだ。では、プラスチックが混入した肥やしが堆肥になり、農地に混ぜられたらどうなるのだと思ってしまう。

プラスチック混入に関する情報は不思議にも見つからないが、私は信頼すべきたしかな情報を持っている。共著者カッサンドラの夫君は、一九七〇年代にカンザス州の飼料と穀物の販売店に勤め、何台ものトラックにプラスチック混入の飼料を積んだ、という。現在の実態については、有機畜産のガイドラインがネット上に公表されているので、そこから推測できる。有機牛肉を生産するにはいくつかの決まりがあり、そのひとつがプラスチック食物繊維を与えないこと、なのである。

DDTはようやく目のまえから消えつつあるが、赤道付近の国々ではマラリアの害がDDTの毒性を上回るため、DDTを使用している。まだ使用しているいくつかのアフリカ諸国では、低体重出生児が多い。いっぽう、より広範囲に、より最近まで使用されていたPCB類は残存していて、母乳に検出される。日本の仲間が行なった東京湾での調査では、古いペレットにも新しいペレットにも、そしてインターナショナル・ペレット・ウォッチにより世界中で行なわれた調査でも、PCB類は検出されている。それらのPCBをふくむプラスチックを誤って摂食した海鳥の生体内へ、PCBが移ることもわかってきた。海鳥は有毒のプラスチックで汚染されるばかりでなく、本来の餌である魚でも汚染される。そして、これらの有毒のプラスチックは体内に蓄積される化学物質を増やし、免疫不全を起こす。これが、PCBが海鳥に及ぼす最大の影響だろう。

PCB類はまず、変圧器の絶縁体や耐炎素材として利用されていた（今でも一部は使われている）。それだけでは、世界中の生物の体に入りこんだことを説明するとは思えないだろう。二〇一一年初めの報告で、今の子どもたちは、学校をふくむ古い建物のコーキング〔隙間の充塡〕に使われていたPCBにさらされていることが指摘された。コネティカット州の公衆安全局が公表している過去のPCBの利用状況によると、接着剤、アスファルト防水屋根、ノンカーボン紙（化学物質過敏症を誘発するとされている）、建築用コーキング材、コンプレッサーオイル、防塵材《ぼうじん》、染料、蛍光灯安定器、インク、潤滑油、ペンキ、フローリング用シーラント、農薬、可塑剤《かそ》、ゴム液、室内暖房機、屋根の下張り用タール紙、便器取り付けのためのワックス増量剤となっている。一九七八年以降に製造された製品には、ＰＣＢ類は（法的には）ふくまれていないが、それ以前のＰＣＢ類をふくんでいた製品はまだ身の回りにたくさんあり、汚染物質となっている。古い家、格安中古品店、ガレージセールではＰＣＢ類がまだまだ顔を並べており、当分居座りつづけるだろう。

一見、固定化されているような毒物が、どうやって人体や他の生物に入りこむのか。毒物学者は三つの経路があるとしている。摂食、吸入、そして人間の最大の組織である皮膚からの吸収である。摂食は食物ばかりとはかぎらない。汚染された埃《ほこり》を吸いこむと同時にのみこんでもいる。汚染されたハウスダストは、化学物質を媒介する。

吸入に関しては、真新しいシャワーカーテンのことを思い浮かべてほしい。あのプラスチック臭を知らない人はいないだろうし、それが新しくて清潔、というイメージと結びついている人もいるかもしれない。二〇〇八年カナダの研究者が、何店かの大型アウトレット店で買った五枚の新しいシャワーカーテンから、どのくらいの期間、ガス状の化学物質が発生するか調べたところ、二十八日以上にわたって、百八種の、大部分が揮発性の有機成分（ベンゼンやトルエンなどの有毒溶剤）とフタル酸エステルを発生させた。中には数日間、労働安全衛生法に定められた基準を上回った成分もある。

これらの化学物質に長期間さらされると、呼吸器の炎症、頭痛、吐き気、肝臓、腎臓、中枢神経系への害のもととなる。発がん性もある。プラスチックのシャワーカーテンのリスクはそれだけなら、そして時がたてば許容範囲となるかもしれないが、家庭内には他にも摂食、吸入、経皮により人体にとりこまれる毒が多数あるので、それらと合わせるとリスクは増大する。

硬く、安定して不活性と思われていても、じつはそうでないものは多い。人間の目には見えなくても、分子は少しずつ変化する。たとえば、ポリ塩化ビニル（ＰＶＣ）の窓枠は太陽の紫外線を浴びて傷《いた》むし、硬いプラスチックのタンブラー（ポリカーボネート製）は食器洗浄機の熱水で何度も洗うと小さなひびが入る。時間の経過とともに酸化が起きて、穴やひびが生じ、重合体の分子結合は弱まる。それによって結合していない添加剤の単一分子が遊離する。添加剤には、酸化防止剤（製造過程で使用されるものと、最終製品に添加されるもの）、静電気防止剤、色素、結合剤などがあり、その大半が有毒のフェノール類、グリコール類、重金属、溶剤、殺生物剤などである。食品のプラスチック包装材は、食品医薬品局の認可が必要だが、これは必ずしも実験室できちんと試験されるとはかぎらないし、特許に守られた化学組成表を係官が見られるわけでもない。規制法は、会社の収支決算の害になることは控え、市場が自然に選択することを信頼しているかのようだ。

こわい臭化難燃剤

三番目のハロゲン元素は臭素で、そのひとつの形態がポリ臭素化ジフェニルエーテル（ＰＢＤＥ）である。臭素は塩から抽出される反応性の高い元素で、化学結合の相手を必要とする。臭化難燃剤は、炎が分子の化学結合を解いて臭素を遊離させ、その臭素が炎を吸いこむ、という作用機序を想定して作られている。ポリ臭素化ジフェニルエーテルには無数の変形があり、分子の大きさもさまざまだが、より小さいほうが毒性が高い。構造はＰＣＢに似ている。ワシントン、メイン、ミシガン、カリフォルニアなどのいくつかの州とヨーロッパ連合では、すでにすべて、もしくは一部のポリ臭素化ジフェニルエーテルを禁止もしくは規制している。野生生物と人体に害があるというデータが、すでに山積しているからだ。そもそもヨーロッパの国々では、あまり使われなかった。

ポリ臭素化ジフェニルエーテルが、プラスチックにどのくらい使われていたかは推測するしかない。企業秘密なのだ。たしかに言えることは、以前はさかんに使われていたが今は下火になっていて、毒性のより低い難燃剤が使われている、ということだ。携帯電話、コンピュータ、テレビなどは熱にさらされるので、外形を覆うプラスチックには当然難燃剤がふくまれている。自動車や飛行機に使われるプラスチックや合成繊維もそうだし、フリースの毛布やマットレスのフォームも同様だ。マットレスのフォームが、難燃剤がふくまれていないという理由で消費者製品安全委員会にリコールを命じられたこともある。

安全を求めるアメリカ人は、禁止されたＰＣＢ類に代わって一九七〇年代に登場した臭化難燃剤を歓迎した。よかれと思ってのことだが、カリフォルニア州は子ども用の商品と家具にアメリカでもっとも厳しい防炎基準を設定した結果、臭化難燃剤による汚染がどこよりも高くなってしまった。二〇〇三年、突如百八十度風向きが変わり、二種のポリ臭素化ジフェニルエーテルがカリフォルニア州議会で禁止の採決を受けたが、化学会社は段階的廃止の期限を二〇〇六年から二〇〇八年へと、二年間引きのばすことに成功した。時がたてばカリフォルニア州民の体内の難燃剤は減るだろうが、害はすでに出ている。幼児のポリ臭素化ジフェニルエーテルへの曝露と知能低下の関連を示唆する調査がある。

ＰＣＢ類同様に臭化難燃剤は、燃えると非常に毒性の強いダイオキシンを発生させる。そのため皮肉なことに、消防士が難燃剤禁止を議会に強く働きかけている。臭化難燃剤を染みこませたクッションにタバコを落としても燃えない。したがって大きな火事にはならないが、炎そのものより煙の毒が死または害をもたらす。

一九七〇年代末にＰＣＢ類が禁止されたあと、すぐさま臭化難燃剤が代わりの耐炎剤として登場した。しかし、化学会社には登録のためのデータを提出することは求められたが、毒性検査は義務づけられていなかった。安全検査は、化学物質のせいで病気になることを示す確実なデータを環境保護局が提示したときに実施される。製造元に命じるというのも、おかしな話のように思える。有害物質規制法は企業にたいへん友好的にできており、発がん物質としてよく知られるアスベストも、このガイドラインに沿うなら禁止にはできず、法的にはいまだ認可されている。国外に目を転ずれば、三十か国がアスベストの使用を禁じているのに、だ。

二〇一一年四月、上院に新しい法案、安全化学物質法二〇一一が提出された。これは、実効性のない有害物質規制法のもとで許されていた数万の化学物質の検査を要求するものである。アメリカ化学協議会は新しい立法ではなく、現行の有害物質規制法の改革を支持して、こうコメントしている。「私たちの要請の多くがかえりみられず、たいへん残念に思います。提案された法案はアメリカのイノベーションと職を危うくするものです」。言いかえるなら、現在あたりまえに使用されている毒物が明るみに引き出されて、毒性検査が行なわれ、日常的に利用される素材や製品に関する保護されるべき企業秘密が暴かれたら、企業はおしまいだ、ということである。アメリカ化学協議会には、もっと前向きの見方をしてもらいたいものだ。安全な代替品を作り出すには、イノベーションと職が大量に必要とされるのだから。

有害物質規制法の改正に向けて、環境保護団体の支持にまわる医療団体がようやく増えてきた。アメリカ医師会、アメリカ小児科学会、アメリカ内分泌学会、アメリカ自閉症協会などだ。どの団体も、化学物質への曝露、言いかえると環境曝露が、急速に増加する慢性病や障害と関連することが疑われると公表している。関連を疑われる慢性病、障害には肥満、II型糖尿病、自閉症、ＡＤＨＤ、喘息、甲状腺障害、男性不妊症がある。とくに憂慮されるのは、胎盤関門を通過して胎児の遺伝子発現を変えてしまう曝露である。

今までのところ市場が結果として、どの取り締まり局よりも効果的な規制機能を発揮してきた。ビスフェノールAのようにメディアで悪評が立つと、製造業者はすぐさまビスフェノールAフリー製品を市場に送り出す。ただし、この努力はむだだったようで、いくつかのビスフェノールAフリー製品から以前より多い内分泌撹乱物質が検出されている。

アメリカとヨーロッパのちがい

アメリカは「害の証明」というルールにこだわるが、ヨーロッパ各国は予防原則を選択する。つまり、化学物質製造業の繁栄より人間の健康を優先するのだ。その結果、ヨーロッパの人々はアメリカ人ほど体内に化学物質、とくに臭化難燃剤をためこんでいない。

臭化難燃剤の第一世代が段階的に消えていくにつれ、ナノ技術もふくむ新しい技術による難燃剤が登場してきている。塩素系難燃剤の一種は一九七〇年代に安全性が取り沙汰され、子どもの寝巻きへの使用は禁止されたが、他の利用は認められているので、まだ代替候補になっている。この塩素系難燃剤の動物実験では肝臓と腎臓に害があり、認知機能などの神経系にも害を及ぼすことがわかっている。

また、アメリカ疾病管理予防センター（CDC）が毎年行なう検査で、利用されなくなった臭化難燃剤がいまだ人体から検出されるのは、環境保護局にとっても謎らしい。おそらく古いじゅうたん、家具、電子機器などの家庭にあるものから発生したり、埋立地から水道水源に染み出したりしているものと推測している。これだけ広範囲に汚染が広がっていることから見て、臭化難燃剤がフォーム状のプラスチック、硬いプラスチック、人工繊維などに盛大に使用されていたのは明らかだ。家具、じゅうたん、カーテン、車のシートなど重合体の繊維でできているものはすべて耐炎化学物質をふくんでいる。

これらの化学物質の人体への影響のうち、もっとも憂慮されるのは甲状腺への影響だ。胎児の発達過程で甲状腺は、細胞の正しい並び方を命じる信号を出す。脳の発育も、例外ではない。母体の甲状腺の機能がひどく低下していて、先進国ではめったにないことだがそのまま治療されなければ、クレチン病〔小人症と知的障害を特徴とする疾患〕が起こる。機能低下がわずかでも、生まれる子どもの知能は抑えられる。

二〇一〇年九月、活動的な科学者たちがテキサス州のサンアントニオに集まり「臭素系および塩素系難燃剤に関するサンアントニオ宣言」を発表した。宣言は、「家具、乳児用品、その他の消費者商品に使用される臭素系および塩素系難燃剤は健康への害があるいっぽう、火災に対しどれだけ安全であるかは証明されていない」ことを詳細に記述している。三十か国以上からの著名な研究者、医師ら二百名以上が署名し、その中には臭化難燃剤がすでに禁止されたヨーロッパの国の人もいた。どうしてかというと、臭化難燃剤はそれらの国々の生態系にも、地球規模の食物連鎖にも影響を与えるからだ。

署名者のひとりで、メイン州沿岸にある非営利団体の海洋環境研究所を創設したスーザン・ショー博士は、アザラシを研究の指標動物としていて、地元のアザラシの化学物質汚染と疾患を調査している。打ち上がったアザラシにたまっている化学物質を分析した結果、臭化難燃剤は残留するだけでなく、ＰＣＢ類やＤＤＴのように生体蓄積することを発見した。メイン州は工業地帯が密集するわけではないが、臭化難燃剤は地球上いたるところにある。アザラシは人間が食べるのと同じ生物を食べる。モンツキダラ、マダラ、甲殻類など汚染が推測される生物である。ショー博士がとくに心配するのは、最近頻発するアザラシの大量死である。アザラシの体内にたまった化学物質が免疫力を低下させていると博士は推測する。エクスプロラーズ・クラブの会報に次の文を寄せている。「海洋を汚染しつづければ、海洋生物と私たち自身に対して修復不能の害を与えることは、蓄積されているデータにより明らかです」

二〇一一年の春、アメリカ最大の化学会社ダウは新しい臭化難燃剤を発見し、製品への利用を始めると発表した。ポリマリックＦＲと名づけられたこの「次世代」素材は、「押し出し成形のポリスチレンと、発泡ポリスチレンの断熱材の両方に利用される」という。ダウ社の「持続可能な製品のあくなき追求」の結実だそうだが、これはつまり禁止される恐れのない化学物質ということだろう。ポリマリックＦＲはあらゆる安全検査を行なった結果、安定していて生体蓄積せず毒性もないことが確かめられている、と言う。現行法のもとでは、ダウの検査で毒性が発見され、その発見をダウが隠していたことが判明した場合、罰金を科せられる。せいぜい、ダウ社が環境保護局と消費者に対し、隠し立てをしていないことを願おう。この「安定的な」分子が羊水と母乳、病んだラッコの血液から検出されたら、私たちはまたもやだまされたことになる。

臭化難燃剤、フッ化コーティング剤、塩素系潤滑剤、農薬など、残留性で生物蓄積をするハロゲン毒物は、だいたいいつも次の経過をたどる。企業に注文が殺到し、その間少しずつ心配なデータが積みあがる。やがて、その化学物質の恩恵として喧伝されている点をもってしても、意図しなかった有害な影響を正当化できない時点が来る。その点に至ると、化学会社は新しい代替物質を発表する、というのがパターンだ。いっぽう、その素材が使用されている製品の成分の表示義務は法的に定められておらず、企業秘密の名目のもとに保護されているので、私たちがどういう物質にさらされているのかは正確にはわからない。

フタル酸エステルとビスフェノールA

フタル酸エステルとビスフェノールAは、有機ハロゲン化合物とは異なる。残留せず、生物蓄積をしない。河川、下水処理場や埋立地のそばの堆積物から低濃度で検出されるが、海洋の頂点捕食者の組織からは検出されない。肝臓で代謝され、排出されるが、かつて考えられていたよりは長く人体にたまる。代謝されるという事実と非常に多くの人々から検出されるという事実をあわせて考えると、私たちアメリカ人は相当長期間フタル酸エステルとビスフェノールAに曝露されていることになる。フタル酸エステルとビスフェノールAは、通常それがふくまれると考えられているプラスチック、つまりＰＶＣとポリカーボネート以外にもふくまれているのだろうか。

二〇〇五年に、アルガリータ海洋調査財団が陸上で回収されたプラスチックごみとペレットの化学物質汚染を調査したとき、偶然その答えを得た。

PCB類もDDE(DDTの分解派生物)も検出されず、代わりにすべてのサンプルから有毒の多環式芳香族炭化水素が見つかったのだ。フタル酸エステルも、ほぼすべてにふくまれていた。フタル酸エステルは、散らばったプラスチック片に固着して環境を徘徊するような化学物質ではない。サンプルは、すべてポリエチレンとポリプロピレンなのだから、フタル酸エステルは環境から吸収されたのではなく、ポリエチレンとポリプロピレンに最初からふくまれていたことになる。これが通常の製造過程なら、私たちはみな企業にいっぱい食わされていたのだし、それは企業秘密という法的保護のもとに行なわれていたわけだ。

では、ビスフェノールAも私たちの推測より広範囲に、他の硬いプラスチックにも利用されているだろうか。インターナショナル・ペレット・ウォッチによる分析結果は、それを肯定するようだ。ポリエチレンとポリプロピレンの両方のプラスチック片からビスフェノールAが、古いタイプの有毒化学物質に匹敵するほどの、時にはそれを超える濃度の一から一〇〇〇ppbで検出されている。

この化学物質の注意すべき点は、動物実験で非常に低濃度でも健康被害が出た点だ。ppt(一〇〇〇分の一ppb、つまり、一兆分の一)レベルのビスフェノールAは、テストステロン(雄性ホルモン」の分泌を抑制する。二〇〇五年に「環境健康展望」誌に載った記述によると、「ビスフェノールAはすみやかに代謝されるという証拠があるので……この発見［九五パーセントのアメリカ人の尿からビスフェノールAが検出される］は、人間が長期間にわたって複数の汚染源からビスフェノールAの曝露を受けていることを示唆する」。ビスフェノールAは私たちが日常身近に置いている多くのプラスチック製品にふくまれているのではないだろうか。

インターナショナル・ペレット・ウォッチと渦流サンプルの分析の結果をもう一度見る。DDT、PCB類といった古いタイプの吸収促進性の化学汚染物質については、渦流サンプルはかなり汚染度が低い部類に入るが、二種の汚染物質についてはもっとも汚染がひどく、都市部、工業地帯五十一か所から採取したサンプルをもしのいだ。そのひとつは、ノニルフェノールだ。ノニルフェノールはビスフェノールAと類似の化学物質で、洗浄剤と農薬の界面活性剤として、プラスチック全般の添加剤、酸化防止剤の構成成分としても利用される。一九八〇年代末、タフツ大学で行なわれた乳がんに関する研究で、消えるはずのがん細胞が逆にさかんに増殖し、混乱したことがあった。実験器具を作るときにエストロゲン様《よう》のノニルフェノールを加えてあったのだ。では、渦流の動物プランクトンは女性化しているのか。有毒の海洋バクテリアが増えているのか。ハダカイワシのオスの生殖能力は下がり、個体数が減っているのか。答えは不明だ。

もうひとつの汚染物質は、デカブロモジフェニルエーテルだ。これは次世代の、より分子量が大きい臭化難燃剤であるが、小さな分子に変化してより毒性が高くなることがわかってきた。有毒の耐炎プラスチックが地球上もっとも広大な海の真ん中に存在する。この事実の非道ぶりと皮肉を表現する言葉は見つからない。

現在までのインターナショナル・ペレット・ウォッチの調査結果は、「海洋漂流プラスチックが地球規模で運ぶ微小有機汚染物質」という表題で発表されている。高田教授が執筆者で、私をふくめ十三名の共同執筆者がいるが、締めくくりは彼が書いた。「外洋や離島の沿岸でも、ノニルフェノールやデカブロモジフェニルエーテルなど、添加剤として使われた化学物質が高濃度で見出される。外洋や離島でプラスチック添加物質が生態系へ及ぼす脅威は、海水から吸収された化学物質より深刻である」

言いかえると、プラスチックはそもそも毒性を帯びた「トロイの木馬」のようなもので、見た目は魅力的だが、すでに恐れられている残留性有機汚染物質より、さらに大きな危険を海洋と陸上の生物に与える、目に見えない化学物質でいっぱいなのだ。この脅威については、次の世代の海洋科学者たちの研究課題になるだろう。

第14章

海洋ごみの科学捜査

プラスチック汚染をコントロールするのは有毒化学物質を製造禁止にするのよりむずかしく、どちらへの対処法も同じような問題をはらむ。汚染プラスチックの行く先は流出元と同じく多種多様で、出発地と到着地はまったくといっていいほど関連がない。流出元について学べば学ぶほど、流れこみを止めるほうが有望そうに見えてくる。

ロングビーチのすぐ南のシールビーチ〔シールはアザラシのこと〕には、アザラシは多くいたためしはなく、カリフォルニアアシカが大半で、それにわずかのゼニガタアザラシが交じって、陸が海に落ちこむ手前の傾斜になった砂浜で日を浴びている。ここはよいサーフポイントでもあり、古くから友人ジュディ・ナイミーヤジはここを本拠地にしていて、海岸線を自分の庭のように熟知している。彼女はサーフライダー財団のメンバーでもあって、行くたびにごみを集め、汚染に目を光らせている。ある日ジュディは見慣れぬ光景を目にする。何百というブルーのプラスチックの螺旋《らせん》ばねが砂浜に散らばっているのだ。まるで空からヘアカーラーが落ちてきたようだ。当時、私はサーフライダー財団の水質検査プログラムであるブルー・ウォーター・プロジェクトの責任者をしていたので、その不可思議なコイルの知らせが届いた。一九九〇年代初めのころで、最初のごみベルトへの航海のまえだったが、砂浜のプラスチックごみはもう問題になっていた。プラスチックリサイクル業の営業をしている友人に連絡をしてみたが、彼もさっぱりわからなかった。螺旋ばねをいくつか持って帰り、調べると言ってくれた。

*

ごみの科学捜査は、プラスチックごみについてわかっていることをもとにして、流れ出す源へたどって、それを止める。科学捜査という言葉は犯罪捜査のようなニュアンスを与えるだろうが、実際ごみの海洋投棄は国際法では犯罪である。前述のように、一九八八年にマルポール条約付属書Vでそのように定められた。アメリカでも連邦法により排他的経済水域、すなわち海岸線から二〇〇海里以内でのプラスチック投棄は禁止されている。二六フィート〔約八メートル〕以上の船舶は投棄が禁止されている物品のリストを提出するよう、沿岸警備隊に求められる。アルギータも対象船舶にふくまれる。犯罪という言いまわしは、プラスチックごみがいかに海洋生物に害を与えるかが立証されていることを考えると誇張ではないだろう。著名な海洋学者で「深海の女王」の異名をとるシルヴィア・アールは、著書『海の変化（*Sea Change*）』にプラスチックの不吉さをこう書き表している。プラスチックには「それとわかる匂いはないけれど……海に死の臭いを運んでくる」

プラスチックごみは、どこで見つかったかが重要な鍵である。都市部の海岸線のごみなら、外洋の真ん中の漂流ごみより跡をたどりやすい。しかし、海に流れ出ると犯罪現場から離れてしまい、たどりにくくなる。最新の科学捜査でもあまり成果は期待できない。少なくとも年代がわかれば、プラスチックが海洋環境ですっかり崩壊するまでどのくらいかかるのかを知る手がかりになるだろう。ひとつの説として、破片は年月とともに角が丸くなるという。かなり信《しん》憑性《ぴょうせい》の高い仮説だが、まだ精査が必要で、科学捜査の正式な手段には採用できない。目下のところは、プラスチック片は元をたどれないという事実を受け入れ、次へ進まなくてはならない。

プラスチックの崩壊速度

海洋ごみの研究者アンソニー・アンドラディは、プラスチックのかけらから、炭化水素によって年代を測定する方法の研究を続けている。まだ確立にはいたっていないが、プラスチック崩壊を促進する要因と、崩壊の段階は解明できた。ただし、自然界には無数の変数があるので、所要時間についてはまったく予測がつかない。プラスチックの敵は、熱、日光、物理的侵食である。より弱い要因として空気、水、生物がある。重合体は化学的に結合した微細な繊維といえる。上記の要因にさらされると、結合が硬化してもろくなり、砕ける。庭の隅にほったらかしにしたプラスチックのバケツが、手でもろもろと崩れるのと同じだ。崩壊の最終段階は無機化で、重合体分子が崩壊して二酸化炭素、水、微量のミネラルに分解する。科学者でなくても、ポリ塩化ビニルのガーデンチェアより薄いレジ袋のほうが分解が速いのは納得できるだろう。

アンドラディの実験のひとつに、プラスチックの崩壊速度の調査がある。さまざまな環境条件で、典型的な海洋ごみサンプルが崩壊する速度のちがいを調べたのだ。ナイロンの底引き網の切れ端や、ポリエチレンとポリスチレンの紐を海中につるし、同じものを近くの地面の上に置く。試験期間が終わると各サンプルの物理的強度をはかった。海中につるしたサンプルの強度は一年たっても変わらなかったが、陸に置いたサンプルは半年で「物理的強度が著しく失われていた」という。より濃い色のプラスチックは熱を吸収しやすく、周囲の空気より最高で四十八度温度が高くなった。結論は、海はプラスチックにとって桃源郷である、ということだ。さまざまな要因があって、崩壊はゆっくりとしか進まないのだ。水中は陸上より温度が低く、海水は空気より酸化作用が少なく、藻類《そうるい》がプラスチックのまわりを覆って太陽による光分解から守る。

このデータに照らして考えると、渦流のサンプルは、一部を除いて、長いあいだ海洋にあって分解が進んだものには見えず、むしろ海に流れ出るまえに日光の当たる砂浜やアスファルト道路の上にあったものと思われる。実際ニュージーランドの研究者は、プラスチックをほんの数週間暑い砂浜に置いておくと、種類によってはすぐにもろくなってぼろぼろになることを発見した。この発見は、プラスチック漂流物の多くは、少なくともそのかけらは、陸であらかじめストレスを受けてから海に流れ出たという見解を支持するものだ。プラスチックごみは海に流れ出れば長持ちし、生態系へのダメージもより大きくなるのだから、そのまえに食い止めることの重要性は明らかだ。

環境関連部局が公害対策を立てる仕組みを説明したところで紹介したが、汚染物質は二種に分かれる。不法投棄や工場など特定の汚染源、すなわちポイントソースを突きとめられる汚染と、道ばたのごみや砂浜の砂に混じったプラスチックのかけらなど、無数の汚染源が面的に広がったノンポイントソースのごみである。この分類は海洋の場合は当てはまらない。船舶からのごみ投棄は漁具だけでなく日用品もふくまれ、陸からのごみと海上でのごみを分ける論議は永遠に終わらないだろう。二〇一一年の日本の津波のような大災害が起こると、その比率は大きく変動する。

アンドラディは、プラスチック漂流物は陸から来るものと海上でのものとだいたい半々だろう、と推測している。とても理にかなった推測だと思うが、ひとつ付け加えたい。プラスチックはグローバル化をうながし、その結果、適切なごみ収集システムのない地域でプラスチックごみが出現している。多くの途上国では河川と海岸線はポリ袋、プラスチックボトル、包装材、容器であふれており、それらはいずれ海に流れ出る。生産者とプラスチックを提供した業者が責任を担うのが当然だが、今の世の中ではまだそうはならないだろう。

海上でのプラスチックごみのポイントソース、すなわち汚染源は、国連環境計画（UNEP）

によるなら、商船、フェリー、旅客船、漁船、軍艦、調査船、遊覧船、海底油田およびガス田の掘削施設、水産養殖施設である。ここに私は、海上で落下したコンテナを加えたい。その内容物は海流をたどる研究材料になってもいる。いっぽう、陸上のソースはまずは、海岸、河川、水路などのそばにある埋立地である。他には下水処理後あるいは未処理の汚泥、工業施設、観光業がある。もうひとつのカテゴリーは天災である。モンスーン、ハリケーン、津波、地震は大量の瓦礫《がれき》を海に押し出す。海洋のごみベルトにあるごみと、アラスカやハワイの離島にあるごみは似ている。大量の漁具、アジアの製品と容器、プラスチック片などだ。

ハワイでのクリーンアップ

ごみのソースをたどる作業は、ごみの移動によってさらに複雑になる。プラスチックごみは動きまわるのだ。風や潮によって海に流れ出るし、流れや波によって海岸に押し戻される。沈んだり、流れに乗ったり、浮遊したり、飛んだりする。渡り鳥など移動する生物の食物連鎖に入りこむ。かの有名な一九九二年のコンテナ流失事件で二万八千個の浴用玩具が流れ、カーティス・エベスマイヤーとジェイムズ・イングラムは、地球全体のコンピュータ化海流モデルを作成することができたのだが、それはどこでプラスチック玩具がばらまかれたのかわかっていたからだ。しかし、これらのプラスチック玩具は、海上でのプラスチックの崩壊については何かを教えてくれても、悪名高きハワイのビーチにあるごみのソースのたどり方は教えてはくれない。

カミロビーチはハワイ島のほぼ南端にある海岸で、背後には霧に包まれた山をいただき、三日月のようなカーブを描く海岸線、溶岩でできた潮だまり、寄せては砕ける波の音、砂のように見えるビーチなど、世界中からツーリストを引き寄せる要素をそなえている。しかし砂のように見えるのは、じつはごみである。ここはごみのデータを集める場所であり、自然のつむじ曲がりな不思議を体感するところでもある。ハワイ島の風下側を北から南に流れる海流は、場所の特殊性をよく知っていた古代ハワイ人に、魚だけでなくさまざまな遠方からの宝物をもたらした。北西太平洋からの巨大な丸太が西からの海流に乗ってカミロに流れ着き、そこでカヌーになる。また海で遭難した、愛する人の遺体をさがしに来る場所でもあった。しかし、今見つかるのはプラスチック製スプレーボトルのノズル、ボトル、靴、ネスレコーヒーの瓶のふた、歯ブラシ、使い捨てガスライター、何トンという魚網、その他科学捜査の調査対象となる物品である。

カミロがごみを引き寄せるのは、地勢、気象、海洋科学的要因の完璧な組み合わせによるものだ。まず、マウナロアという巨大な休火山のせいで貿易風の流れが分かれる。カミロはマウナロアの風下側の、分かれた風がふたたび合流する地点に位置する。海岸際には逆流も存在するし、太平洋岸諸国からのごみが絶えず流れこむ、北太平洋環流の南端に近いという要因もある。そしてごみがいっぱいの渦ができ、それが海岸に押し上げられる。

カミロへは、鋭い溶岩ででこぼこの、かろうじてつけられた未舗装の道を一時間ほど揺られて行かなくてはならない。行くのはたいていクリーンアップに加わる人たちだ。私は、カーティス・エベスマイヤーと彼のビーチコマー仲間とともにカミロを訪れた。

数年まえカミロでは、ところどころにごみが三メートルにも積み上がっていたという。ビーチコマー仲間は郡や州に電話して、急いで対策を講じるようせかした。新聞社にも話した。すると役所から「脅迫電話」を受けた。ハワイの砂浜がごみに埋もれているとふれまわったら、観光業にさしさわるというのだ。しかし、彼らは訴えつづけ、とうとう二〇〇三年に地質調査所が大がかりなクリーンアップを実施した。

最初のクリーンアップのときは、陸軍のヘリコプターが五〇トン以上のごみを運び出した。そのほとんどがプラスチック、ほとんどが漁具だった。今ではクリーンアップは、ハワイ野生生物基金とそのときどきの団体の組織で、数年に一度行なわれているという。何十人ものボランティアがやってきて、何十個ものごみ袋にいっぱいのごみを集める。それでも、たとえ毎日清掃しても何兆個ものプラスチックのかけらはとりつくせないだろう。三六〇メートル延びる砂浜の砂の数より多い、という説もある。

「毎回私は何袋か家へ持って帰るのです」とビーチコマー仲間は話す。「洗って、色で分けてみると、やっかい者だけど美しく見えたりもします。少なくとも私がとった分は、魚やカメが食べたりはしないですよね」。波打ちぎわから拾ったプラスチックのかけらはありふれた非対称な砕片だが、見慣れた目で見ると球形のものが見つかる。樹脂ペレットだ。カミロで見つけたがらくたの中で、これがいちばんばかげている。カミロはアメリカ本土のペレット製造者、加工業者からこれだけ離れている。プラスチック製品は、携帯用櫛《くし》であれ、浴槽であれ、ケチャップ容器であれ、樹脂の球を溶かし、型に入れて作る。熱可塑性《かそせい》のプラスチック原料がビーチでいったい何をするというのだろう。私は、満潮ライン沿いの三〇センチ四方の区域から、一ミリ以上の大きさのプラスチック片を二千五百個集めた。そのうちの五百個がペレットであり、これでレジ袋を一枚作れる。

浜辺に集まる謎のごみ

人里離れたビーチの最大のごみは、都会から出たごみではなく、漁具であると言ってまずまちがいない。カミロのペレットはこの原則からはずれている。たまたまそうなのか。ハワイ大学ヒロ校の海洋科学のクラスで話をしたあと、カーラ・マクダーミッド教授にこの話をすると、教授はビーチごみの調査を決意した。優等コースの学生とともに、ハワイ諸島の九つのビーチで集めたプラスチックごみを調べた。すべてのサンプルに小さなプラスチックのかけらが見つかったが、いちばん多かったのはミッドウェーとモロカイの人里離れたビーチで、どちらも商業活動の地域から遠く離れている。ごみの重量の七二パーセントがプラスチックで、二〇平方メートルの区域から回収した一万九千百個のごみのうち一一パーセントがペレットだった。作られた場所から遠く離れた地で見つかるペレットに、科学捜査がどう対応できるだろう。

毎年製造される一億三五〇〇万トンのプラスチック製品は樹脂ペレットから作られる。ペレットは貨物車、トレーラー、コンテナに積まれて、アメリカ中、そして世界中の加工業者の元に届けられる。その〇・一パーセントが海に逃げたとしたら、年間一三・五万トンの投棄に当たる。ペレットは一キロ当たり五万五千個あるので、年間七兆五千億個のペレットが海に投棄されることになる。その半分が浮くだろう。渦流ではこれほどのペレットは見つかっていない。

一九八〇年代に、海鳥がペレットを食べていることを明らかにした野生生物学者ピーター・ライアンのレポートを確かめる。ライアンは一九九九年から二〇〇六年にかけて行なった再調査の結果を二〇〇八年に発表した。プラスチック摂食の割合は変わっていないが、ペレットの占める割合はすべてのサンプルグループで、四四から七九パーセントの減少を見せている。ライアンはこう結論した。「この二十年間で、海洋の微細プラスチックごみの割合は変化している」。遠隔の地のビーチで見つかるペレットは年代ものだと思ってよい。陸地の加工業者がペレットの取扱法をあらため、海上輸送コンテナの積載方法が堅固なものに改良される以前に、海に逃げ出したものだ。

*

カミロでたくさん見つかるもののうち、「これは何でしょう」のクイズになりそうな不思議な品物が三点ある。ひとつは半透明の一五センチほどの長さの円筒形プラスチックで、片方の先端に輪がついている。これは若者ならすぐ当てられるだろう。使用ずみのケミカルライトである。ロックコンサートの応援でおなじみの品で、軍隊の夜間演習にも欠かせない。漁船にも不可欠の道具で、何百個も延縄《はえなわ》につなげたり、魚網につけたりする。新しいケミカルライトを折ると内部の薄いガラスのチューブが割れて二種の化学物質が混じり、発光する。ある種の魚は光に集まるのを漁師はよく承知だが、高級魚のマグロやカジキもその仲間だ。中国でも盛大に使われている。漁業でのケミカルライトの需要は沸騰している。ジボ・デキシング工業は年間一億本生産し、値段は一本当たり二桁の低い数値（セント）である。

ケミカルライトは使い捨てだとは宣伝されていないが、リサイクルも再利用もできない。使用ずみケミカルライトは折れているかもしれないが、全体の形を保っているはずだ。しかし、ごみとして見つかるものはすべてかじられている。これをかじったあわれな生き物は、化学物質と食べられないガラスとプラスチックが口の中に入ったことだろう。「環境毒物学・薬学」誌に載ったある論文は、ケミカルライトの化学物質は「海洋生物にとって有毒であり、直接接触した場合や、希釈されていないものはとくに危険である」と述べている。ケミカルライトは、コアホウドリのひなが頻繁《ひんぱん》に誤食する。環境意識の高い漁師は、より高額でもくり返し使えるLEDライトを使うようになっている。

二番目の品物は、子犬の鼻づらのような、黒い円すい状プラスチックである。この奇妙な品物は、奇妙な魚をとる罠《わな》である。狙いは、うろこがなく、あごがなく、粘液に覆われた不気味な清掃動物で、ウナギのような泳ぎ方をしながら海底で腐肉をあさるメクラウナギである。韓国ではこれを、カキのように精力増進剤として珍重するが、すでにとりつくしてしまった。市場は、あいかわらず年間四〇〇〇トン求める。皮にも需要があって、財布やさまざまな小物が街で売られている。韓国のメクラウナギ買い付け業者は、アメリカ西海岸の水産会社にキロ当たり最高四十五ドル出して買いとっているそうだ。円すい状の罠は餌を入れた筒に入れ、海底に仕掛ける。メクラウナギはこれが魚の死体だと思って筒に顔を突っこみ、円すいの先についているつめに引っかかって抜けられなくなる。カミロビーチや他の砂浜で見つかった罠は、どれもぼろぼろで、韓国漁船が使った古いものだ。新しいタイプは生分解性プラスチックでできているという。今でも渦流やカミロでたくさん見つかるこの仕掛けを見ると、古いプラスチックは遺物となって未来にいつまでも残るのだろうな、という思いが湧く。

三つ目の謎の品物は、長さ二・五センチから二〇センチ、直径二センチほどのポリエチレンチューブで、色は黒、ブルー、グレー、グリーンだ。カキの養殖場で使われるパイプ、もしくはスペーサーである。モノフィラメントのラインにカキの稚貝《ちがい》をつけ、成長したときくっついてしまわないよう間隔をあけるスペーサーをはさんでおく。それを、外洋から守られた沿岸海域に碇《いかり》を打って設置した筏《いかだ》からつるす。カキの養殖はアジア、アメリカ、ヨーロッパ、その他各地の、外海の荒波から守られた、公害、海上交通があまりない、おだやかな内海で行なわれている。では、スペーサーを何百万本も海洋に遺棄しているのはどこだろう。

年間三億トンの養殖カキの八二パーセントは中国で生産され、韓国でもフィリピンでもカキの養殖は行なわれるが、稚貝の間隔をあけるためにはより安価な結び目を利用している。アメリカ西海岸ではプラスチックのスペーサーを使うが、大量の遺棄スペーサーを説明するには操業規模がどこも小さい。日本では、竹のスペーサーの使用が奨励されているが、残念ながら、まだほとんどプラスチックが使われているらしい。二〇一一年の津波でも、カキの養殖場に甚大な被害が出て、数百万本というスペーサーが海に流れ出たということだ。

ウィンドロー――海上のビュッフェ

ごみの科学捜査は、海洋生物の回遊区域も教えてくれる。生物の食餌は生態系の健全度を表すが、そのことをよく表す研究がある。二〇〇九年に行なわれており、題は少し皮肉っぽく「ごみを家に持ち帰る――コアホウドリのコロニーによる摂食行動の差は、増加するプラスチック誤食につながるか?」。五人の執筆者の中にはシンシア・ヴァンダーリプも入っている。

クレ環礁と、一五〇〇海里南東のオアフ島の都市部近郊のふたつのコアホウドリのコロニーで、追跡装置を使って摂食行動を調べ、さらに両方のコロニーでひなの吐き戻しの中身を調べた。吐き戻しは一〇〇パーセントプラスチックをふくんでいた。しかし、ショッキングな発見は、離島であるクレ環礁のひなの吐き戻しが、オアフ島のひなの十倍のプラスチックをふくんでいた点だ。ひなを育てている親鳥は、そうではないコアホウドリに比べて、より営巣地に近い場所で餌をあさることがこの研究で明らかになったが、クレ環礁の親鳥は餌をあさるのにごみが豊富な収束帯のある北方の海上か、ハワイと日本のあいだの西のごみベルトがある西方の海上に向かう。オアフ島の親鳥は、比較的ごみの少ない東のごみベルトの南側の海上をめざして東に向かう。つまり、人口の多い島のアホウドリのほうが、皮肉にも人間のごみの摂食が少なかったのだ。

クレ環礁の親鳥は、明らかにウィンドローから餌をあさっている。ウィンドローはまるで海上の食べ放題のビュッフェで、科学捜査の調査対象である。私がかつて見た中で最大のウィンドローは、二〇〇二年のフレンチ・フリゲート瀬での滞在のあと、カリフォルニアに戻る航海の途上にあった。まずウィンドローについて説明しよう。

ウィンドローは、ラングミュア循環流によりできる。ラングミュア循環流とはブルックリン生まれのゼネラル・エレクトリック社（GE）の主任研究者で、一九三二年にノーベル化学賞を受賞したアーヴィング・ラングミュア（一八八一 - 一九五七）にちなんで名づけられた。ラングミュアは自然現象の解明が好きで、一九三八年に客船で大西洋を横断したとき、初めてウィンドローに目をとめた。サルガッソー海でサルガッソー、すなわちホンダワラ〔海藻の一種〕が泡とともに平行に並んで浮いていたのだ。不思議に思ったラングミュアは、この現象の科学的説明がついていないのを知り、自分で解明しようと思い立った。

実験を考案し、スケネクタディ〔ニューヨーク州東部〕のGEの研究所近くにあるジョージ湖で行なった。すると一定の条件のもとでは、静かな湖面に吹く風により対流セルができることがわかった。対流セルは異なる温度の液体、もしくは気体が接触したときに生じるもので、たとえば湯に氷を入れて湯が渦巻くときに生じている。海面で丸太ころがしのようなことが起きるのだが、海面の「丸太」は長い平行に並んだ海水のチューブで、それが隣接したチューブと互いに逆方向に回転して、浮きくずをためる。ラングミュアが大西洋横断時に見た海草と泡に、現在ではまわりの海水から集まったプラスチックごみが混じる。ウィンドローは、海の汚れを明るみに引き出す。そして餌をあさるアホウドリが、いそいそとやってくる。

二〇〇二年に私たちは、その大きなウィンドローをたどっていった。まわりやその下に、水中ライトを持って昼も夜ももぐってみたが、終わりは突きとめられなかった。しかし海洋大気局が懸念する魚網の塊ができあがる過程は観察した。カーティス・エベスマイヤーは、海洋はつねにものを寄せ合って織り上げると言っていたが、そのメカニズムを私は目の当たりにした。ロープがからんで塊になり、それが魚網の切れ端を編みこむさまを実際に見たのだ。ウィンドローにはずっと先まで、さまざまな段階の魚網の塊が浮いていた。魚網がからまった小さな塊から、ゆさゆさ揺れる巨大な塊まであった。それまで私は、ウィンドローはごみを明るみに引き出すだけかと思っていたが、これほど大きな作用があることを初めて知った。

ウィンドローから拾った品を挙げる。パイプ、青いビニールの日除け、ビニールシート、洗濯かご、枠箱、漁具、数々の日用品、ライター、メクラウナギの罠、風船、プラスチックのナイフのさや、日本の道路工事用安全標識のコーン、プラスチックのいすの一部（よくわからないたいへん独特なもので、これは日本製の温水洗浄便座であると、あとで判明した）など。大きなプラスチックごみの多くにはアジアの文字が見られる。日本と韓国の場合、漁具にはがっかりさせられるが、日用品はそれほどでもない。どちらも効果的なごみ収集システムが機能しているからだ。

私の知るかぎり、ごみのウィンドローが科学的に調査されたことはない。出現が予測できないし、現れてもせいぜい一日か二日しか持たないのだから調査は困難だ。けれど内容物は海洋ごみの横断的見本のようなものだし、その流出元も多少わかる。そして海面を清掃するよい機会になる。

海洋ごみトップ10

バークレーにあるカリフォルニア毒物管理局の環境化学研究所長は、海洋ごみの元をたどるには何が必要なのか、そして何がわからないからたどれないかを指摘している。おのおののプラスチック片がどこから来たのか知るにはまず分析が必要だが、それにはプラスチックに「DNA」のような暗号が組みこまれていなくてはならない。その暗号により材料となったプラスチック樹脂がどこで製造され、加工され、製品化されたか、最終製品をどこの会社が卸《おろ》して、販売したかがわかるようになっていなくてはならない。残念ながら現在のところ、プラスチックのかけらからそういうことを読みとくのより、血液一滴からDNAを読みとくほうがはるかに簡単である。たとえ「遺伝暗号」が解明できても、次に不法投棄をした当事者を見つけるという困難な仕事が待ち受けている。だからこそ使い捨てのプラスチック、とくにすぐに飛んでいってしまう薄いフィルムやフォームは、水の中で生分解するよう作らなくてはならず、さもなければ禁止すべきである。

海洋プラスチックごみの流出元に関して、沿岸地域に何か解明の手立てはあるだろうか。企業と政府の両方から資金を受けているワシントン州の非営利団体、海洋保護センターは、毎年九月の最初の土曜に国際沿岸クリーンアップを開催し、この問題に取り組んでいる。二〇〇九年に二十四回目が行なわれ、そのときのデータが公表された。そのときは百八の国々、四十五のアメリカの州（最高記録）で五十万人近いボランティアが、世界中の二万七三六〇キロの海岸線でなんと三三五七トンのごみを集め、三百匹以上の魚、鳥、カメ、哺乳類が漁具にからまっていたのを助けた。

海洋保護センターのデータは、海洋汚染の実情に比してあまりに大ざっぱで、一年一度のクリーンアップで問題は解決できるかのような美しい幻想を作り出している、としばしば非難される。しかし、海洋保護センターは、最終目標は沿岸の汚染ぶりを広く知らせて認識してもらい、より責任あるふるまい、適切な政策につなげることだと説明する。回収される品目はカウントされるが、トップ10は毎年多少の変動はあるものの大きな変化はなく、ほとんどが海水浴客のポイ捨てである。タバコの吸殻がつねに第一位で、二〇〇九年も二百十八万九千二百五十二点回収された。次に多いのはポリ袋で百十二万九千七百七十四点、食べ物の包装紙と容器が九十四万三千二百三十三点、キャップとふたが九十一万二千二百四十六点、皿、カップ、ナイフ、フォーク類が五十一万二千五百十六点である。大きな変化はプラスチック飲料ボトルが三ポイント上がって全体の九パーセントになっている点だ。次がかくはん棒とストローで、最後に紙袋が来る。トップ10で全体の八〇パーセントを占め、全体で一千万点以上のうち八百二十二万九千三百三十七点となっている。ボトルだけにプラスチックという呼び名が冠せられているが、ポリ袋、ストロー、カップ、皿、ふた、キャップの大部分がプラスチックといってさしつかえないだろうし、タバコの吸殻もプラスチックである。

このデータでは、海水浴客が容疑者ということになっている。では、カミロビーチと比べてみよう。トップは、つねに他を断然引き離して三〇パーセントのキャップとふたで、海洋保護センターの調査と大きく異なる。吸殻より使い捨てライターのほうが多い。ポリ袋よりカキのスペーサーのほうが多い。プラスチックのストローよりケミカルライトのほうが多い。共通するのはプラスチックボトルで、どちらでも多い。吸殻よりも百万倍多いけれど、海洋保護センターが決してリストに加えないのは、プラスチックの砂粒のようなかけらである。カミロでは本物の砂より多いくらいだ。そしてカミロでは、海水浴客の落とすごみはないと言ってよい。

そもそも海水浴客がめったに来ないのだから。

海洋保護センターのクリーンアップはもちろん善意から出ているが、美しく装丁されたレポートを見、協賛企業の欄にコカ・コーラ、ソロカップ、グラッド〔アメリカのプラスチック容器、ポリフィルムメーカー〕、ダウの名前を見つけ、くり返し述べられる美辞麗句を読むにつけ、ため息が出る。たとえば、ある協賛企業の担当責任者の次のような文章だ。「人々に自分のふるまいの影響を気づかせるには、企業、個々の人々、組織の協力が欠かせません」。まるで人徳の高い人物が、上段から人を叱っているようだ。武器を提供しておいて、「無責任な人々」がだれかを傷つけたといって非難する影の黒幕のふてぶてしさには、つくづくあきれる。いずれにしろ、海岸に行くのはごみの清掃のためだけ、という若い人々に対して私は申し訳なさでいっぱいだ。

ペレットのソースを突きとめる

カリフォルニアは、他のどこの州よりも環境保護に熱心だ。一九九〇年代初めには、工場や下水処理場などのポイントソースに対しては、適切に対処できていると自治体は認識していた。そこで関心を富栄養化に向け、ゴルフ場、庭、農業からの窒素とリンの流出の阻止に努力を傾注した。そして海浜ごみにも力を注いだ。海浜ごみは海洋の生態系に危険を及ぼすだけでなく、汚れたビーチと汚染された水により地元は経済的損失をこうむるし、保全費用は膨大だ。スクワープ（南カリフォルニア沿岸海域リサーチプロジェクト）も、より美しい沿岸水域とビーチをめざして政策を導く科学調査を行なっている。

私は、オレンジ郡のビーチごみの量を査定するプロジェクトのコンサルタントを務めている。ごみ回収の計画案が必要なので、まずは各ビーチの特定区画のごみを調査することにした。ボランティアを集めて、二〇リットル入り缶に入れたビーチの砂を選り分けてもらう。結果はすべての予想を裏切るもので、タバコの吸殻、ポリ袋、包装紙、飲料ボトルのどれよりも多かったのはペレットである。ボランティアのカウントに基づいて計算すると、オレンジ郡のすべてのビーチには合わせて一億五百万個の樹脂ペレットがあることになり、重量では二トン以上だ。通常の海浜ごみがあったのはいうまでもなく、それは驚くには当たらないが、ペレットはショックだった。それらのペレットがどこから来たのかわからなかった。どこか地元の工場がポイントソースなのか。海洋で広範囲にばらまかれたノンポイントソースのごみなのか。科学捜査の助けが切望される。

するとここで、思いがけない探査役が登場した。

二〇〇二年、規定されているあらゆる廃棄禁止法がじつは破られていたことが判明する。取り調べ官はとても若い科学者で、アルギータの冷蔵システムのめんどうなメンテナンスとの関わりで、偶然出会った。このシステムの設計者は、元NASAの技術者でランディ・シンプキンズといい、ニューポート海岸に店舗をかまえている。当然科学的素養のある人なので、私の調査にも関心を持っていた。あるとき店に行った私は、中学生の娘のテーラーが科学発表会の研究テーマをさがしているのだが、何かアイデアはないかと尋ねられた。偶然、あった。ある期間ビーチの特定区画のペレットを数えたらどうかと提案した。数が変動するかどうかは、調べる価値がある。パターンがあれば、流出元をさぐるヒントになるかもしれない。

テーラーは水の申し子だ。泳ぎ、シュノーケリングをし、サーフィンをして育ち、自分のことを「海にすっかり夢中」と評する。七歳のとき、自分は一生海と関わり、海を仕事の場としていくにちがいないとわかったという。科学発表会の話が出た一週間後、父親に連れられて私に会いに来た。テーラーの言葉によると、「そのときから私はペレットにとりつかれた」そうだ。ふたりで仮説を立て、テーラーがサンタアナ川の河口両岸の高潮線沿いの場所を選んだ。カウントを続けると、嵐のあとには、明らかにペレットが増えることがわかった。テーラーはこう結論した。「ペレットが海から流れつくのなら、嵐のあと数が増えるはずはない。工場の不注意な操業によるもれ出しなら、ペレットは排水溝にたまり、嵐により押し出されて海に流れ出るので、嵐によるペレットの増加が説明できる」

こうしてテーラーは、プラスチック樹脂ペレットの直接のソースを、初めて突きとめた調査者となった。射出成形工場である。テーラーは実行力旺盛だ。父親とともに精力的な「隠密調査」を始めた。サンタアナ川沿いの射出成形工場に足を運び、学校の宿題のためにプラスチック製造を見学させてもらいたいと申し出る。工場内に入れてもらうと、「施設の清潔さ、もしくはその欠如」をチェックする。多くの工場では断られたという。

「プラスチック産業の小さな汚い秘密」と題されたテーラーのレポートは地元の科学発表会で最優秀とされ、州大会に推薦された。環境問題部門で第二位となり、ディスカバリーチャンネルの「若い科学者の挑戦」のための厳しい三回の選考を突破して、数百人の中から四十人のひとりとして選ばれた。そのときのことを彼女はこう語る。「私はそのときカリフォルニアからやってきたブロンドのサーフィン娘でしたけど、見かけとはかなりちがう印象を与えたと思います」

マイクロプラスチックへの関心

アルガリータ海洋調査財団は他のグループとともに、原材料の管理改善を企業に働きかける努力を続けている。マイクロプラスチックの中で問題なのは、じつは大きさが数ミリのペレットとプラスチック片だけではない。商業目的のために、はじめからその形に生産された微細プラスチック〔一ミリ以下のもの〕というのがある。たとえば研磨材や掃除用コンパウンド、塩ビ管や回転成形のための原料となるプラスチックの粉、美顔用クレンジング剤にふくまれる皮膚摩擦剤である。これらが下水もしくは排水溝に流れると、大半は下水処理とごみの堰《せ》き止め柵をくぐり抜けて川や海に流れ出る。船体掃除に使われる樹脂研磨材もある。

マイクロプラスチックによる汚染は大きな関心を寄せられるようになったが、ここに至るまでは何年もの啓蒙活動が必要だった。海洋マイクロプラスチックの最初のワークショップが海洋大気局の後援で開催されたのは二〇〇八年九月、ワシントン大学タコマ校においてだ。アンソニー・アンドラディとアルガリータのマーカス・エリクセンが出席した。ワークショップでの一致した見解は、深刻な「知識の隔たり」があり、さらなる調査が必要だ、ということだった。二〇一一年にホノルルで開かれた第五回国際海洋ごみ会議は、ついに遺棄漁具ではなくマイクロプラスチックをテーマとした。この問題への関心の喚起を求めつづけたアルガリータの努力も、それにひと役買ったと思っている。

＊

さて、話を戻そう。シールビーチでビーチコマーの友人が見つけたブルーの螺旋ばねである。プラスチック産業の内側にいる友人にも、そのヘアカーラーのような小さな物体が何であるか、どうしてシールビーチに落ちているのかわからなかった。しかし関心もあったので、営業に回るときに行く先々で尋ねてまわった。その結果、これは「ピッグ」と呼ばれていることを知った。パイプの中に突っこんで、詰まったカスをかき出すためのスクラバーだ。

このピッグは、シールビーチからわずかにサンガブリエル川をさかのぼったところにある南カリフォルニア・エジソン発電所で使われているという情報をつかんだ。発電所では冷却系に海水を通すが、海水には藻類の胞子がふくまれているのでパイプの中で育って繁茂し、詰まらせる。そのためスパイラル状のピッグをパイプの中に入れて海藻をかき落とし、いっきに川に流すのだ。この作業は定期的に行なわれるので、ブルーの螺旋ばねがときたま忽然《こつぜん》と現れるという現象が説明できる。

どうしてこんなことが許されるのか。シールビーチのピッグの正体がわかると、サーフライダー財団の北オレンジ郡ロングビーチ支部が行動に出た。当時の一九九〇年代は、連邦と州の公害防止法にはあいまいな部分があり、国際条約であるマルポール条約付属書Vを引き合いに出すのが最良の手段だろうということになった。

この条約の遵守を監視するのは沿岸警備隊に任せられている。ロサンゼルス港の沿岸警備隊オフィスに仲間がいるので、南カリフォルニア・エジソン発電所が、アメリカ合衆国の航行水域にプラスチック「ピッグ」を廃棄していると述べたサーフライダー財団からの手紙を持って、そこを訪ねた。沿岸警備隊は調査して、規定を実行する義務が生じる。部隊長は調べて、発電所と海のあいだの水域は航行域であると認めた。次に南カリフォルニア・エジソン発電所に書面で、シールビーチで見つかったプラスチックごみがエジソン発電所から廃棄されたものであることが判明し、発電所は防御策を講じる法的義務があることを知らせた。エジソン発電所は対策を講じると回答してきた。

しかし、今でも一部のピッグは抜け出てシールビーチにたどり着く。プラスチックを崩壊させる日光を浴びながら、海に流れ出る瞬間を待っている。

第15章

プラスチックの足跡《フットプリント》を消す

これはお決まりのコースのようだ。まず人間が作り出した環境の危機が詳細に吟味され、熟慮された「解決案」が提示され、世界を正しい姿に戻す方策が実行に移される。しかし、よい考えが実を結ぶことはほとんどない。どうしてだろう。変化は困難で、現状から利益を得る人々、組織が力を握っているからだ。プラスチックは莫大な利益を生む商売で、経営者たちは既得権を手放すつもりはない。けれど海洋からプラスチックを取り除くには、すべての流出を止めなくてはならない。今すぐにだ。まず戦術を練ろう。

今のプラスチックの足跡《フットプリント》、つまり川や沿岸に残されたもの、海から回収できないものは、いつになるかわからないがいずれ分解するか、陸地に打ち上げられるに任せるしかない。プラスチックという、この長寿の魔法使いをアラジンのランプに戻す方法はない。しかしだからといって、自然界に害を与えない形でのプラスチックの利用方法を模索するのをあきらめてはならない。

反復になるが、合衆国のごみの一日ひとり当たりの産出量は一九六〇年から二〇〇七年でほとんど倍増し、一・二キロから二・一キロになった。この間にアメリカ人は急激に増える商品をまえにして「消費者」になっていき、使い捨てが便利と衛生的と同義語になり、それが世界の経済成長につながった。高価な消費財、とくに電子機器でさえ使い捨てに近づきつつある。毎日、毎週、毎月、毎年、持ち物が壊れたり、古くなったり、時代遅れになったり、流行《はや》らなくなったり、あるいはひどい場合にはあきたりすると、私たちは新製品や新登場の商品に飛びつく。

リサイクルの課題

私たちの消費パターンが、物品のこのような循環をもたらしたのだから、リサイクルが最良の解決法のひとつとして注目される。三角形の矢印マークは、一九七〇年に考案された。このマークがついて、リサイクルは自治体のごみ問題へのひとつの対処法となった。

矢印三角はほとんどのプラスチック製食品容器、日用品包装材につけられるようになったが、小さい高価な電子機器、道具、装置、錠剤の入ったアルミシート、美容用品などを包んだあのいまいましく開けにくい透明な包装材、プラスチックフィルム、梱包用フォームにはついていない。

矢印三角の中の1から6の数字は原材料の重合体の種類を表すが、すべてがリサイクルされるのではない。たとえば7は、ただ1から6以外の重合体、という意味だ。1はポリエチレンテレフタレート、いわゆるペット、2は高密度ポリエチレンだが、どちらもリサイクル可能とはかぎらないし、一度リサイクルされると、もうできない。4の低密度ポリエチレンと5のポリプロピレンはさらにリサイクル率が低い。1と2は選り分けられ、まとめられ、売られるが、売る先は労働力が安い国、たいていは中国だ。買い取り手がないと、選り分けられたプラスチックの塊は結局埋立地に送られる。リサイクルは手の込んだ見せかけの芝居であることが多い。

リサイクル率は、プラスチックの利用率の伸びに追いついていない。プラスチックをひとつの材料としてひとからげにはできないことが、リサイクルをむずかしくしている。北カリフォルニアのサンマテオで行なっているリサイクル・ワークスというプログラムのサイトには、プラスチックは五万種類あると載っている。出典は記されていないが信憑性《しんぴょうせい》は高い。

たとえばプラスチックには、熱硬化性と熱可塑《かそ》性のものがある。それぞれに数百万の製法があり、多くが特定の化学結合による固有の特性をそなえている。チューイングガムのような弾力性、ガーデンファーニチャーの耐熱性と耐酸化性、商品梱包用ストレッチフィルムの伸びやすさ、レーシングカーの車体や、高性能レースヨットのセールや、防弾チョッキや、宇宙船などを作るのに使われる炭素繊維強化プラスチックに要求される強靭《きょうじん》さ、など多種多様にわたっている。これらの特性を分離し、ひとつのリサイクル可能材料にするのはまったく不可能だ。そして、絶えず新たな特性が果てしなく加わりつづける。新しい重合体の特許出願は、アメリカ特許商標局の広報によると平均して週に十五件以上だという。その多くが最新のナノ技術による素材、ゲル、被覆などを取り入れているが、かなりの数がパッケージのためのフィルムと新しい発泡技術である。昨今は包装の軽量化が追求されている。材料が少なくてすみ、運搬がたやすくなり、環境にやさしいと主張できるからだ。

商品を選り分けるには、より正確で完全な、少なくとも役に立つ成分表示が必要だ。しかし担当部局である連邦取引委員会には、いかなる社会的目的のためであれ、ラベル変更を命じる権限はない。事実と異なるラベルを規制するだけだ。製造者は、事実であればパッケージに何を記してもよい。それで、新しいとか改良された、などのいくらでも弁護可能な耳に心地よい語句が並べられることになる。

法規がないわけではない。一九六六年制定の公正包装表示法で以下の表記が定められている。①商品名 ②製造者、包装者または卸売業者の名前と住所 ③内容量（メートル法もしくはインチ法もしくはポンドで）となっている。容器のリサイクルもしくは廃棄法を表示したからといって、売り上げの障害になったり情報過剰になったりするとは思えない。もしアメリカ政府が、すべてのプラスチック商品とパッケージは最終形態、もしくはこちらのほうが望ましいが、リサイクルやリユースなど、次の形態に対する明確な指示をつけるべきだと決めたらどうなるだろうか。そのような命令書を発布できないものだろうか。水質浄化法のように「目標と方針の宣言」はしたものの、四十年たっても実行に積極的な州や自治体でさえ少しずつしか実行できない、という結果になるだろうか。

ドイツの積極的な取り組み

一九九〇年代初め、ドイツはリサイクル問題に消費者の分別作業で対処しようとした。瓶をデポジット制にして店で回収する。デポジット制でない瓶は色別（透明、茶、緑）に仕分けし、街中に多数置いた公共回収箱に入れる。ただし、騒音対策のため深夜と早朝は控える。紙とボール紙用に緑と青の回収箱が各家庭に配られている。茶色の回収箱は生分解性の廃棄物用である。黄色の回収箱と袋は、緑のロゴがついているパッケージ用品用で、プラスチックやアルミ缶、缶詰の缶にもこのロゴがついている。グレーの回収箱はその他の、タバコの吸い口、使い捨てオムツ、フライパンなど用で、金属をとりのぞいたあと焼却する。茶色、青か緑、グレーの回収箱に入れるときは料金がかかる。黄色の回収箱か袋に入れた緑のロゴがついたパッケージ用品については、製造者がそのプログラムの費用を負担する。トラックとドライバーを雇って中身を回収し、仕分けのための人件費を負担する。パッケージについては製造者の責任なのだ。大ざっぱに言って、パッケージ用品のリサイクル費用は一キロ当たり一・五ドルで、実際の価格に上乗せされている。

緑のロゴは商標登録されており、世界中の百七十か国で使用が可能だ。自社製品のリサイクルに、一定の貢献をしているなら、使用料は無料である。ドイツではここ十年でリサイクル費用は七五パーセント減少し、二〇二〇年にはすべての埋立地を閉鎖する予定である。埋立地のごみはパッケージが主である。色別の回収箱のシステムは公共の場所にも職場にもあるので、実行は容易だ。

リサイクルの重要なポイントは統一だ。製造段階での統一、回収での統一、リサイクル過程での統一である。統一すれば経済的だ。リサイクルする同質のプラスチックが大量にないと、工程の供給原料として十分でない。ばらばらだと再溶解によってプラスチックの特性にどういう変化が起きるのか、そもそも溶解温度に限界があるかどうかもわからない。もちろん、品質を保つための新しいプラスチック素材をどれだけ足せばよいかもわからない。さまざまなものが混ざった素材を利用するのはむずかしいので、需要は少なく、したがって利益も小さい。

ドイツではごみの焼却、その他の加熱処理は、リサイクル不能のごみ処理の最終手段である。いっぽう他の国々では、ガス化、熱分解、プラズマアーク、ごみのエネルギー転換、熱回収などさまざまな呼称のもとに、ごみの加熱処理が行なわれている。カリフォルニアでは、カーペット製造者が自社の合成繊維じゅうたんに「燃料」という表示をするよう働きかけている。古いじゅうたんを燃やすのは、企業に課せられたリサイクル計画の一部であることにしたいのだ。

ドイツでも、プラスチック企業はエネルギー産生の手段として熱回収を強力に推している。この問題は政治の場まで行ったが、大多数のドイツ国民は、さまざまなプラスチックをまとめて焼却すると大気が汚染されるという科学データをより重視した。二酸化炭素が排出されて地球温暖化を進めるばかりでなく、ダイオキシン、フランも放出される。どちらも非常に少量でも毒性が高い化学物質である。マサチューセッツ州は固形ごみの処理に際し、どのような方法でも「揮発性有機物質、重金属、ダイオキシン、二酸化硫黄（亜硫酸ガス）、塩酸、水銀、フランなど何らかの微粒子を大気中に放出している」と報告している。

エコロジカルライターのサンドラ・スタイングラバーの著書『がんと環境——患者として、科学者として、女性として（*Living Downstream: An Ecologist's Personal Investigation of Cancer and the Environment*）』は、人間が作り出した発がん物質に関する本である。「最新式の焼却炉でさえ、ダイオキシンとフランを空中に放出している……ごみを燃やすことによって電力を得ることが、正しいエネルギー再生なのか、私たちはみなその質問に自分の賭金を賭けている」と書かれている。ダイオキシンはプラスチックが燃やされるさいに、塩素があると生成される。

海洋プラスチックごみを燃やせばよいと思っている人のために説明しよう。「魚網をエネルギーに」プロジェクトで、ホノルル他各地で実際に燃やしたが、海洋ごみは海水に漬かっているということを思い出してほしい。食卓塩、つまり塩化ナトリウムの製法のひとつに海水の蒸留があるのは知っているだろう。だから海水で濡れている、すなわち塩化ナトリウムで覆われたプラスチックごみを燃やすと、ダイオキシンが出るのだ。

大型の船舶はたいてい焼却炉をそなえていて、船上でプラスチックをふくむごみを燃やす。煙突には集塵機《しゅうじんき》がないことが多く、有害物質は除去されない。ドイツのハンブルク港で船舶の検査にあたっている係官に、次のような話を聞いた。焼却炉の使用法では、海洋への投棄が法的に許される灰にまで完全に燃やすには炉を予熱することになっているが、作業員は炉にごみを詰めこみ、それから燃やす。そのため低い温度で燃やすことになり、ごみは不完全燃焼し、とくに中央部は生焼けになる。そのような燃えカスは、廃棄が合法ではない。トロールのサンプルにプラスチックの形をなさない塊が入ることがあるが、それはこのような焼却の燃えカスだった。世界の海は、急速に発展するグローバル貿易の輸送ルートであり、エンジンの排気ガスと焼却炉からの煙というふたつの大気汚染をこうむっている。船舶は荷の積み下ろしのさい、発電機をまわすために重油を燃やしてエンジンをかけっぱなしにするが、商業港のそばの住民にはがんと呼吸器系の疾患が多いという調査結果がある。

ドイツがプラスチックごみ対策に採用している、化学的リサイクルという最新テクノロジーがある。これは混合プラスチックでも適用でき、石油精製の熱分解《クラッキング》に似ている。ポリマー、すなわち重合体を無酸素の状態で高温高圧にさらし、水素を加えると原油からの生成物と類似の物質ができあがり、それには基本的プラスチック素材もふくまれている。イギリスで開発されたテクノロジーは、混合プラスチックを熱分解してモノマー〔単量体。重合体の構成単位となる分子〕にすることができ、ポリスチレンからはスチレン、ペットプラスチックからはテレフタル酸を作って再利用する。この施設の最大の目的は、燃料である低硫黄のガソリンと軽油を得ることだ。それを集め、この施設の運転用燃料とする。ただし、最初のプラスチック製造に使われたエネルギーは回収できないし、埋め立てなくてはならない有毒のカスが出るため、完全な「循環型」とまではいえない。

「熱分解」と呼ばれるこの技術では、アメリカはヨーロッパに後《おく》れをとっていて、大規模に操業しているところはまだないが、いくつかの新設企業が投資家をさがしている。海洋に流れ出るごみを止める新しい技術が必要なのは疑問の余地はなく、クリーンアップで回収される大量のごみも処分しなくてはならないが、問題の核心に迫る対策はまだ検討されていない。それは、世界中で果てしなく増えつづけるプラスチック製品とパッケージへの対策である。

プラスチック再利用のむずかしさ

プラスチック製品のごくわずかでも抜け出れば、それが大量の海洋ごみとなるという単純な事実がある。企業と政府の支援を受ける団体は、供給側に圧力をかけようとはしない。非アメリカ的だし、反企業的だからだ。「ポイ捨て厳禁」とか「リサイクル（Recycle）推進」というかけ声をくり返し耳にするが、それは消費者にごみ対策を押しつけるものだ。より小さなかけ声が「削減（Reduce）」と「再利用（Reuse）」のふたつのRである。体制転覆の狙いがかすかに臭うこのふたつはかき消され、よく聞こえない。リサイクル用プラスチックの大半が中国に送られることも、取り沙汰されない。一年に一八〇万トンのプラスチックがリサイクルのため海外に送り出されている。一日当たり四五〇〇トン以上である。

資源回収推進の立場からは、あらゆる物資はどの段階においても価値があるとみなされる。すべてが資源なら、適切な段階での再利用法を考えれば、ごみゼロが達成できることになる。リサイクルショップはまだ使える品物の有益な交換所として不可欠で、アメリカではごみ集積場に設置されるようになった。だが、プラスチックのパッケージや、中古プラスチック製品を資源とみなすことは、概念としてはたやすいが、実践するには政府もしくは企業もしくはその両者にリサイクル費用を負担してもらわなくてはならない。無限の種類があるプラスチックを回収し、選り分け、洗浄し、再処理をして、次の製品に作りなおすのはたいした利益を生まない。だからこそ拡大生産者責任の考えを徹底し、企業が経済的に見合うコストで回収できないものは製造しないようになってもらいたいのだ。

ここで、次の疑問が浮かぶ。プラスチックから新しいプラスチックを作るのは、どうしてそれほどむずかしいのか。ガラス、紙、アルミ、鉄鋼ではそれを実践している。プラスチック再処理をむずかしくしているひとつの理由は、溶解温度が低い点だ。ガラス、アルミ、鉄鋼は数千度という高温にしなければ溶けず、この温度では食べ物であれ、ペンキであれ、オイルであれ、汚染物質はどのようなものでも気化してしまう。紙は化学的、物理的処理を経てふたたびパルプになるが、大半の熱可塑性プラスチックは、水の沸点である百度かそれ以下で溶ける。

また再処理のまえによく洗浄しなくてはならず、これも他の素材にはない余分の手間である。それでもプラスチックは脂肪親和性なので完全に洗うことはできず、そのため食物と触れる製品への再製造には向かない。苗木栽培業で利用されるリサイクル植木鉢には、植物の病原体が付着している可能性がある。ヨーロッパには詰めかえのできるプラスチック容器がたくさんあるが、年月と使用回数を重ねることによって成分が浸出する問題があるので、この方法には疑問が残る。

プラスチックのリサイクルにはこれだけ問題があるので、堆肥化のほうに関心が向いてきているのも無理はない。けれど、植物由来の素材を使っても、生分解可能、堆肥化可能、海洋での生分解可能なプラスチックができるとはかぎらない。プラスチックの骨組みである炭素間結合は、石油から作ろうが植物から作ろうが同じように強固で、永続的重合体を作り出す。炭素間結合がないプラスチックはない。

現在、世界の化学者の大半はポリマー化学者である。その高度な技術により、今ではポリマー、つまり重合体を分子ごとに作ることさえできる。製薬業界で働くポリマー化学者も多く、生体模倣のポリマーを目標のレセプター〔受容体。細胞表面にあって、情報分子を受けとる〕に受け入れられるように作って、薬品を特定の臓器に運ぶ。また、役目を果たしたら、望ましいタイミングで崩壊するような生分解性ポリマーの研究も行なわれている。たとえば切開跡が治ったら溶ける縫合糸である。従来の重合体に加えて炭素結合を分離させる添加剤を販売している会社もある。完全な生分解は必ずしもしないし、適切なタイミングで起こるわけでもないが、たとえば、野生生物にからみついている写真が世の中に衝撃を与えた飲料缶を六本まとめるリングに使われている。リングを捨てるまえにはさみで切るのと同じことを、化学にさせるのだ。人工ポリマーが壊れるといっても、製造まえの分子、おもに二酸化炭素と水の分子にまで生分解するということではない。したがって、多くの六本缶リングがちぎれた状態で海に浮かぶことになる。

海洋分解性プラスチックの開発

海洋のプラスチックが消えるには、海洋生物による生分解、つまり陸のコンポストの中で有機物が分解するのと同じ経過が起こる必要がある。コンポスト内でプラスチックが崩壊するなら、海でも崩壊するのかというと、そうではない。海洋はコンポストよりずっと温度が低く、生分解性プラスチックの中には、成分分子に分解するのにかなりの高温（摂氏六十度）を必要とするものもある。陸上のコンポストの中では、菌類、バクテリア、昆虫などのさまざまな生命が熱を産生するが、海洋ではそうはいかない。トロールでは一匹しか昆虫を見つけたことがない。アメンボの一種だった。菌類も沿岸を除いては、海洋には存在しない。バクテリアとウイルスは無数に存在するが冷温で生息するので、働きは遅い。一般的に言ってバクテリアは五・五度ごとに活動が倍増するので、海水の十五度に比べてコンポスト内の六十度では、どれだけ活発になっているかがわかるだろう。

アイダホ大学に招かれて講演したさい、世界で初めての生分解性パッケージ、フリトレー社のサンチップスの袋の発明者ブラッド・ロジャーズに会った。ロジャーズの話によると、袋はとうもろこしを発酵させた乳酸から作られたプラスチックでできていて、外側が生分解性のプラスチック、内側が湿気を遮断するアルミニウムになっている。アルミの次の層は酸化を防ぐプラスチックの層である。

興味を覚えた私は、ホテルの隣の店に行ってサンチップスを買ってみた。見かけは他のチップスの袋と変わらないが、棚からひとつとろうとするとバリバリという音がした。さわれば必ず、想像を絶するものすごい音を立てる。チップスそのものはかすかに甘く、塩気の少ないフリットで、とうもろこしの味に小麦、米、オーツ麦の風味が混じっている。ロジャーズによると、チップスは健康志向を、新しい袋は環境保護を訴える、と言う。ふたつが合わされば、どちらかひとつだけよりも消費者によりインパクトを与えると考えたのだ。ポリ乳酸は分解するのに、熱いコンポストの中にいる好熱性微生物が必要だ。印刷インクも分解するタイプで、アルミはいずれ土壌に戻る。アルミは地殻にふくまれる、もっとも一般的な金属だ。ロジャーズは、コンポスト内の温度が少なくとも三十七・七度なければ、袋は腐るけれど分解はしないことを明らかにした。海水は、深海の熱水噴出孔近くでなければ、決して三十七・七度以上にはならない。

さほど遠くない将来に、サンチップスの袋は海洋分解性になるかもしれない。生分解性であると同時に海洋分解性である袋を考案するのは、フリトレー社（そして他のスナック、飲料製造会社）にとって有意義な挑戦だろう。海洋廃棄ではなく、海洋分解性である。ロジャーズはそれを研究中だと言ったが、数か月後、フリトレー社がオリジナルフレーバー以外は生分解性の袋はとりやめたと新聞で読んだ。袋の騒音に対する苦情が、環境保護を打ち負かしたのだ。カナダではウェブサイトで無料の耳栓を配り、販売を続けている。ロジャーズは音の小さな袋を最近開発し、消費者の苦情がすみやかに対応されるケースもあることを示したが、まだ海洋分解性ではない。

メタボリクスという会社が、プラスチック企業に海洋分解性の素材を供給しようと研究を始めている。砂糖、植物油脂、でんぷんなど簡単に手に入る材料から、特定の微生物に重合体を合成させようというものだ。微生物が大きな集団になると、ストレスを与えてエネルギーを貯蔵させる。窒素、硫黄、酸素などのふつうに存在する分子をとりのぞく、といった方法が使われる。すると微生物はエネルギー貯蔵物質である、ポリヒドロキシアルカン酸と呼ばれる天然の重合体を産生する。ポリヒドロキシアルカン酸の好ましい点は、石油から作られたプラスチック同様、水をはじくが、海洋環境に簡単に見つかるバクテリアで分解されるところである。

目的は使用後の適切な処理にたよらなくてもすむ、環境にやさしく、機能的なプラスチックを製造することではなく、農業、水産養殖、漁業で現在使われているプラスチックに代わる素材を開発することである。たとえばロブスターの罠《わな》は、罠が回収できなかった場合は一定時間後開いてロブスターが逃げられるようにすべきだが、海洋分解性のプラスチックなら、罠の扉もしくは扉の蝶番《ちょうつがい》にうってつけである。ポリヒドロキシアルカン酸は農業用ビニールシートの代替品としても有望だ。イチゴ栽培者は、雑草を防止し、湿度と温度を保つために、苗のまわりの土壌にシートを敷き、栽培シーズンが終わったら取り外す。シートを土壌に鋤《す》き入れると紙のように微生物によって分解されるなら、ずいぶんと手間が省ける。

循環型社会へ

循環経済を達成するには、安価な材料こそが強力な動機になると考える人々がいる。『サステイナブルなものづくり――ゆりかごからゆりかごへ』の著者、アメリカ人建築家のウィリアム・マクダナー、ドイツ人化学者のミヒャエル・ブラウンガートは、閉鎖ループ内の製造、消費につながるデザイン革命を提唱している。ひとつものができると、それは次のものへの再生産につながるという概念で、同じトランプで別のゲームをする、ということだ。

「ゆりかごからゆりかごへ」のパラダイムは、ハノーヴァー原則という概念に結実した。まず、ごみの概念の消滅を呼びかけ、プラスチック汚染に対処するキーポイントをふたつ挙げている。①人間と自然が共存する権利を固持する　②長い目で見て安全な製品を作る。「長い目で見て」というのは耐久性ばかりでなく、リサイクル可能ということである。消費に問題があるとみなすのではなく、製品デザインがリサイクル可能になっていなくてはならない、ということだ。ごみゼロとゆりかごからゆりかごの循環型社会を達成するには、品物を大切にし、次の製品に作り変えられるよう有効に利用しなくてはならない。

ここで問題は、品物に大量の品物以外のものがくっついてくることだ。パッケージが品物の価格を上回ることさえある。本当に役に立つものを大切にする思いが、どうしてはさみを使わないかぎり指を怪我せずには開けられない、あの腹立たしい透明包装という形になるのだろう。もうひとつのハードルは、使用ずみ材料を生産機構にとりこむ施設の建設である。これはあらゆる生産品がリサイクルを予定してデザインされていないと、達成できない。最後のハードルは、繁栄の表れだと思っている浪費癖をやめ、日用品の製造に特定のテクノロジーを押しつけるのは専制的だという、アメリカ人独特の思いこみから脱することだ。

＊

前向きの考え方をする人やグループは、プラスチックにふりまわされる生活から断固として足を洗おうとする。その先頭に立つ人にアーティストが多いのは、プラスチックごみを素材にして遊べるからだろう。プラスチック漂流物で作った「使い捨ての真実」と名づけた作品がある。その作品に、こうある。「私たちはみな、使い捨てプラスチックの神話に一杯食わされているのだ。使い捨てプラスチックは、捨てても何世紀もじっとそこにとどまる。そして、いずれ地球という惑星に後戻り不能の変化を引き起こすだろう」。作者は「人々の美意識を刺激して……海洋がプラスチックごみで満載になっていることに気づいてほしいのです」と言っている。

海岸で集めたプラスチックのかけらでサーフボードを作ったり、砂浜に打ちあがったサーフボードのかけらで抽象作品を作ったりしているアーティストもいる。こういったアーティストはみな私に連絡をくれ、私の調査が彼らの創作にインスピレーションを与えたと言ってくれた。アーティストたちのプラスチックを締め出したいという希望は、特定のイデオロギーには基づかない倫理観と本能的な美意識によるものだと思う。過剰な消費に走る世の中の醜さと圧力とその無思慮な浪費を拒絶したいのだ。自然界ではあらゆるものが利用され、系全体でリサイクルされる。この美しいシステムは、私たちの本能的美意識にもそなわっているかもしれない。美しいものには秩序がある。人類全体と、そして地球の生物圏とつながっていると感じる心も、気まぐれに起きているわけではないだろう。

しかし現代社会の経済は絶えず売り上げを伸ばし、絶えず成長するよう追いまくられているので、自分たちが生み出すごみをリユース、リサイクルする系全体のシステムなど作り出してはいない。採算が許す範囲でのみ、自分のごみを集め、あとは醜い場所を作り出している。リサイクルで利潤が上がらないなら、税金であがなわなくてはならないが、デザインは売ることだけを目的にしているので、リサイクルが容易な容器やパッケージはいまだ現れない。

アーティストが恐るべき現実を曝露する抽象作品を制作し、メディアが科学者や専門家の助けを得て問題を取り上げたら、次は変化を起こす活動家の出番だ。すべきことと、現行の政治体制のもとでできることとのせめぎ合いが始まるが、プラスチックを封じこめる小さな運動が広がりを見せはじめている。たとえば、プラスチックのない生活を模索しはじめ、ウェブサイトで参加を呼びかけている人もいる。まず、どれだけの重量の使い捨てプラスチックが生活に入りこんでいるかを知るため、毎週量をはかる。目標は、新しいプラスチック製品を買わないこと、プラスチックで包装されたものを買わないことである。瓶入りのミルク、紙袋に入ったパン、包んでいない地元の野菜。生活が不便になるにもかかわらず、世界中から百人以上の賛同者を集めている。毎週生活に入りこんだプラスチック製品をリストアップし、可能ならはかり、撮影し、調査票に記入する。たがいにアイデアを出しあい、プラスチックを締め出す工夫をしている。

消費者が鍵をにぎる

大きな変化が現れるのはずっと先かもしれないが、プラスチックに対する消費者の動向が、変化をうながすもっとも強い武器である。十五年間この問題に関わってきて、人々の認識が大きく変化するのを見てきた。しかし、現状を変えるには、認識から抵抗、ひょっとしたら反乱への変革が必要だろう。アメリカでは、政治的影響力を持つ人の多くが、ビジネスに環境保護の制限をつけるのは星条旗を焼くのと同じ行為だとみなす。

そのため変化をうながす運動は拡散して、小さな自治体に働きかけるようになる。大規模製造業は自分たちのパッケージと製造システムをちょっといじって、環境保護に参加していると主張する。大規模製造業にごみを引き取れとか、処理費用を負担しろと言っても無理だろうが、製品やパッケージが環境にやさしいと宣伝することに利点があることには気づいている。

いっぽう、小規模の地域の製造者は環境保護運動の要請にこたえてリユースなど、ごみを減らす手立てを講じている。レジ袋と発泡ポリスチレンのファーストフード容器を禁じる自治体が出はじめている。地域ごとのばらばらの動きがいつか合体するだろうか。近い将来ではないだろう。カリフォルニアの買い戻し可能の瓶と缶のリサイクル率は八二パーセントである。ミシシッピは買い取り制度がなく、瓶と缶のリサイクル率は一三パーセントである。

アルガリータ海洋調査財団の仲間は、世界の海洋で五つの高気圧帯渦流のごみベルトが存在する可能性を知り、「五渦流研究所（5 Gyres Institute）」を設立して、北大西洋、南大西洋、インド洋、北太平洋、南太平洋の調査航海を行なった。その調査により、ごみベルトの存在は確認され、ごみの量が明らかになった。たった二年で三隻の船を使って五回の調査航海を計画し、地球表面の四分の一に隠れていた「汚れた秘密」を暴き出したのだ。「調査、教育、行動によりプラスチック汚染を理解すること」がモットーだ。

意外なことに、プラスチック汚染の撲滅運動は多少の注目も集めている。アルガリータがカブリリョ海洋水族館で開催した「沿岸と海洋の祭典」ではエド・アスナー〔俳優、元全米俳優組合会長〕が司会をしてくれた。グラハム・ナッシュは私たちのためにハーモサビーチでコンサートを催してくれ、そこで私たちは海洋ごみの抗議集会を主催し、環境問題のチャータースクール〔特別認可の研究開発校〕の高校生たちが、ペットボトルをアルミのフレームに組みこんで作った筏《いかだ》を展示した。帆は古Tシャツで、ロープはレジ袋を編んで作った。その後その筏は、サンタバーバラからサンディエゴまでの航海を無事終えた。

ローリー・デイヴィッドは自宅でテクノロジー・エンタテイメント・デザインのプレゼンテーションを行なった。参加したのはエド・ベグレー・ジュニア、スクリップス海洋研究所理事のトニー・ヘイメット。トニーは私の母校カリフォルニア大学サンディエゴ校の開発理事も伴っていた。歌手ジャクソン・バウンの妻で使用ずみプラスチックフィルムを使ったアート作品を作るダイアナ・コーエンも参加していて、プレゼンテーションのあと、プラスチック汚染反対のキャンペーンを展開したいという希望を私に語った。ダイアナはプラスチック汚染問題の立役者たちが集まったプラスチック汚染連合に、設立時から加わっている。連合は今や国際的組織になっている。

多くの活動家が問題視するのは、使い捨てプラスチックである。ほとんどリサイクルされないし、ふくまれている化学物質は海洋や私たちの体の中に蓄積される。製造者が、製品を毒性のない、リサイクルしやすいものに作り変えることは不可能だとは思えないのだが、反対が多い。ブランドを押し出すマーケティングと、リサイクルをうながすシンプルなデザインは、明らかに相反する。

持続可能でリユース、リサイクルをめざすシンプルな経済システムが、利潤のために持続不能で不健全な浪費を生む経済システムとの不要な対抗を、余儀なくされているのではないだろうか。創造性を制限することなく解き放って、真に「よい」製品、無限の未来にまで人間の必要を満たしていける製品をめざしたいものだ。現実問題として他に選択しようがないからといって、現行の浪費システムに組みこまれざるをえないという考えは、スタートから敗北を認めている。

テクノロジーは持続可能性を実現できるが、人間を消費者としてしかとらえない特定の大企業の関心を満たす方向にねじ曲げられている。だから、消費者が変化の鍵をにぎっているのだ。消費者の支持がなければ、大企業は利益を上げられず、幻の繁栄も消える。これが事実の核心だ。消費者が賢い購買行動を選択することが、地球という惑星を救うことになるのだ。

第16章

3Rより大事な〝R〟

さまざまなテクノロジーを理知的に方向づけて適用しなければ、地球の重要なシステムに対する破壊行動から戦略的に身を引くことはできない。テクノロジーを利用するかしないかが問題なのではなく、どのようなテクノロジーを、どのようなリスクのもとで、どのような目的に向けて適用するか、である。

『長い夏の終わり――この脆《もろ》い地球で生き残るために、文明を作り変えなくてはならないわけ（*The End of the Long Summer: Why We Must Remake Our Civilization to Survive on a Volatile Earth*）』

ダイアン・ダマノスキ

二〇〇九年七月三日午前四時十五分、私は太平洋の真ん中で水中にいる。アルギータのプロペラにからまった漂流魚網を切り離そうとしている。道具は歯のついたパン切りナイフ一本。シュノーケルで呼吸しながら、水中カメラの明かりをたよりに作業する。他の四人のクルーも完全に目覚めて、船尾から水中をのぞきこみ、私が切りとったネットを受けとってくれる。

アルギータの帆走性能はすばらしいが、私たちはときおり凪《なぎ》に出会う。燃料がたくさんありながらエンジンが壊れているのではさまにならないし、調査はまだ終わっていない。国際日付変更線をめざす一か月の予定の航海のまだ三日目だ。漂流魚網が集中していると海洋大気局が判定した、日本までの三分の二に位置する海域でサンプリングをするのが今回の目的だ。すでに魚網、枠箱、ブイ、樽、便座といった不思議なものなど、大型のごみがたくさん漂流しているのを見た。

いつものような短いトロールをやったあと、寝床で寝入っていると騒々しい音がし、そして静かになった。ブリッジに行き、エンジンをかけようとするとキーキーとした金属音が出るので、エンジンルームに行った。なぜかオルタネーターが、油圧ベルトのガードにはさまれていた。ボルトをはずしてガードを戻し、もう一度やってみた。キーキーという音はしないが、ただスーという音がして、ギアを入れると止まってしまう。もぐってプロペラをチェックしなくてはならない。何かがプロペラをまわらなくさせているのだ。

位置は、ハワイ諸島の人が住む島の中で、最北にあるカウアイ島の北二五〇海里である。海はおだやかで、夜明けまえの闇の中でかすかな風がそよそよと吹いている。しかしこのような好条件のもとでも、六立方メートルはあるポリオレフィンの魚網をプロペラからはずすのは、日中の明るいときでも容易な作業ではないし、危険でもある。ネットにからまれて、多くの海洋生物と同じ溺死の憂き目にあうかもしれない。プロペラは鋭いので、うねりで船が浮き沈みするさいに傷つけられるかもしれない。そういう話も聞く。心配性の友人たちは気がかりな情報を見つけるとそれを送ってくれるが、その中にマグロ漁船の話があった。沿岸警備隊に送られた手紙が、インターネットで公開されていたのだ。

二〇〇二年のラニーニャの年、カウアイ島の北の海域で、二隻で操業していた漁船の片方のプロペラに、ハングル文字のあるプラスチックの魚網とロープがからまってエンジンが止まった。船長は四月の荒れた海でダイビング道具もなしに作業に挑んだが、息も絶え絶えになって甲板に上がり、もう一隻の船の船長が代わってやっと切りとったという。二番目の船長が沿岸警備隊に手紙を書いてきて、このような事例が頻発しているので対処してほしいと述べた。

北太平洋がプラスチックごみで埋まっていることを、人々に十年以上説明している者にとって、このエピソードは気の毒というより皮肉を感じる。石炭の火力発電所のオペレーターが、カジキの水銀汚染に苦情を言っているようなものだ〔石炭の燃焼により、揮発性の高い水銀が飛散する〕。国連は、さまざまな国際法があっても、毎年魚網と延縄《はえなわ》の一〇パーセントは投棄されるか、流失すると推定している。

プラスチック対プランクトン比の問題

皮肉はいたるところにある。私たちはごみのサンプルを集めるために海に来て、逆にごみにつかまっている。人間はプラスチックの海で、捕食者と餌食の両方の役割を演じているわけだ。プラスチックはどのような形態のものでも、海では陸地より長持ちする。そして、自然崩壊するまえに自然を危機に陥れる。この奇跡的発明品は、もはや海洋の構成要素のひとつとなっている。これは海洋に対する大罪で、おかげで北太平洋は、長さ五〇フィート〔約一五メートル〕幅二五フィート〔約八メートル〕のカタマランで調査するには危険な海域になっている。自分の船とクルーの安全を確保するのはたいへんな仕事になってしまった。以前は沿岸のケルプにからまれる危険を案じたものだが、今やケルプそのものがプラスチックに窒息させられそうだ。

私たちは幸運だった。最後の切れ端をとりのぞいて、エンジンをよく見てみた。魚網がシャフトにからまってエンジンを止め、その衝撃で二〇〇キロ以上あるエンジンが台座の上で二・五センチほど動いていたが、損害は油圧ベルトの覆いの溝がこわれたぐらいで、これは単に外見の問題だ。ギアをニュートラルにしてそうっとエンジンをかけ、ギアを入れる。うまくいった。

二〇〇九年十月、四か月の調査航海を終えてロングビーチのハーバーに戻った。桟橋と近くのアルガリータ海洋調査財団のオフィスで盛大な歓迎を受けてから、サンプルを研究所に運ぶ。分析手順は一九九九年と同じだが、プランクトンは個別に分類したり数えたりはせず、全体として扱う。

おもしろい結果が出た。一九九九年には全部で二万七千個のプラスチックのかけらを採取したが、二〇〇九年には「わずか」二万三千個だった。このような調査はつねに変動要素の影響を受け、今回は海が荒れたことが変動要素だろうが、重量をはかるとさらにややこしいことになる。一九九九年には乾燥後のプラスチックの総重量は四二四グラムで、二〇〇九年には八八一グラムに増え、一九九九年のほぼ倍である。環流に大きめのプラスチックが増えていることを示している。二〇〇九年には、からまった遺棄魚網ばかりでなく、それ以外の大きなごみも以前よりたくさん見かけた。以前のプラスチックごみがナノサイズになるいっぽうで、多くの新しいごみが加わっていると考えると辻褄《つじつま》が合う。

プラスチック対プランクトン比の問題は、もう少し時間をかけて調査するべきだろう。私たちがこれまで行なった海洋ごみの調査のうち、この問題がいちばん論議の余地を残す。海洋の表面に見られるプランクトンの種類は膨大だし、プラスチックの種類も同じく多様である。一九九九年には乾燥後のプラスチック対プランクトン比は六対一で、二〇〇九年には二十一対一だった。二〇〇九年が、今まででいちばんプランクトンがいっぱい入ったサンプルであったことを考えると、これは驚くべき高い数値である。

私たちはプランクトンのバイオマスとプラスチックの量を比べているのだが、その理由は、サルパから、より高位捕食者のアホウドリ、ウミガメ、ヒゲクジラに至るまで、海面で餌をとる識別機能の高くない捕食者は、プランクトンとプラスチックの混合物を餌としているからだ。夜、海にもぐると、めったに見られない生命の乱舞が水中の世界で展開している。ハダカイワシが海面で餌をあさる様子を間近で観察したことがある。一キロ以上の深みから夜ごとに浮上してくるハダカイワシは、動物プランクトンをゆっくりと選んで食べるわけではない。やみくもに泳ぎまわりながら、狂ったように、われ先にと、矢継ぎ早に摂食する。二〇〇八年の魚類の調査では、ハダカイワシの三五パーセントがあらゆる色のプラスチックを食べていることが明らかになった。暗闇で色は見分けられないのだ。プラスチック片は大きさ、形、質感、無抵抗なさまが自然の餌にそっくりで、ハダカイワシは多くの海洋生物と同様、その外見にだまされる。一九九九年にも、プラスチックがプランクトンの数を上回ったサンプルがひとつあったが、プラスチック対プランクトンの比が高くなればプランクトン摂食者がプラスチックを誤食する確率は高まる。そして食物網により深く、プラスチックが侵入することになる。

私たちは同分野の研究者、そしてプラスチック企業の広報担当の両方からときに抗議を受ける。彼らの主張はまず、私たちのデータがセンセーショナルで、メディアを煽ろうとしている、海洋全体がプラスチックで覆われていて、人類は不吉な運命を定められているかのように言いふらしている、というものだ。二番目の非難は、論理のつなげ方に無理がある。プランクトンの数は海域により異なるのだから、渦流のサンプルをもとにして全体を推定することはできない。私たちのデータによると、プランクトンがプラスチックより多い海域はないことになってしまうではないか、という指摘だ。

最初の指摘に答えるのは簡単だ。メディアがどんな話題をとりあげるにしろ、もっとも注意を喚起しそうな部分に注目するのはあたりまえだ。それが彼らの仕事だし、仕事に忠実なら、好奇心を引き起こす話題を取り上げる。私たちはメッセージの表現は慎重に選び、誤解があれば公の場で訂正してきた。けれどメディアが私たちの主張をどういう記事にするかはコントロールできないし、メディアに伝えることによってよい進展があることを願っているのだ。二番目の抗議には、ハダカイワシの調査で答えられる。たしかに私たちはプラスチックの量を測定し、それが多いと指摘しているが、重要なのは、プラスチックが海洋の食物網に入りこんでいるという実証データである。食物をどれか選んでそれをプラスチックと比べなければ、この問題のもっとも重要な点は見えてこない。

拒絶することの意味

海洋生物があふれるプラスチックのない海は、私の中で今では記憶となって息づく。私はプラスチック時代が近づきつつあった時代に育ち、海洋探検家ジャック・クストーが描きだすような荘厳な海の世界を経験した。この世代に属する人たちは、未来の世代にプラスチック汚染を置き土産にするのだ。この悲しい現実は科学的に証明されている。そのような置き土産が不当なことは、主観的な価値判断の問題ではない。プラスチックの足跡《フットプリント》が何百万もの海洋生物を殺しているという事実で、十分ではないだろうか。

海洋に起きていることに私は心を痛め、まだ名前のない科学分野を切り開きはじめた。二年間に生産されるプラスチック製品が地球上の全人類の体重に匹敵するという事実をまえに、私たちがプラスチック時代に生きていることを否定する人はいるだろうか。職場でも遊びの場でも、まわりにあるものすべて、私たちがほしがるすべてが、プラスチックでできている時代に私たちは生きている。プラスチックは「石油が硬い形をとったもの」で、プラスチック汚染は信じがたく広範囲に広がった石油流出なのだ。それが何世紀も居座り、毒物を吸収して食物そつくりにふるまう。

*

ある人たちにとっては、プラスチックごみが無実の生き物に害をもたらし、美しい人里離れた土地を汚しているのを目にしたとき感じる恥と憤りが、変化のエネルギーになる。私はあちらこちらでメッセージを伝えてきた。「プラウダ」紙からFOXニュースなどを通して、「レイト・ショー」から「コルバート・レポート」などを通して、CBS、NBC、ABCの朝のニュース、夜のニュース、オランダ、オーストラリア、イタリア、フランスのニュースショーで。人間のプラスチックの足跡《フットプリント》は、カーボンフットプリントよりも差し迫った被害を海洋生物に与えているると私は話しつづけた。話し終わると多くの人が私に歩みより、初めてそのことを知って驚き、怒り、この情報をもっと広め、自分たちも何か習慣を変えたいと相談してくる。

この章の題は「拒絶」〔リフューズ Refuse〕としたが、リデュース〔Reduce 減らす〕、リユース

〔Reuse 再利用する〕、リサイクル〔Recycle〕の四番目のRというより、一番目に持ってくるべきかもしれない。

一九六七年に大学を中退して以来、私は経済システムに無批判に加わること、勝者に盲目的に肩入れをすることを拒絶するのを信条として生きてきた。人はその時代の流れの中で生きるしかないので、「拒絶」はすっぱりきれいにはできない。しかし、「ゲームに参加しない」ことへのペナルティーは法外だが、かなりの拒絶ができる。地元の生産品を買って地元の経済を助ける運動は、パッケージのグローバル化を防ぐという効果もある。パッケージは海洋プラスチック汚染のかなりを占めている。グローバル通商から戦略的に手を引き、「大きな変化」への準備をする時機が到来している。世界貿易は現実だが、地元のものを買えば、使い捨てパッケージは少なくてすむ。崩壊寸前の使い捨て経済を変える実際的な方法は、地域社会の自立である。

アメリカでは地域社会自立研究所が「市民、活動家、政策立案者、企業家とともに地元のニーズに合致するシステム、政策、事業を立案し、人的資源、資材、天然資源、財源を最大限に活用し、そのシステムと資源から生じる恩恵が、すべての市民に行き渡るようにする」ことをめざして活動している。この運動はすでに世界の目覚めた地域で根づきはじめ、その情報が広まってもいる。二〇一一年二月の国際貿易のニュースレター foodproductiondaily.com に、次のような驚くべき提案が載っていた。「食品産業は地産地消に対抗しようとしてはならず、根づくまえに引き抜こうとロビー活動をするべきでもない。むしろ、地元の産業から便宜を得る方法を模索し、その代償として彼らの発展を支えるべきだ」。この文章の題は「地元の商品産業がなぜ企業にとってのチャンスであるか」だった。すでに確立したブランドとそのマーケットに食いこむのはむずかしいし、大企業にとりこまれるという脅威がつねにある。しかし、日用品を届ける地元の産業は雇用を提供するし、変化を触発もする。

世界を汚染から救う製品とは

経済システムにおける変化は、世界の海のプラスチック汚染を終わらせる必須の先行条件だと私たちは考えている。

アメリカでは、二〇一〇年代に入ってから失業者が千四百万人になっているが、スーパーの棚には商品があふれ、ネットショッピングをすればあらゆる品物が二日で届き、飼い犬の爪は犬の年齢、健康状態に合わせてさまざまなタイプの手入れをしてもらえる。千四百万人の人は何をしているのか。サービス部門を充実させたのか。私たちは必要なものをすべて手に入れているし、それよりも多くのもの、非常に多くのものがいくらでも手に入る。それでも「イノベーションを起こせ!」「輸出拡大!」のかけ声はやむことがない。言うは易《やす》く、行なうは難《かた》し、である。経済を支えているのは、小規模業者であると言われつづけている。しかし小規模工場が倒れ、それを取り巻いて成り立っていた町全体が衰退するまえからそれは言われていた。

いずれにしろ「成長」はあまりに多くのケースで、「持っていなくてはならない」、すぐに埋立地か海に直行する数百万点の短命の品物——じつは汚染物——と結びついている。現代の治国策は、他の国々にいかにして自国の生産品を買わせるかに集中しているようだ。その代償として安価な輸入品が、自国の産業を壊滅させてもかまわないのだ。利益を受ける者はわずかだが、巨益である。

*

プラスチック汚染を止める世代は、ガラクタを絶えず作り出す経済から抜け出た世代だろう。無意味な競争と無思慮な消費はやめ、長持ちし、壊れたら直せる品を、必要性を見きわめて慎重に買うようになるだろう。それらの品物は役目を終えたら、別の価値を持つ品物に作り変えられる。この世代は、「新製品」をあくことなく求めつづけさせられることを拒絶し、浪費をしない、生産的な人生に真の価値を見出すようになるだろう。安価なまがい物の過剰消費を拒否し、組織立った労働から生み出される、利用価値の高い製品を尊ぶようになる。健康と幸せとをもたらす真の必需品の製造者と再生業者が、尊敬を集めるようになるのだ。テクノロジーの知識は、現在有機農業の知識が共有されているように、オープンになるだろう。

母なる自然は、恐れる対象ではなく、命の循環を完成させようと邁進《まいしん》する存在とみなされる。その世代は、汚染された都市部でいかに生活するかを模索する、「今」だけにこだわる世代ではない。過去との関わりを断ち、重苦しいルールと古色蒼然《こしょくそうぜん》たるやり方にしがみつく高圧的な親世代とも決別する、おそらく危機から生まれた世代であろう。新たにめざすのは次の流行品でもなければ、まがい物の利便性でもなく、人々を、そして地球という惑星を真に解放するものだ。

アダム・スミスは、神の「見えざる手」が経済を自己保存の原理に沿って調整していく、と述べた。「見えざる手」は、今や母なる自然の見えざる手と重なっている。自然には自己保存の機能がそなわっているいっぽう、外からの脅威に対する限界もある。それが「見えざる手」として働く。私たちは母なる自然の生態系の原理を知らなくてはならない。

では、こうした観点から、製品が市場に出たとき、どのような特質に着目して評価すべきかを挙げてみよう。

1. 閉鎖ループでのリサイクル可能性。この製品は簡単にリサイクルできるか。
2. 交換時期。この製品はどのくらい長持ちするか。
3. メンテナンスの容易さ。この製品はメンテナンスなしですむか（プラスチック製品は、メンテナンス不要の長持ちする製品として、ここに当てはまる特質を持ちうる）。
4. この製品によって置きかわった、もしくは時代遅れになって廃《すた》れた製品の数。この製品は、他の多くの製品に対するニーズをなくすことができるか。

5. 新たな資源採取による地球へのストレス。この製品は一〇〇パーセント使用後の素材でできているか。
6. 毒性。成分は生物にとって安全か。

そして製品は、個人の解放度に照らして科学的に評価されるべきである。「製品が世界をどれだけ自由にするか」とか「製品が個人をどれだけ自由にするか」という評価基準を設けたらどうだろうか。今日の世界のリーダーたちは、そういう価値観に目を向けてはいないが、私たちは自らこれらの概念に現実的意味を与えて、製造業を規制する基準にしようではないか。それを先送りすればするほど、後世へ課すリスクは増大する。私たちは将来の世代が繁栄できる場所を作り出さなくてはならない。

消費すればするほど、生活は豊かになるという魅惑的な考えはもはや通用しないし、プラスチックの海がその多くの証拠のひとつである。海洋が、ごみゼロ運動のこれほど強力な擁護者になるとだれが予想していただろう。広大無辺の海洋で浮き沈みするプラスチックのかけらが、製品が製造され消費されるあり方を変えようとする政治運動につながると、だれが予想しただろう。

農業においてごみゼロの循環を確立するのはむずかしくはない。次の収穫のために、植物由来の廃棄物、食べ物の堆肥を埋めもどして豊かな土壌を作ればよい。人間は数千年間そうしてきたのだ。日用品も循環させるべき時期が来ている。だがそれは、農業ほどたやすくはないかもしれない。次の製品を作るのに適切な材料を生み出す、有機物のコンポストにあたる方法を考案しなくてはならないからだ。しかし、私たちには英知と蓄積したノウハウと断固たる意志がある。このプラスチック禍を終わらせることができたら、海は人間に感謝してくれるだろう。

私は忍耐強い人間だし、「見る」という態度を身につけた。人が見すごした海洋のプラスチック片を見て、次に行動することによりプロセスを理解し、多くを学んだ。舵輪をわずかに回すとまったく別の目的地に向かって進むことができるように、適切な場所をひと押しすれば物事の向きを変えられることを、私は知っている。

おわりに

Plastic Ocean〔『プラスチックスープの海』の原題〕が最終編集段階に入っていた二〇一一年三月十一日、日本の東北地方を大地震と津波が襲った。沿岸の町々が海に押し出される映像をテレビで見ていると、その人的被害の甚大《じんだい》さを考え空恐ろしくなるが、同時に大量の瓦礫《がれき》が北太平洋のエコシステムに与える影響を思うと愕然《がくぜん》とする。瓦礫は拡散したり、陸に打ちあがったり、外洋に蓄積したりなどさまざまな経過をたどるので、エコシステムへの影響を正確に推測するのはむずかしい。

海洋生物と海洋の人工的ごみについてのある研究によれば、北太平洋環流に生息するコガタウミアメンボという海棲《かいせい》昆虫の産卵数が異常に増えているそうだ。コガタウミアメンボは浮遊する物体に卵を産みつけるそうだが、浮遊プラスチックの増加が産卵数の増加をうながしたのだという。この昆虫の捕食者であるカニにとっては朗報だろうが、より大きな枠組みでとらえた海洋の食物網にとっては危機である。コガタウミアメンボは動物プランクトンや魚卵を食べる。それらを大量に食べれば、ハダカイワシや他のプランクトン捕食者が飢える。こうして食物網が崩壊していく。

これは氷山の一角である。最近私は講演をするとき、巨大渦流のプラスチックが新しい沿岸居住環境を創出していると指摘する。海洋の真ん中に、まるで潮だまりのような環境ができていて、イソギンチャク、カキ、イガイ、フジツボ、蠕虫《ぜんちゅう》などが、ブイ、魚網の塊、その他の大型のごみに付着している。その新しい生態系の中でカニが走り回っていたり、珊瑚礁《さんごしょう》の魚が泳いでいたりする。

巨大渦流に生物が棲《す》みつくことがなぜそれほど問題なのか、という疑問を抱くかもしれない。生命はすばらしいものであるが、自然が意図しなかった場所に生命があるのはよいことではない。生物が漂流物に乗って遠くの海岸に到着すると、その場所でバランスがとれていた生態系に侵入者を送りこむことになる。そしてもうひとつ忘れてはならないのは、それらの生物はプラスチックなどの物体に付着していたのであり、プラスチックはまわりの海水から残留性の毒性化学物質を吸収しているだけでなく、製造過程で使われた、生物に対して活性作用を持つ化学物質を放出していく。プラスチックごみが増えることは、食物網に毒物がとりこまれる可能性を高め、その毒物はやがては人間にとりこまれていく。

目に見えないプラスチックの毒

毒性の問題について、新しい知見を紹介しておきたい。13章でとりあげた、すでに毒性が証明されている残留性ハロゲン化合物に関してである。ＰＣＢやＤＤＴのように禁止されたものもあるが、まだ環境には残留している。二〇一二年五月に「シカゴ・トリビューン」紙に連載された残留性ハロゲン化合物に関する記事が契機となって、電子機器と家具への臭素系難燃剤の使用を禁止する法案が提出された。

プラスチックと関連する化合物のうち、硬質ポリカーボネートとエポキシ添加剤の主成分であるビスフェノールA、ビニールなどに可塑性《かそせい》を与えるフタル酸エステルのふたつがもっとも注意を要する。13章で取り上げたが、健康への影響は「推測の域を出ず」、科学的にまだ解明されていないため、十分には検討できなかった。気候変動に際し適用される「推測の域を出ない」という言いまわしが、この化学物質についてもつねに使われる。どちらの問題でも、たとえ危険を指摘する科学的発見があっても、政策の変更は奇妙なほど遅い。理由は単純明快で、その指摘が商業的利益と対立するからだ。そのうえ科学はあることを証明するためにも、その結果を否定するためにも簡単に適用でき、科学的調査の結果は、だれが行なったか、だれが資金を提供したか、どのような方法を採用したかでちがってくる。実験計画に標準的方法というものが存在しないからだ。

この非常に高い汚染レベルを説明するには、毎日の生活にあふれるプラスチックを思い起こすだけでよい。私たちはポリウレタンの形状記憶フォーム・マットレス、ポリエステル繊維やポリスチレンフォームのビーズが詰まった枕、ペットボトルから再生したフリースの毛布で眠る。バスルームに行けば、プラスチック製のアクリル樹脂の浴槽、便座、シャワーカーテン、櫛、ブラシ、歯ブラシ、容器、錠剤の瓶があり、錠剤そのものも腸溶性のコーティングがされていれば、それはプラスチックである。メラミン樹脂の食器、電子レンジ、冷蔵庫、食器洗浄機は、たいてい内張りは硬質ポリスチレンである（スチレンはスタイロフォームの主原料でもあり、アメリカ国家毒性プログラムは企業の反対を押し切って、スチレンを「発がん性の疑いあり」と位置づけた）。食べ物や飲み物のパッケージ、ファーストフードの包装、多種多様の袋。電話、コンピュータ、テレビのリモコンなど頻繁《ひんぱん》に操作する電子機器（専門家によると、室内の空気の化学物質汚染は戸外よりひどいという）、車の内装。

目には見えないプラスチックも存在する。壁の中の断熱材、水道管、水耕栽培の野菜の培養槽（たいがいPVC）。上水道は、ポリマーの濾過材《ろかざい》を使って沈殿物を除去する。貯水タンクやパイプにはエポキシのシーラントが使われる。一九九〇年代の調査で、埋設されたポリエチレンの水道管に燃料、農薬、地中汚染物質が染みこんで、水道水に混入していることが判明した。水道局は細菌、金属、ミネラル、にごりについては検査するが、化学物質についてはいつも検査しているわけではない。

専門家によると、食物、呼吸、皮膚への接触などで少しずつでも着実に汚染物質への曝露《ばくろ》が続くと健康への影響は重大で、とくに内分泌撹乱《かくらん》は深刻だという。

内分泌撹乱物質として挙げられるのはハロゲン化合物をはじめとして、殺菌剤、抗菌剤、一部の農薬、水銀、カドミウム、鉛、大豆（植物性エストロゲンでは最強）などであり、おだやかなエストロゲンであるビスフェノールAや、男性ホルモンであるアンドロゲンを阻害するフタル酸エステルなど、工業用炭化水素化合物の中にも内分泌撹乱物質がある。

虫を殺すために作られた化学物質が、より高位の動物にも害を与えるのは驚くにあたらないが、人工重合体に対する触媒《しょくばい》作用や、硬化、軟化、強化作用を持つ物質、難燃性や防水性を与えたり、着色したりなど、何らかの特性を付加する物質に生体活性作用があり、それが生物の本質を恒常的に変えてしまうのは驚きである。何千という動物実験でこのことが確かめられている。アメリカ国立衛生研究所のサイトでは、ピアレビューを経た生命科学分野の論文をオンラインで閲覧できるが、たとえばビスフェノールAで検索すれば、二千九百六十二件の研究論文がヒットする。最新の知見を紹介しよう。

●成熟まえのメスのマウスをビスフェノールAに曝露させると、成熟が早まり、生殖能力が障害を受ける。別のマウス実験で、乳房組織と母乳に変化が生じた。
●妊娠したアカゲザルに平均的アメリカ人と同じレベルのビスフェノールAを与えると、生まれたメスの子の乳腺に前がん性の異常が見られた。
●誕生直後のオスのマウスにビスフェノールAを与えると、精巣機能の異常とテストステロンレベルの低下が見られた。つまり、ビスフェノールAが精子の数と運動性を低下させたのだ。
●成熟したオスのマウスを短期間ビスフェノールAに曝露させると、体重が増える傾向がある。

二〇〇六年にシシリーで開催された世界科学者連盟の会議で、イタリア人科学者パオラ・パランツァは、ビスフェノールAに曝露させた母マウスは、産んだ子と巣で過ごす時間が少ないいっぽう、同じように曝露したオスが母親のような行動を見せたという発表をして、満座の驚きを引き起こした。

ビスフェノールAと現代病の関係

人間を対象にすると、調査は非常にむずかしくなる。疾病管理センターの行なった調査は、文字どおりすべてのアメリカ人の体内にはビスフェノールAがあるとしている。広範な地域から多様なアメリカ人を五千人選んで、健康状態と二百種以上の金属、ミネラル、化学物質の蓄積量を調べたところ、大部分の人が少量だが百種以上の化学物質を蓄積させていた。これは母乳にも出てくる。そして幼児の蓄積レベルは、おとなより高い。ただし、化学物質の蓄積はすぐに疾患を意味するものではないと、疾病管理センターは指摘する。友人で毒物学者のエミリー・モノッソン博士は、人間には進化上ある程度までは解毒作用がそなわっているが、新しく作られた人造物質はその対象にはふくまれていない、という。

環境中の化学物質により、人の健康がすでに害を受けている証拠があるにもかかわらず、内分泌攪乱物質は医学の主流の注目にはなっておらず、医学教育の過程でも扱われず、医療現場での診断でも考慮されない。しかし二〇〇八年に、権威ある「アメリカ医学協会ジャーナル」に載った論文は風向きを変えそうだ。二〇〇二年から二〇〇三年にかけて行なわれたアメリカ疾病管理センターの調査データから、ビスフェノールAが尿中に検出された被験者を千四百五十五名選び出して調べたところ、ビスフェノールAレベルが高いほど、心血管疾患、糖尿病、肝臓の酵素の異常などが見られた。すべて、現代病である代謝異常と関わる。

企業は、ビスフェノールAはすばやく肝臓を通過し、害を及ぼすことなく排泄されると主張する。それでも人口の九〇パーセント以上に検出されるということは、長期間とりこんでいるか、より長時間体内にとどまるか、その両方である。

ビスフェノールA反対派の旗頭、フレデリック・フォン・ザールは二〇一一年二月にこの矛盾の説明をしている。フォン・ザールによると、すばやく代謝されるという主張は、毒性への不安をなだめたい企業の偽りであるという。フォン・ザールの実験ではビスフェノールAは生体内に、数時間ではなく数日間とどまっていた。その結果、平均的アメリカ人の体内には、連邦政府が決めたビスフェノールAの許容値の八倍がとどまっていることになる。

ビスフェノールAの生産は、八〇年代と比べて二倍以上になっているが、その増加は肥満、II型糖尿病、心疾患の増加ラインとぴたりと符合する、ともフォン・ザールは指摘する。マウスの実験ではビスフェノールAの曝露により、オスでは精子が減少し、前立腺ガンが増加し、メスでは早熟、子宮筋腫、卵巣嚢腫《のうしゅ》、流産が増加した。どれも、人に現われている傾向と一致する。最大の懸念は、誕生まえの胎児の胎盤を通じての微量の曝露が遺伝子情報を変え、ある種の疾病にかかりやすくなったり、行動異常が引き起こされたりする点である。

フタル酸エステルはビスフェノールAより研究が多く、インターネット上で二千九百六十二件の研究が見つかる。ロチェスター大学のシャーナ・スワンが行なった人間への革新的な調査は、権威ある「環境ヘルス展望」誌に掲載され年間最優秀賞をとった。調査対象は百三十四名の乳児とその母親で、出産まえの母親のフタル酸エステルレベルを調べておき、生まれた男児のペニスと肛門のあいだを生後二か月から三十六か月のあいだ計測した。距離が短ければ、女性化を意味する。調査の結果、フタル酸エステルレベルの高さと男の子の女性化とのあいだには、統計的に有意な関連が見られた。その結果からスワンは、アメリカ人女性の二五パーセントは女性化した男児を産むレベルのフタル酸エステルを蓄積させていると類推している。

ビスフェノールAとフタル酸エステルの汚染に関する議論は、奇妙な袋小路に突き当たっているかもしれない。二〇一一年バークレーで注目すべき研究が行なわれた。体内のビスフェノールAおよびフタル酸エステルと食習慣との関連を調べるために、缶詰や調理ずみ食品を頻繁《ひんぱん》に食べる家族を五組選び、まず蓄積量を検査した。そして三日間新鮮な料理だけを食べ、調理ずみのもの、缶詰、パッケージ食品・飲料はいっさいとらないでもらう。その三日間、尿サンプルを調べたところ驚くべき結果がはっきりと出た。ビスフェノールAは五〇パーセント以上、フタル酸エステルは六〇パーセント以上減少したのだ。しかし、二〇一二年の春、連邦食品医薬品局は、天然資源保護協議会の提出した食品パッケージへのビスフェノールＡの使用を禁止するようにという請願を、害の科学的証明がなされていないという理由で却下した。科学的見解はまだはっきりしたとはいえない状態だ。

二〇〇八年、アメリカ上院はビスフェノールＡの調査を開始し、調査委員会は、いくつかの健康に関わる連邦の部局へレポートの提出を要請した。アメリカ毒性プログラムはビスフェノールＡに関する最新の科学的研究を集めた三百ページ以上のレポートを提出し、その中で健康へのリスクを五段階に評価しているが、ビスフェノールＡのリスクはおもにマウスの実験に基づいて、真ん中の「かなりのリスク」に分類されている。現在の曝露レベルでは、胎児、幼児、小児の脳、行動、前立腺に害が及ぶ可能性があると示唆する。現在のレベルの単位はppmで、エンパイア・ステート・ビル並みの乾草の山の中に、ペニー硬貨が一枚入ったのと同じだ。指摘された脳への影響は性差の低下で、すなわち女子が男子に、男子が女子に近づくということだ。いっぽう、女性の乳腺、早熟、死産、新生児の死亡、先天的欠損症、未熟児、新生児の発育不良への影響は最小限と分類しているが、これはフォン・ザールの実験マウスに見られた異常と矛盾する。つまり、資金援助した化学企業が勝利したわけだ。

新しい毒性検査プログラム

ビスフェノールＡとフタル酸エステルが禁止されれば、プラスチックの安全は保障されるだろうか。二〇一〇年にテキサス大学で行われた研究は、それを否定する。ジョージ・ビットナー博士は、哺乳瓶、発泡プラスチックのコップ、ラップ、サンドイッチの袋など、食品と飲料に使用される四百五十五品のプラスチック製品を、大小の系列販売店、チェーン店、自営店から買い集めた。中には「ビスフェノールAフリー」というラベルが貼ってあるものもあった。目的は、化学物質を特定せずにエストロゲン様の作用があるかを調べることで、まず検体を小さく切って、家庭での皿洗い機での洗浄、冷凍、電子レンジでの加熱、ドアを閉めた車内での紫外線曝露に匹敵する物理的力を加えた。その後、標準的実験手順として、乳がん細胞へのエストロゲン様作用を検査した。結果は、「ビスフェノールAフリー」の哺乳瓶や、ラップ、植物由来のプラスチック、「安全」なプラスチックとされる高密度ポリエチレンとポリプロピレンをふくめて、ほとんどの検体ががん細胞を増殖させた。じつのところ、「ビスフェノールAフリー」の哺乳瓶は、ビスフェノールAがある製品よりもエストロゲン様作用が大きかった。

プラスチックと関連する多くの化学物質が、人のエストロゲン受容体を刺激する可能性があることが示されたわけで、これが内分泌撹乱の基本的作用である。さらにビットナーは、「どのプラスチック製品からも、製造に使われた五ないし三十の化学物質が浸出する。重合結合がほとんど必ず不完全だからだ」と指摘する。ビスフェノールAだけでなく、他のフェノール類もエストロゲン様作用の元凶だという。そしてフェノールは、プラスチック製造のほぼあらゆる段階で使われている。天然のエストロゲンであるエストラジオールもフェノール構造を持ち、神経伝達物質のセロトニン、ドーパミン、アドレナリンもフェノールの仲間だ。

さらに、製造まえにエストロゲンフリーと判定された物質も、製品化され通常の使用を経たあとはエストロゲン作用を持つことをビットナーのチームは発見した。食器洗い機、電子レンジ、紫外線などが化学構造や化学反応特性を変化させて、エストロゲンフリーの化学物質にエストロゲン様の作用を持たせるそうだ。ということは、外洋にある数千トンのプラスチックもそうなるのだろうか、という考えが頭に浮かぶ。

ビットナーによると、プラスチック製品の中には百種もの化学物質をふくむものもあるという。哺乳瓶は瓶本体、開口部のふち、乳首からなり、それぞれ別々のプラスチックで作られているが、例によって企業秘密により成分は不明だ。消費者の選択で自然によくない製品は駆逐されると考える人もいるかもしれないが、製品の真の成分は消費者には、意図的に隠されている。成分のラベル表示が義務づけられるまでは、知りようがない。

二十世紀に人間は十万種の化学合成物を作ったとされ、八万種が商業的に利用されている。政府により完全な安全検査をされたのは、そのうちのわずか数百種で、毎年新しく約千種が登録される。メーカーは化学構造式と毒性検査のデータを提出するよう求められるが、環境局や食品医薬品局の直接の化学検査を受ける新しい化学物質は、そのうちのわずかである。

いっぽう、国立衛生研究所から助成金を受けている機関が、環境にある汚染物質の調査を進めており、疾病管理予防センターは二百十二種の化学物質の人体への蓄積を調べている。だが、それらの機関に強制力はない。このことに、納税者が釈然としない思いを抱くのは当然のことだろう。

化学会社は、規制による締め付けは失業率の増加、イノベーションの抑制、ダウ・ジョーンズ平均株価の下落を招くと、臆面もなく指摘する。為政者の心に恐怖を植えつけようとするメッセージだ。しかし手をつかねていたら私たちはみな、予防原則など無視する、制御不能の実験のモルモットにされてしまう。企業の金はいつの間にか、ハーヴァードなどの権威ある組織の調査の資金にも入りこんでいる。フォン・ザールが資金提供元別にビスフェノールAの調査を分類してみたところ、害が証明されたのはすべて独自の資金で行なわれた調査で、企業が資金提供した調査ではひとつも害が証明されなかった。

有害物質規制法は、化学物質の製造と販売を管理することにより、国民を「健康もしくは環境に対する害の不合理なリスク」から守る目的で制定されているが、強制力はない。一九七六年に有害物質規制法が制定されたころ、DDTやPCB類など化学物質による害が問題になっていた。鉛をふくむガソリンやペンキは、貧血や精神遅滞を引き起こすことが知られていたにもかかわらず使用が続き、企業の反対を押さえて段階的除去に至ったのは一九九六年になってからである。有害物質規制法により禁止されている化学物質はわずかで、規制法制定の一九七六年以前から使用されている六万二千の化学物質は、既得権により使用が続いている。

有害物質規制法を改正して現況にあわせようとする動きが、二〇一〇年に起きた。化学物質の製造者に、製品を市場に出すまえに、安全性を証明するよう義務づける化学物質安全法という法案が提出されたのだ。この法案は、食品のラベルのように、成分の開示も義務づけ、より安全な化学物質の発見と製造を支援して、健全な国民と地球を創出するよう経済を刺激しよう、というものだ。けれど現在の「何もしない」議会では議論は進んでいない。

とはいえ、今アメリカでは、革新的テクノロジーによる有害物質のふるいわけが始まろうとしている。国立衛生研究所、環境保護局、連邦食品医薬品局による、「Tox21」と名づけられた共同プログラムで、ハイテクロボットにより、化学物質のあらゆる毒性をチェックするものだ。この検査法だと、費用も手間もかかる動物実験の観察データを、機械の客観的数値におきかえることができ、数千の化学物質の検査を同時に進行させて、数日のうちに終了させることができる。

一万の化学物質が対象となっているが、アメリカ毒物プログラムは新たな対象物質指定も受け入れている。とても期待の持てる二十一世紀的とりくみだ。推測の域から離れ、標準的で包括的な分析評価により、実験マウスではなく人に対する影響を確実に予測できる、とアメリカ毒物プログラムは主張する。

海洋と同じく、私たちの体も知らず知らずのうちに汚染されている。害を受けているのか、もし受けているならそれはどの程度なのか、私たちは知る必要がある。

謝辞

多くの人々に感謝を捧げたい。本書に登場する、重要な役割を演じて私たちを支えてくれた人々にはもれなく感謝をし、その重要な仕事に感嘆していることをまず申し述べたい。本書が世に出たのは、エージェントであるサンドラ・ダイクストラの疲れを知らない努力があったからこそである。タリン・ファーガネスと、サンドラのスタッフで不思議なほどいつも冷静なエリーズ・ケイプロンにも感謝している。編集者のメガン・ニューマンには、優秀な編集能力と理知的なアドバイスで大いに助けられた。エミリー・モナソン博士は執筆を絶えず見守り、つねに疑問に答えてくれた。サラ・モスコ博士とアルガリータ財団のスタッフであるマリエッタ・フランシス、ジーン・グアラハー、理事長のビル・フランシスにも同様の感謝を表明したい。

執筆を助けてくれた方々は他にジェイソン・アドルフ博士、カルラ・マクダーミッド博士、ハンク・カーソン博士、エリザベス・グローヴァー博士、ジュディス・ゴールドスタイン博士。みなハワイ大学ヒロ校で教鞭を執《と》っておられる。ノース・カロライナ大学のボニー・モンテレオーネ、カリフォルニア大学アーヴァン校のビル・クーパー博士、コペンハーゲン大学のヘンリク・レファーズ博士、ブリティッシュ・コロンビア大学のロブ・ウィリアムズ博士、スクリップス海洋研究所のエリザベス・ヴェンリク博士、テキサス大学のジョージ・ビットナー博士、南カリフォルニア大学キャロン研究所のデイヴィッド・キャロン博士、ハワイ野生動物基金のメガン・ラムソン、アメリカ魚類野生生物局のピート・リアリー、インターナショナル・バード・レスキュー・サンペドロ野生生物ケアセンターのヘイデン・ネヴィル、カリフォルニア資源回復協会の共同創設者であり、ごみゼロ運動の初期のリーダーだったリック・アンソニー、地域の生産力を数値化する地域自立指標の発明者であるブランウェン・スコット。以上のみなさんにも執筆に協力していただいた。

＊

チャールズ・モアからとくにサマラ・キャノンに感謝の意を表明したい。四十年間連れ添い、私が外洋に出ているあいだも家を居心地よく整えてくれている。そして、知的で活気あふれる環境を与えるいっぽうで、私が自分の道を進むのを許してくれた両親にも。大学時代の親友ジョン・ハーンドンからは批判精神を教わり、「私の道」がばかげてはいないという自信を持たせてくれた。ハンコック石油の社長で祖父のウィル・J・リードは自然保護論者であり、自然保護団体ダックス・アンリミテッドの初代会長でもあり、私は祖父の資産でアルガリータ海洋調査財団を創設することができた。アリガリータが専門家集団になれたのはバーバラ・フィッシャーのおかげであり、ジム・アッカーマン、ニクヒル・デイヴ、ビル・グラフトン、マリエッタ・フランシスにも同様の感謝を捧げる。調査の面ではまずアンソニー・アンドラディの尽力に感謝する。他にもリチャード・トンプソン、フレッド・フォン・ザール、ジャン・アンドレス・フラネッカー、「海洋汚染報告」誌の編集者チャールズ・シェパード、コアホウドリの研究者ビル・ヘンリー、最初の渦流航海のプラスチックを分類してくれたセシリア・エリクソンの協力に感謝する。「活動家」という呼称は蔑称ではないどころか、生きる価値のある世界を作るための仕事をしたいと思うなら、今日の科学者がみなめざすべき姿である。次の方々は自分の仕事の分野で活動家となった人々である。『プラスチック・スープ（*Plastic Soup*）』の著者ジェシー・グーセンス、オランダとの橋渡しをしてくれたマリア・ウェステルボ、デイヴィッド・クーパー、ヴィンセント・ペトゥラス・ヤンセン・スティーンバーグ、ヤン・アンドリース・フォン・フラネッカー、ロサンゼルス川のごみの許容排出量について書いたときに私たちの調査を引用してくれたミリアム・ツェクス、カリフォルニア沿岸委員会代表で「川から海へ流れるプラスチックごみ」会議の主催者ミリアム・ゴードン、ハワイ在住の類まれなビデオカメラマンのマイケル・ベイリー、プラスチック汚染問題の重大さをすぐに理解してくれたカリフォルニア沿岸委員会公衆教育プログラムのエベン・シュワルツとクリス・パリー、プラスチックの毒性のウェブサイトwww.mindfully.orgをいち早く作ってくれたポール・ゴートリッヒ、アースリソース財団の最高責任者で、ジャン・ランドバーグが「プラスチック禍に対するキャンペーン」と名づけた運動の立役者ステファニー・バーガー、私を講演に招いてくれた世界各地の人々。バハ・カリフォルニアの仲間にも感謝を捧げる。プロ・エステロスのラウラ・マルチネス、ビオペスカのグスタボ・リアノ、バハ・カリフォルニア自治大学の仲間たち、エンセナダ科学調査・高等教育センター、「人造の海」のスペイン語版を置いてくれている海軍基地。海洋調査船アルギータは多くの人々の世話になった。オリジナルの設計図に変更を加え、当時はタスマニア島ホバートのマクォーリー埠頭にあったリチャードソン・デヴィーン造船所でアルギータを建造してくれたブレット・クラウザーとトビー・リチャードソン、私の片腕のクルーであるファクンド・レセンディス、南カリフォルニア海洋研究所、「シー・ウォッチ」号の船長で調査船のすべてを見せてくれ、装備を貸してくれたケン・キヴェット、アルギータの据え直したマストを設計し、設置してくれたシーテック社のアラン・ブラント、サンディエゴのドゥリスコル造船のマイク・ベネディクトとビル・キャンベル、ソーラーパネルを設置してくれたブライアン・スコールス、流体力学技術者のトマス・ロハス、そしてアルギータのコンディションを整え、渦流への航海を可能にしてくれたすべてのボートサービス関係者へ感謝を捧げる。

＊

私カッサンドラは、アメリカ農務省小規模事業調査イノベーション・プログラムへの賞賛をここで述べたいと思います。連邦政府から助成金を受けているものの、存続が危ういこのプログラムは個性的な起業家が自分のアイデアを発展させ、商業ベースに乗せるのを助けています。

本書『プラスチックスープの海』には不思議なつながりで導かれ、エージェントのサンディは何年間も支えつづけてくれました。厚く御礼申し上げます。そしてやはり支えになってくれた家族、夫のボブ・バーキー、息子のビリーとキーリー、あなた方は私のすべてよ。最後に、本書の私の仕事を愛を込めて、大切な両親ジェイムズ・A・フィリップスとローリス・ジャーディーン・フィリップスに捧げます。

解説——プラスチック安全神話からの脱却を

東京農工大学　高田秀重

本書は、一九九七年にチャールズ・モア船長が北太平洋の真ん中に、プラスチック破片が溜まっている海域に遭遇して以降の、彼の様々な発見や活動、特にプラスチックの環境問題について解説し、無用にプラスチックを使う現代社会に警鐘を鳴らす本である。彼らの航海により、大洋の真ん中のプラスチック溜まりは、北太平洋だけでなく、南太平洋、南・北大西洋、インド洋に存在することが明らかにされてきた。それらのプラスチック溜まりでは、動物プランクトンよりもプラスチックが数倍も多く存在し、魚や海鳥などがそれらのプラスチックを誤って食べてしまっている。これらのプラスチックは船舶から投棄されたものもあるが、明らかに陸上での我々の生活から出されたものが、川を通して、遠い大洋の真ん中まで運ばれたものも含まれる。そこで、本書は、我々の生活の中でのプラスチックがいかに多く使われるようになってきたかについても、詳しく述べ、使い捨ての消費文明の批判へと展開する。

海に溜まっているプラスチックは物理的に海洋生物を傷つけるだけでなく、環境ホルモン等の有害化学物質の海洋生物への運び屋になっている。これが、本書の中で、チャールズが強調している点であり、私がこの本の解説を書いている理由でもある。プラスチックと有害化学物質について、本書で触れられなかったり、チャールズの執筆以降にわかってきたことを以下に記そう。

プラスチックにはその特性を維持するために、様々な添加剤が加えられる。その中には生物にとって有害なものも含まれる。その一つが本書にも登場する、ノニルフェノールという環境ホルモンである。ノニルフェノールは乳癌細胞の異常増殖を引き起こしたことで、その環境ホルモン作用が発覚した有害化学物質である。一九九八年にプラスチック製食品保存容器や食器五十品目のノニルフェノールを測定したところ、使い捨てコップなどプラスチック製品五品目から高濃度のノニルフェノールが検出された。同じ頃、食品包装用のラップからもノニルフェノールが検出され、そのラップでにぎったおにぎりからも、ノニルフェノールが検出されるという報告があった。さらには、プラスチックの容器に入ったアイスクリームからも、ノニルフェノールが検出された。これらの調査結果を受けた行政指導とメーカーの自主規制により、食品関係の国産プラスチックからのノニルフェノールの検出は少なくなってきた。しかし、問題は解決したわけではない。輸入プラスチックからは、未だにノニルフェノールが検出される。ノニルフェノールの国際的な規制が行われていないためである。海外のミネラルウォーターのペットボトルの蓋からもノニルフェノールは検出される。プラスチックの安易な使用は、飲食を通して環境ホルモンを直接、私たちの身体に運ぶことになる。もちろん本書に書かれているように、これらのプラスチックが海のごみになれば、海洋生物へ有害化学物質が運ばれることになる。埋め立てても、浸みだした水には環境ホルモンが高濃度に含まれ、地下水を汚染する可能性がある。分別しないで燃やせば、ダイオキシンが発生する。何気なく、プラスチックを使う前に、その結果を想像していただき、プラスチックの押しつけを拒絶していただきたい。

環境汚染の専門家の集まる会議で、「プラスチックに有害化学物質が含まれており、生物がプラスチックを摂食するので問題である」と発表すると、「でも有害物質はプラスチックから生物の組織に移動するのか？ プラスチックにくっついたままで、そのままプラスチックが排泄されてしまえば問題ないのでは？」という意見をよくいただく。しかし、ここ数年の研究から、プラスチックを摂食した海鳥の脂肪にプラスチックから有害化学物質が移動していることが明らかになってきた。数年前の研究では、北太平洋で混獲されたハシボソミズナギドリという海鳥の脂肪にＰＣＢが移行することが示唆された。ただ、ＰＣＢは海鳥が本来餌とする魚からの曝露もあるので、プラスチックからの移行の証拠は、弱かった。そこで、餌の魚には含まれていない臭素系難燃剤のＰＢＤＥについて検討してみた。その結果は、プラスチックを摂食しているハシボソミズナギドリの脂肪からその臭素系難燃剤が高濃度に検出された。プラスチックからそれらの化学物質が鳥の脂肪に移動する仕組みについてはまだわからない点が多く、研究を進めなければいけない。しかし、プラスチックに含まれている有害化学物質が海鳥の脂肪に移るということは確実になってきた。まさに、本書でチャールズが危惧《きぐ》していることが、証拠付けられてきたわけである。

本書の最後の方で少し言及された、微細プラスチック（一ミリ以下のプラスチックで顕微鏡で見えるサイズのもの）について、ここ数年いくつも研究が行われている。起源は、プラスチックの破片が壊れてさらに小さくなったもの、化学繊維性の衣服の洗濯くず、化粧品等に配合されているプラスチックのスクラブなどが、指摘されている。消しゴムのように削れてよごれを落とすスポンジも起源の一つである。これらの微細プラスチックによる汚染が、海水や海底に広がっていることが明らかにされてきた。さらに、微細プラスチックは、二枚貝に取り込まれることが室内実験で確かめられ、今年の五月の欧州環境毒性化学会では実際に海で獲れた二枚貝の生体組織中に微細プラスチックが含まれていることが報告された。報告はムラサキイガイという日本ではあまり食用にしない貝についてであるが、類似の二枚貝の牡蠣《かき》やアサリでも同じようなことがおきている可能性があり、すでに我々はよごれ落としのスポンジくずを魚貝類を通して、食べているのかもしれない。

「確かに多くのプラスチックを使っているが、リサイクルされているから問題ないのでは？」と思うかもしれない。しかし、一〇〇パーセントはない。多く使っている分、リサイクルを逃れ環境を汚染するプラスチックの量も多い。また、リサイクル自体にも費用（エネルギー）がかかる。世界中のプラスチックを作るのに世界の石油産出量の四パーセントの石油が原料として使われ、さらに四パーセントが製造・輸送の際の燃料として使われている。さらに、リサイクルというのも、仕組みがうまく回っている時にはいいが、自然災害時などにはリサイクルしないものが大量に環境中に出て行ってしまう。例えば、二〇一一年三月の震災の際に、津波で海に流出したがれきが北米大陸に漂着して問題となっている。この中には相当量のプラスチックが含まれるはずであり、木材がだんだんと分解し、自然に帰るのに対して、プラスチックは何十年も太平洋に残留する。

「また、リサイクルできないものは燃やしてエネルギーを取り出せばよいのでは?」と思うかもしれない。しかし、プラスチックの分別が不十分だと塩ビ製品等が他のプラスチックと一緒に燃やされ、ダイオキシンが発生する可能性もある。「高温で燃やすから大丈夫、さらにそれでも発生する有害物質は除去装置で取りのぞくから大丈夫」というが、高温でごみを燃やし、発生する有害物質を除去するトラップを何層も装備した巨大な焼却炉を建設する必要がある。この話は放射能の安全神話に似ていないだろうか? システムがうまく回っていれば有害物質も取りのぞけるのだろうが、起動時や終了時、さらに事故の時には有害物質が放出される可能性も考えられる。莫大な費用を使って、巨大で複雑なプラスチックごみ焼却施設を作るよりも、代用品があるならそもそもプラスチックを使わない方が、安全で、資源エネルギーの節約になるのではないだろうか。エコを売りにしたペットボトルを見ることがある。大いに疑問である。プラスチックの安全神話からも脱却すべき時代が訪れたのではないだろうか? 原子力の安全神話に翻弄された我々日本人にとって、本書は、プラスチックの安全神話からの脱却を勧めるものである。

訳者あとがき

本書を通読された読者は、内容がかなり衝撃的なことに驚かれたのではないでしょうか。地球の表面積の七割を占め、気象に大きな影響を与え、ガス交換をし、そして食物連鎖の底辺を担う海洋が、プラスチックで窒息しかけているという事実を、どれだけの人が認識しているのでしょう。しかもその量は増えつづけ、ミクロ化して食物連鎖に入りこみ、回収不能であることを私たちは知らなさすぎるように思います。地球温暖化がこれだけ叫ばれている昨今、それと同等の危機感を抱いてもよい問題だと思うのに、この情報の伝わらなさは不思議です。著者は本書で、この事実を知ってほしい、少しでも止めてほしいと、その熱い思いを語っているわけで、その内容に慄然《りつぜん》とするのは私だけではないでしょう。

二十年以上まえになりますが、私は三三フィートのヨットで三年をかけ、日本からハワイ、南太平洋の島々をクルージングしました。航海日誌を読み返してみると、ハワイまでの北太平洋ではすでにごみが常に視界にありました。ビニール、空き瓶、空き缶、プラスチック……デッキで読書などしていてふと目を上げた瞬間に目に入るのですから、おそらくいつもヨットのまわりにあったとしか思えません。まさしくマルポール条約付属書Vが発効した半年後でしたが、どの国の港に入港しても、こういう条約ができたとか、海にごみを捨てるなどと言われたことはなく、ヨット仲間のあいだで話題にもなっていなかったと記憶します。さる国の警備艇が離島の礁湖《しょうこ》の中に入ってきて、黒いビニール袋のごみをどさっと捨てる場面も目撃しました。問題の重大さと、情報の浸透ぶりのあいだに、すでにギャップが存在していたようです。そんな、自分の無知への反省も込めて、ぜひこの情報が広まってほしいと願うものです。

ここで、読者にお断りしたい点があります。著者は情熱を込めてこの問題に取り組んでおり、訳しながらこちらもその思いに圧倒させられましたが、そのせいかともすると情報が多すぎたり、広がりすぎたりするようです。編集者と相談しつつ、一部、著者の了解のもとに削らせていただきました。

最近著者は来日して講演をしており、メディアで取り上げられたり、以前からネットで紹介されたりもしていますが、そのさい名前を「ムーア」と発音されているようです。本人に会って確かめると、明らかに「モア」と発音しているので、本書ではそちらに統一してあります。もしすでに「チャールズ・ムーア」をご存知で、本著者はそれとは別人なのかと思う読者のために、ひと言書き添えさせていただきます。ちなみに、実物のモアさんは気さくな海の男で、やはり話し出すと止まらないエネルギッシュな情熱家でした。

私たちの生活はプラスチックにまみれており、あらゆるものがプラスチックに包まれてくるので、著者の言うとおり、そこから逃げ出す道はないように思われますが、少しでも無駄を省く、なるべくリサイクル品やリユース品を購入する、ごみをきちんと捨てる、といった点についてはまだひとり一人ができることがあるかもしれません。今年の夏海水浴に行かれる読者はぜひ、砂浜に、タバコの吸殻をふくめて、ごみを散らばさないようにしていただけないでしょうか。

　本書の専門用語、内容のチェックは、著者の信頼も厚い東京農工大学の高田秀重教授のお手を煩わせました。お忙しい中、綿密にチェックして下さり、感謝に堪えません。本書の化学的説明は、きわめて正確な最新情報だと思っていただいてよいと思います。先生に、厚く御礼申し上げます。

　また内容が多岐にわたる本書をまとめ、世に出せる形にできたのは編集の塩田知子さんのお力が大きいことをここに記させていただきたいと思います。心から感謝しております。

二〇一二年七月

海輪由香子

［著 者］

チャールズ・モア
Capt. Charles Moore

アルガリータ海洋調査財団設立者。海洋環境調査研究者。海洋学、生物学、生態学、ダイバー、海洋カメラマンなど、優秀な研究者や専門家のチームを作り、調査船アルギータで北太平洋ごみベルトの調査航海に挑み、海洋汚染の危険を訴える活動の先駆者となった。世界中で注目される市民科学者である。カリフォルニア州ロングビーチ在住。

カッサンドラ・フィリップス
Cassandra Phillips

新聞記者。インディペンデント映画のストーリーエディター。カリフォルニアとハワイのラン植物園の共同経営者。2006年、ランの培養土としてのリサイクルプラスチック調査プログラムにおいて、農務省の助成金を獲得。ハワイ在住。

［訳 者］

海輪由香子
（かいわ ゆかこ）

東京都立大学人文学部心理学専攻卒業。訳書に、ラッセル・バークレー『ADHDのすべて』（VOICE出版）、デイヴィッド・B・サダース、ジョセフ・カンデル『おとなのADHD』（VOICE出版）、ダイアン・M・ケネディ『ADHDと自閉症の関連がわかる本』（明石書店）、共訳書に、マーティン・ユアンズ『アフガニスタンの歴史』、ノーム・チョムスキー『テロの帝国アメリカ』（以上、明石書店）など。

解説　高田秀重
（東京農工大学 農学部 環境資源科学科 教授）

校正　酒井清一

プラスチックスープの海
北太平洋巨大ごみベルトは警告する

2012（平成24）年 8 月25日 第1刷発行
2018（平成30）年 12月25日 第4刷発行

著　者　チャールズ・モア
　　　　カッサンドラ・フィリップス
訳　者　海輪由香子

発行者　森永公紀
発行所　NHK出版
〒150-8081　東京都渋谷区宇田川町41-1
TEL 0570-002-245（編集）
TEL 0570-000-321（注文）
ホームページ　http://www.nhk-book.co.jp
振替 00110-1-49701

印刷・製本　図書印刷

ISBN978-4-14-081560-1 C0098

VEGETABLE OIL INK

本書は植物油インキで印刷しています。